U0881718

高 等 学 校 心 理 学 专 业 课 程 教 材

PSYCHOMETRICS

心理测量学

（第3版）

主　编　戴海琦
副主编　罗照盛

高等教育出版社·北京

内容提要

本书以现代测量学观点全面介绍了心理测量学的理论与技术，突出测量理论与技术在实践中的应用。学习者可从中学到系统的心理测量学基础知识，为未来的理论研究、继续深造积蓄力量；也可从中学到实用的测量学操作技术，为未来的实践应用打好基础。本次修订，在系统梳理前一版内容的基础上推陈出新、查漏补缺，用二维码关联数字资源，升级教材呈现形态。书中的“考纲链接”关联了《全国硕士研究生招生考试心理学专业基础考试大纲》中的考点，有助于学习者备考。

本书可供心理学、应用心理学、教育学和人力资源管理等专业教学使用，也可供需要心理测量学理论知识与实用技术的学习者、工作者和研究者参考。

图书在版编目（CIP）数据

心理测量学 / 戴海琦主编. --3版. --北京：高等教育出版社，2022.8（2026.1重印）

ISBN 978-7-04-057864-5

Ⅰ.①心… Ⅱ.①戴… Ⅲ.①心理测量学-高等学校-教材 Ⅳ.①B841.7

中国版本图书馆CIP数据核字（2022）第013276号

心理测量学

XINLI CELIANGXUE

策划编辑 陈 容　责任编辑 陈 容　封面设计 李小璐　版式设计 马 云

插图绘制 杨伟露　责任校对 高 歌　责任印制 张益豪

出版发行 高等教育出版社
社　　址 北京市西城区德外大街4号
邮政编码 100120
印　　刷 北京中科印刷有限公司
开　　本 787mm×1092mm 1/16
印　　张 19.75
字　　数 420千字
购书热线 010-58581118
咨询电话 400-810-0598
网　　址 http://www.hep.edu.cn
　　　　 http://www.hep.com.cn
网上订购 http://www.hepmall.com.cn
　　　　 http://www.hepmall.com
　　　　 http://www.hepmall.cn
版　　次 2010年5月第1版
　　　　 2022年8月第3版
印　　次 2026年1月第5次印刷
定　　价 43.80元

本书如有缺页、倒页、脱页等质量问题，请到所购图书销售部门联系调换

版权所有 侵权必究

物 料 号 57864-00

前言

本书编写的宗旨是：既为准备从事心理学应用、心理测量、教育考试、人员测评等工作的各专业同学写一本理论与实务并重的教材，又为准备继续深造的同学打开一扇通往更高学术殿堂的大门。

为了实现这个宗旨，努力撰写出一本经得起实践检验的好教材，我们在编写本书时力求体现以下特点：既系统阐述心理测量学的基本理论与技术，又介绍各种实用的心理测验编制与使用方法；既重点介绍发展势头依然强劲的经典测验理论，又适度阐述发展前景更为广阔的项目反应理论、概化理论和认知诊断理论；接受国际学术界关于测验效度只有一种而效度证据采集和验证方法有多种的观念；强调并突出介绍我国心理测量学学者的研究成果。

此次修订，从指导思想上来说，坚决贯彻落实党的二十大精神，落实立德树人根本任务，坚持理论创新，坚定历史自信、文化自信；从内容上来说，坚持古为今用、推陈出新，把马克思主义思想精髓同中华优秀传统文化贯通起来，根据学科新发展和使用反馈情况，查漏补缺，尽量纳入新观念、新技术、新成果，旨在用与时俱进的理论成果，更好指导中国实践；从体例上来说，增设一些新的栏目，如“知识导图”“微课”“知识窗”“考纲链接”等，旨在运用更多数字资源帮助学习者掌握知识、提升技能。

各章内容的主要调整如下：

第一章：在原有内容的基础上，更全面地介绍经典测验理论的基本假设；将基于大数据的测量模型构建、基于多源信息的新型测验引入测验分类；特别介绍近年来我国心理测量进入高速发展的盛况。

第二章：将测量工具的定义扩展到所有用于记录被试行为反应的方法和技术，包括观察法、测验法、面试法方法和技术等；更明确地界定信度的概念，阐述基于随机误差来源的信度分类方法；解释信度与随机误差来源之间的关系。

第三章：明确地界定和解释效度的概念；说明效度是与测量目标关联的，同一测量工具会由于测量目标的不同而有不同的效度证据。

第四章：更新难度、区分度、选项分析的计算实例，使得计算过程更简洁、易懂。

第五章：明确常模的概念，更清晰地阐释常模与总体之间的关系，说明各类测量工具均可以建立常模。

本书前两版前言

第六章：为了更形象直观地介绍标准参照测验，重点介绍我国教师资格考试、国家统一法律职业资格考试，美国医师执照考试的相关内容和要求；引入利用蒙特卡罗法设定分数线等内容。

第七章：启发学习者思考测验等值在新高考命题中的价值。

第八章：围绕国际教育评估的发展趋势和《深化新时代教育评价改革总体方案》，新增核心素养下的教育成就评估；阐述教育成就测验应体现“改进结果评价，强化过程评价，探索增值评价，健全综合评价”的内涵。

第九章：完善有关智力的相关表述，重新梳理智力理论。

第十章：补充《区分能力倾向测验》的典型题型；新增“GRE 的题型示例”“GRE 评分的权重系统及其合成分”等内容。

第十一章：更换部分例题；更加详细地介绍了一些经典量表，深化学习者的认知。

第十二章：重在完善体例结构，如将章名更改为“社会认知领域的心理测量”，保留兴趣、态度、价值观的测量；增加了“理性的测量”；将“情境判断测验”“评价中心技术”归入第十三章。

第十三章：在优化结构的基础上，新增“‘互联网 +’心理测量”的内容。

第十四章：为了使学习者更好地了解各种心理测量新技术，补充相关内容的导读和背景。

本书的内容框架由戴海琦、罗照盛共同设计，全书由戴海琦审稿和统稿。写作的具体分工如下：第一章，戴海琦、王鹏、康春花；第二、三、五章，罗照盛；第四章，涂冬波；第六、十一章，王鹏；第七章，周骏、王鹏；第八章，康春花、戴海琦；第九、十章，杜林致；第十二、十三章，肖玮；第十四章，戴海琦、涂冬波。

除以上作者之外，参加本次修订工作的还有戴步云，研究生石慧敏、吴晓杰、李智、杨舒其等也协助完成了一些工作，特此感谢。同时，在编写过程中，我们参阅和引用了许多研究者的成果，在此一并表示感谢。

戴海琦　谨上

2022 年 5 月

（2024 年 3 月修改）

目 录

第一章

心理测量概论

学习目标

- 人的心理可测吗？人的心理是怎么测量的？
- 心理测量有哪些特性？
- 心理测验有哪些类型？
- 心理测验是怎么编制的？
- 实施心理测验时有哪些要求？
- 心理测量及其理论是怎样发展的？

知识导图

- 第一章　心理测量概论
  - 心理测量及其基本性质
    - 心理测量的定义
    - 心理测量的基本特性
      - 心理测量应用的普遍性
      - 心理测量的间接性
      - 心理测量的相对性
      - 心理测量的心理影响性
      - 心理测量的工具及其特性
      - 心理测量误差存在的普遍性
  - 测验的类型
    - 按所测心理特质分类
    - 按评价被试时所用的参照标准分类
    - 按标准化程度分类
    - 按施测手段分类
    - 其他分类
  - 测验的编制与实施
    - 测验的编制
      - 确定测验目的
      - 设计测验编制方案
      - 题目编写
      - 测试分析
      - 组卷
      - 信度、效度调查
      - 编制测验分数系统
      - 编写测验使用手册
      - 编制测验备份
    - 测验的实施
      - 选择测验
      - 实际施测
      - 评分
      - 解释测验结果
    - 测验编制和实施中的法律与道德问题
  - 心理测量发展简史
    - 中国古代的心理测量思想
    - 现代心理测量在西方国家的产生与发展
    - 现代心理测量在中国的发展

历史上，我国的心理测验更多地被应用于教育领域。随着社会政治、经济、文化的高度发展，心理测验已经被广泛地应用于人们的工作、学习与生活当中。在当今社会的人力资源分配和个人发展中，这些测验正起着越来越大的作用。为了满足社会需求，保证测验的公平和公正，我们需要开发、编制更多准确可靠的心理测验。如何开发、编制准确可靠的心理测验，正是心理测量学要研究的问题。

第一节　心理测量及其基本性质

心理测量学作为一门科学，研究的是测量的理论与技术。但由于人的心理的非物质性，心理测量学首先要回答的一个基本理论问题是人的心理到底可不可测。俗话说，人心难测。如果人的心理不可测，心理测量学就不是一门科学。

人的心理可测吗？我们先来看看我国古代思想家孟子（见图 1–1）的见解。早在两千多年前的战国时期，孟子就说："权，然后知轻重；度，然后知长短。物皆然，心为甚。"（《孟子·梁惠王上》）这明确地指出了人的心理是可测的。人类进入 20 世纪后，现代心理测量在西方一些国家蓬勃兴起，心理是否可测的争议也随之变得激烈。1918 年，现代心理测量学的创始人之一、美国心理学家桑代克（E. L. Thorndike，见图 1–2）提出：凡客观存在的事物都有其数量。1939 年，另一位美国测量学家麦考尔（W. A. McCall）进一步指出：凡有其数量的事物都可以测量。可见，孟子、桑代克、麦考尔等人都认为人的心理是可测的。

图 1–1　孟子

图 1–2　桑代克

事实上，从辩证唯物主义的观点看，任何事物都是质和量的统一，事物的质的差异是分类的前提，事物的量的差异则是测量的前提（戴海琦，张锋，陈雪枫，1999）。心理学的研究已经证明，人的心理既有质的不同，又有量的差别；质的不同提供了定性分析的基础，量的差别提供了测量的基础。虽然人的心理是主观的、内隐的，难以被直接测量的，但是，人的心理可以通过人的行为表现出来，并且制约着人的行为，而人的行为是外显的，是客观存在的，是可以被感觉和知觉到的。因此，我们可以通过测量人的外显的行为来推测人的心理。

人的心理具有可测性，这不仅有理论依据，而且人类几千年的测量实践，特别是现代测量学兴起的百年实践史都是有力的证明。现代社会已离不开心理测量。所以，我们现在要探讨的主要问题已不是可测或不可测，而是如何测。

一、心理测量的定义

从广义上说，**测量**(measurement)是依据一定的法则，使用量具对事物的特征进行定量描述的过程。根据广义的测量定义，我们把**心理测量**（psychometrics）定义为：依据一定的心理学理论，使用测验对人的心理特质进行定量描述的活动（戴海琦，张锋，陈雪枫，1999）。

［考纲链接］"心理学专业基础综合考试大纲"：心理测量的基本概念

我们来分析一下这条定义：第一，这条定义显示，心理测量依据的法则是心理学理论。我们知道，相对于许多自然科学学科来说，心理学还不够成熟，还有许多认识未能达成一致，用这些理论作为测量的法则，虽然共性的东西很多，但会存在一定的分歧。第二，这条定义认定"测验"是心理测量的工具。测验实际上是由**题目**（item）或项目组成的，这些题目是为了引起相应行为而被精心设计、精心编排的，希望引起的行为是欲测心理特质的代表性行为。心理测量使用的"测验"内容千差万别，形式林林总总，内容和形式的多样性说明了实践需求的丰富性，也说明了测验编制的复杂性。第三，这条定义规定测量的对象是人的心理特质。我们知道，心理特质本身具有内隐性，心理特质的概念具有抽象性，有时我们甚至认为心理测量所测的心理特质实际上是人们的某种理论"构念"——一种人为构想的概念，所以有的时候，我们要在所测对象为何物的界定上下很大功夫。第四，这条定义表明，心理测量的结果是对测量对象进行定量描述，不是定量描述的结果就不是测量的结果。根据这一点，心理测量需要数学和统计学的支持。事实上，作为现代科学的心理测量学，涉及的学科除了前文已提及的心理学、数学和统计学之外，还有教育学、社会学、管理学，广义的认知科学和计算机科学等多门学科。

这里有必要澄清本书中心理测量、心理测验和心理评估三词用法的差异：本书使用"心理测量"一词，多指一项活动、一个过程；使用"心理测验"（或"测验"）一词多指一种工具，一个用于测量的文本，偶尔也将"测验"当动词使用；本书较少使用"心理评估"一词，心理评估一般是指获取了测量结果之后根据某种标准判断状态的活动。

需要指出的是，人们常常把教育领域内对学生学业成就的测量直接称为"教育测量"，把所使用的工具称为"教育测验"，有时候还会使用"教育与心理测量""教育与心理测验"等说法，本书偶尔会使用这些说法。

二、心理测量的基本特性

（一）心理测量应用的普遍性

当今社会，心理测量的应用具有普遍性。从人的发展来看，升学晋级要测验，应聘谋职要测验，执业上岗要测验……从人的素质来看，评估人的心理发展水平有心理成熟测验，评估人的智力发展水平有智力测验，评估人的心理健康水平有心理健康测验，评估人的人格特征有人格测验，评估人的受教育水平有教育成就测验，评估人的职业能力有执业资格测验，评估人的学术能力有学术性向测验。从社会行业来看，农、林、牧、渔、制造、金融、交通运输、教育等，三百六十行，行行有测验。心理测验是社会管理的重要工具，心理测量应用的普遍性标志着社会的发展和进步。心理测量的繁荣发展既对心理测量本身提出了更高的要求，又呼唤着更多专业人员关心和从事此项事业，去研究测量理论，钻研测量技术，开发、编制出更多、更好的心理测验。

[考纲链接]“心理学专业基础综合考试大纲”：心理测量的特征与分类

（二）心理测量的间接性

前面说到，就当前的科学技术水平而言，人的心理还难以直接测量，只能通过测量人的外显的行为来推测人的心理。因此，心理测量是一种间接测量。与直接测量相比，间接测量的难度更大。要做好间接测量必须找准中介。物理测量中也有间接测量，比如测量气温。我们通常根据温度计的读数报告气温，实际上，我们读的是温度计中水银柱的高度，这里的水银（体积）便是测量气温的中介，利用的是水银热胀冷缩的性质，以及在温度计内腔横截面积不变的条件下，水银柱的高度与外界温度间的线性函数关系。根据**人格特质理论**（trait theory of personality)，人们对测量结果进行推论，可以间接了解人的心理特质：某种内在的不可直接测量的特质，可表现为一系列具有内在联系的外显的行为。测量者可以通过一定的方法测量这些行为，并由这些行为判别特质的性质。心理测量的中介是外显的行为，利用的是行为与心理的相关程度。作为测量中介的行为不仅种类众多而且复杂多变，行为与心理的相关程度也有高有低，加上人还有保护自身安全的心理防御机制，使得心理测量比温度测量的难度更大。我们期待随着科学技术的发展，可以用直接测量的方法测量人的心理。

（三）心理测量的相对性

对人的行为进行比较，没有绝对的标准，即没有绝对零点，有的只是一个连续的行为序列。所有的心理测量都是看每种行为在这个序列上所处的位置。因为位置是有相对性的，所以心理测量具有相对性。我们所测得的一个人的智力水平、焦虑程度等，其实都是与其所在群体的大多数人的水平、程度，或与某种人为确定的标准相比较后确定的。

（四）心理测量的心理影响性

心理测量具有心理影响性，指的是无论主试的主观愿望是什么，只要实施了心理测量，它都会给被试的心理发展带来影响。这种影响可能是积极的，也可能是消极的；可能是短期的，也可能是长期的。

合理科学地使用质量可靠的心理测验会给人带来积极的影响。例如，科学合理地使用人格测验可以帮助个体更清楚地了解自己的人格特质，促使个体的人格发展更为健全，或者可以促使个体调节自己的行为，习得更易被人接纳的行为方式。高效度的能力倾向测验可以帮助个体及其所在组织更了解个体的能力特长，做到人与岗位的和谐匹配。在临床心理领域，心理测量能有效帮助医生全面了解患者的心理情况，从而对症下药，如通过心理护理减缓焦虑及抑郁症状，提高精神疾病患者的治愈效果（朱宏飞，2020）。教育领域的心理测量有助于准确评价个体当前的学业成就水平，激励个体更加努力地学习。一次测量，本身也是一次学习与训练，有助于个体的进一步发展。

然而，不合理、不科学地使用心理测验会给人带来消极的心理影响，尤其是当测验被误用或被滥用的时候。例如，不合理地使用人格测验，会严重伤害个体的自尊，甚至导致个体人格分裂。不科学地解释智力测验的结果，可能会让高分者盲目乐观，迷失努力方向；让低分者自暴自弃，丧失努力的动力。又如，在一些监狱工作中，如果心理测量由一种心理咨询和心理治疗的辅助手段演变为狱政管理手段，转化为刑罚执行的法律手段，就会导致心理测量出现滥用，产生诸多问题（徐明书，2021）。过于夸大教育测量的作用，会使得学生走向为应试而学习的道路，忽视核心素养的发展。过于频繁地施行教育考试，会使得学生疲于应付，身心受到摧残。使用准确性不高的测验，特别是质量低劣的测验，会对被试做出错误描述，从而导致社会、组织和个体自身做出错误的判断和决策，产生严重后果。

总之，只要使用了心理测量，就会给人的心理发展带来影响。这些影响可能是积极的，也可能是消极的，有时，这两种影响还可能并存。为了尽量发挥心理测量对人的心理的积极影响，避免消极影响，心理测量的研究者、编制者和使用者在编制、选择与使用测验，面对被试，特别是青少年被试时，要非常慎重。

（五）心理测量的工具及其特性

心理测量的工具是心理测验，心理测验是由一道一道题目组成的。测验目的不同，测验方法不同，测验的内容可以千差万别，形式也可以多种多样。但是，作为测量工具的心理测验的本质是不变的：任何测量工具都是一个有参照点和测量单位的数字系统。心理测量学把心理测验也叫作量表。参照点和测量单位是心理测验的两个要素。

参照点是测量的起点，也称零点。测量的零点有绝对零点和相对零点之分，相对零点也称人为零点。绝对零点的“零”是客观存在的，即如果测量的测值为零，就说明所测特质“一点都没有”，类似于长度为零、质量为零。相对零点的“零”是一个人为指定的零点，是不可以被绝对理解的，即如果测量的测值为零，只能说明所测特质处于“零点”这个状态。摄氏温标的零点就是相对零点，是人为指定的一种温度状态。所测温标为零，只能说处于“零摄氏度”这个状态，不能说一点温度都没有（如图 1–3 左侧）。从测量工具的性能角度看，有绝对零点的测验比只有相对零点的测验的性能更好（如图 1–3 右侧）。

心理测验的另一个要素是测量单位，即测量的度量单位。品质优良的测量单位应该具备两条性质：第一，有统一的意义；第二，有恒定的价值。有统一的意义是指该“单位”在任何人心目中的理解是一致的，不应有不同的理解，更不应有歧义。有恒定的价值是指该“单位”的价值在任何情况下都是不变的。

心理测验在满足上述两个要素的同时还有自身的特点。心理测验的参照点只能是人为的参照点。例如，某人做错了某个能力测验上的所有题，卷面分是零分，我们不能据此就说此人“一点都没有”此种能力，只能说此人的此种能力低于测验编制者所设定的测量起点。换句话说，如果测验编制者降低测量起点，此人的此种能力就可能不是零分了。类似图 1-3 左侧的情形，摄氏温标的零点是相对零点，数值之间不能进行乘除运算。

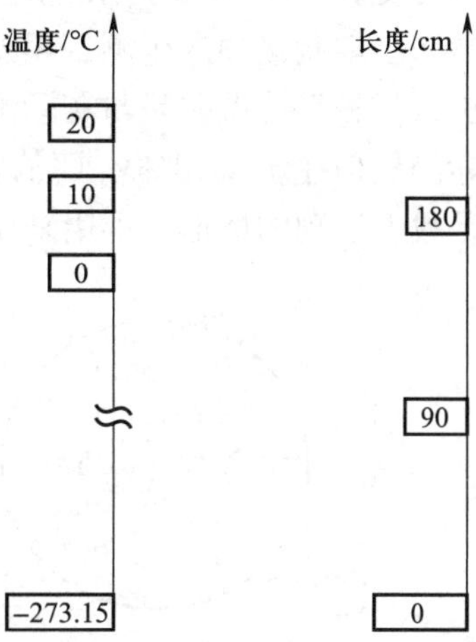

图 1-3　相对零点和绝对零点

心理测验的“单位”的品质如何呢？心理测验所使用的单位要经过某种统计处理后才能达到有统一意义、有恒定价值的要求。一般的测验使用的单位都是“1 分”，但同样的“1 分”在各个测验中的含义显然是不一样的：小学数学测验中的“1 分”怎么可能等于中学数学测验中的“1 分”？实际上，绝大多数测验所使用的“1 分”都是不相等的。即使在同一个测验的内部，测验所使用的“1 分”的价值严格来讲也不是恒定的。通常在一个测验中，会有多个题目被赋予“1 分”，问题是：测验编制者能够保证所有“1 分”题的难度都是相等的吗？显然并不能。既然各个“1 分”题的难度不是都相等的，那么“1 分”的价值也就不是恒定的。但是，为了便于处理，在一个测验的内部，我们都会假设测验所使用的“1 分”是“相等”的。在此，我们看到了研究心理测量的难度，这也说明心理测量学是一门极富挑战性的学科。

（六）心理测量误差存在的普遍性

任何测量都是有误差的，误差的区别在于误差的性质、误差的大小、误差的来源和控制误差的难度上。任何测量，要想完全消灭测量误差是不可能的，心理测量也不例外。与某些测量相比，心理测量误差存在的状况甚至比较严重。在一定意义上，研究心理测量的主要任务也是最富挑战性的任务就是研究如何控制测量的误差。

1．测量误差的定义与类型

测量误差（measurement error）是指测量所得值与欲测特质的实际值之间的差异值。与其他测量一样，心理测量的误差有两种类型：一种是随机误差，另一种是系统误差。**随机误差**（random error）是指测量所得值与欲测特质的实际值之间的大小和方向都会随机变化的差异值。**系统误差**（systematic error）是指测量所得值与欲测特质的实际值之间的大小和方向都不变的差异值。

> [考纲链接]“心理学专业基础综合考试大纲”：测量误差的定义

举个简单的例子：我们用一台灵敏度极高的台秤反复称同一件物品时会发现，每次的测量值都不一样，有时大一点，有时小一点，这就是测量的随机误差。如果台秤的托盘不经意间被换成了一个比原托盘重 5 g

的托盘，那么无论哪次称重，也无论称什么，物品的实际质量都会比它的“读数”轻5 g，像这类误差就属于测量的系统误差。

心理测量中产生测量误差的情况要比此例复杂得多。在通常情况下，心理测量的随机误差和系统误差是与实际测量值共居一体、混淆难分的，我们的任务是要将它们从实际测量值中分离出来，评估它们的大小，研究进一步控制它们的方法。图 1–4 代表的是战士打靶的情形，可用来说明随机误差和系统误差。

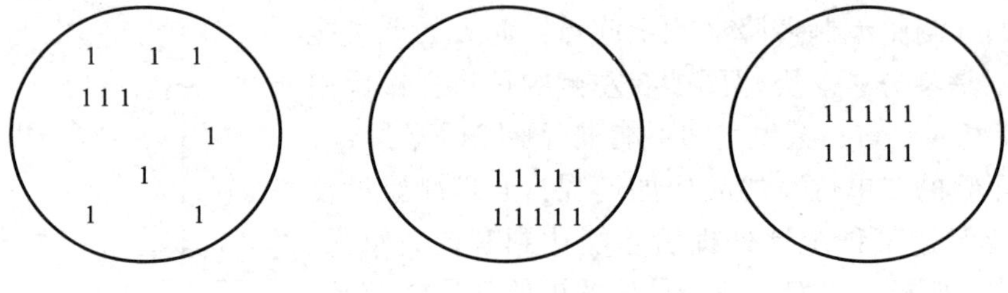

(a)　　(b)　　(c)

图 1–4　受到随机误差与系统误差影响的打靶结果

2．测量误差产生的原因

心理测量产生误差的原因是多方面的。

① 人的心理特质的特殊性。人的心理特质的特殊性质会使测量产生误差。人的心理特质具有内隐性、抽象性，这可能使我们对测量目标的认识不清晰，导致测量产生误差。另外，人的心理特质具有不稳定性，被试即时的生理、心理状态的不同都会产生所测特质的波动起伏，从而导致误差。此外，被试未掌握正确的作答技巧，也可能导致作答不能代表其真实水平。还有一种特殊的情况是被试故意掩饰心理实际状况，致使测量出现误差。

② 质量不高的测量工具。使用质量不高的测量工具可能产生测量误差。心理测量是间接测量，我们要靠编制的题目“刺激”人的行为“反应”，推测人的心理，而行为与心理特质只具备相关关系不具备一一对应的函数关系。如果所编的题目“刺激”的行为“反应”不是欲测心理特质的代表性行为，或所编题目只“刺激”了欲测心理特质的一部分行为“反应”，或“刺激”的行为不是那么清晰和稳定，则会产生测量误差。

③ 控制不当的施测过程和施测环境。如果心理测量的施测过程和施测环境控制不当，就可能产生测量误差。例如，施测过程没有统一要求，测试指导语没有统一版本，作答起始时间和长短不统一，施测时的内外环境令被试不能集中精力……这些都可能产生测量误差。

④ 主试效应。心理测量中主试的一些不良品质也能产生测量误差。就目前的技术水平而言，心理测量对主试还有较多依赖：测量工具是主试编制的，若主试对所测心理特质的理解有误，就会导致测量的误差；测量是由主试主持的，若主试实施的程序有误，就会导致测量的误差；测量的结果是由主试评定的，若评分标准掌握不准确，就会导致测量误差。

⑤ 来自被试的测量误差。一些常见的被试反应会导致测量误差，主要有测验动机、测验焦虑、练习效应、反应倾向等。被试缺乏测验动机或测验动机太强都会导致测量误差，如社会称许性。社会称许性是指被试按照通行社会价值判断表现而非根据自己的实际情况做出反应的倾向。被试在面临各种测验时，会存在不同程度的测验焦虑，特别是面对一些对自己有特殊、重大意义的测验时，焦虑水平更高。被试做过某种测验后，再做相同的测验时就会出现练习效应。例如，在智力测验中，练习效应是普遍存在的。被试在做心理测验时会有很多反应倾向，这些反应倾向会带来测量误差。例如，被试的“中庸心向”会使他们倾向于对问题做出折中的回答，甚至在等距量表上不断选择中间的选项。

3．心理测量误差控制的理论与技术

误差控制是设计、编制和实施心理测验过程中要解决的重要问题。心理测量学假设：测量所得的观察分数 X 是一个包括三种值的混合体：既包括欲测心理特质的实际值，又包括测量的随机误差值和系统误差值。心理测量学将欲测心理特质的实际值称为目标真分数，记为 V。正如其名，目标真分数是测量者所追求的测量值。心理测量学将随机误差值称为随机误差分数，记为 E；将系统误差值称为非目标真分数，记为 I。这两种误差分数都是测量者要严加控制乃至消灭的测值。心理测量学还将目标真分数与非目标真分数合称真分数，记为 T。真分数是测量工具实际测量到的数值，真分数中不含随机误差分数，但它含有我们主观上不想测但实际上测得的非目标真分数。心理测量学进一步假设：真分数 T 是目标真分数 V 与非目标真分数 I 的线性组合，观察分数 X 是真分数 T 与随机误差分数 E 的线性组合，即

$$T=V+I \qquad \text{公式 1–1}$$

$$X=T+E \qquad \text{公式 1–2}$$

进而有

$$X=V+I+E \qquad \text{公式 1–3}$$

心理测量学还假设目标真分数、非目标真分数与随机误差分数都是相互独立的。由此推得

$$\sigma_X^2=\sigma_T^2+\sigma_E^2 \qquad \text{公式 1–4}$$

$$\sigma_X^2=\sigma_V^2+\sigma_I^2+\sigma_E^2 \qquad \text{公式 1–5}$$

[微课] CTT 理论公式推导证明

其中，σ^2 代表各种分数的方差。分数的方差反映的是分数离散程度的大小，分数的方差越大表示该分数对被试评价的影响越大。目标真分数方差、非目标真分数方差与随机误差分数方差三者相比，我们显然希望目标真分数方差越大越好，希望非目标真分数方差与随机误差分数方差都越小越好。在以上公式中，既然观察分数方差是确定的，那么，目标真分数方差、非目标真分数方差与随机误差分数方差的大小就决定于各自在观察分数方差中的占比。心理测量学将真分数方差在观察分数方差中的占比称为测量的信度，记为 r_{XX}，即

$$r_{XX}=\sigma_T^2/\sigma_X^2 \qquad \text{公式 1–6}$$

r_{XX} 越大，意味着随机误差分数在观察分数中所占的比重越小。心理测量学将目标真分数方差在观察分数方差中的占比称为测量的效度，记为 r_{XY}^2，即

[考纲链接]“心理学专业基础综合考试大纲”：经典测量理论模型

$$r_{XY}^2 = \sigma_V^2 / \sigma_X^2 \quad \text{公式 1-7}$$

r_{XY}^2 越大，意味着随机误差分数和非目标真分数两者之和在观察分数中所占的比重越小。

在这一系列的定义和假设之下，心理测量学的误差控制任务就成了努力控制测量的随机误差分数，提高测量的信度；努力控制测量的随机误差分数和非目标真分数，提高测量的效度。本书将设专章分别探讨如何控制两种测量误差，提高测量的信度（第二章）和效度（第三章）。

有必要提醒读者的是，本书在此处所介绍的心理测量的理论与技术基本上基于**经典测验理论**（classical test theory, CTT），又称经典测量理论。与经典测验理论齐名，弥补了经典测验理论某些不足的现代测量理论包括**项目反应理论**（item response theory, IRT）和**概化理论**（generalizability theory, GT），我们将在本书第十四章对它们加以介绍。

第二节　测验的类型

[考纲链接]“心理学专业基础综合考试大纲”：心理测量的特征与分类

现代心理测量学发展百余年来，人们已经编制出许多心理测验。由于社会有各种各样的测验需求，测验的种类已非常多样，因此很难找到一种方法能将现有的测验进行系统而又严格的分类。为删繁就简，下面介绍的测验类型都是依据测验某一方面的性能进行分类的，但在实践中请不要忘记，每一个测验都是多方面性能的复合体。

一、按所测心理特质分类

根据所测心理特质不同，心理测验可分为能力测验与人格测验两大类。

（一）能力测验

能力测验可分为智力测验、能力倾向测验和成就测验三类。从智力测验到能力倾向测验再到成就测验，各类能力测验所测心理特质的具体性越来越强，抽象性越来越弱，测量结果的稳定性越来越弱。

1．智力测验

智力测验（intelligence test）是用来测量人的一般认知能力，即通常所说的“智力”水平的测验。智力是心理测量最早涉及的领域，许多心理测量学的理论与技术是在研制智力测验的过程中发展起来的。人们耳熟能详的“智商”一词，就来自智力测验。比较著名的智力测验有《斯坦福 - 比内智力量表》《韦克斯勒智力量表》《瑞文推理测验》等。一般认为，智力测验的结果是比较稳定的。

2．能力倾向测验

能力倾向测验（aptitude test）分为一般能力倾向测验和特殊能力倾向测验。**一般能力倾向测验**（general aptitude test）是测量个体在多种能力上的潜在优势的测验。**特殊能力倾向**

测验（special aptitude test）是测量个体在音乐、绘画等特殊能力上的潜在优势的测验。能力倾向测验具备预测功能，测量结果可以帮助个体选择职业，可以预测个体在某些领域的发展成就。个体的能力倾向既依赖个体的先天因素，又与个体的生活经验有关，一般不受专门的教学或训练的影响，测量结果相对稳定。

3．成就测验

成就测验（achievement test）主要是在特定领域为检测个体对有关知识和技能的掌握程度而设计的测验，是测量个体在接受教育以后的学业成就的测验。教学领域使用的大部分测验属于成就测验。成就测验有学科成就测验、综合成就测验之分。还有一种特殊的成就测验叫**诊断测验**（diagnostic test），是为了诊断学生的学习困难和缺陷而编制的。成就测验所测的是教育的成就，因此教学和训练会明显改变成就测验的结果。

（二）人格测验

人格测验（personality test）是用来测量个体人格的独特性和倾向性等特征的测验。心理学中的人格概念非常宽泛，可能涉及人的所有情感领域和非智力因素。一份具体的人格测验测量的通常只是人格的一个或几个侧面。人格测验有自陈人格测验和人格投射测验之分。比较著名的自陈人格测验有《艾森克人格问卷》《明尼苏达多相人格调查表》《十六种人格因素问卷》《爱德华兹个人爱好量表》《迈尔斯－布里格斯人格类型测验》。比较著名的人格投射测验有《罗夏墨迹测验》《主题统觉测验》，另外还有字词联想测验、句子完成测验、绘画测验等。

本书设有专章（节）分别介绍教育成就测验（第八章）、智力测验（第九章）、能力倾向测验（第十章第一节）和人格测验（第十一章）。

二、按评价被试时所用的参照标准分类

心理测量的目的是对被试的心理特质做出评价。我们知道，评价要有参照标准，参照标准不同，评价的方法、评价的结果都不同。通常，心理测量评价被试时所用的参照标准分为相对标准和绝对标准，由此心理测量可分为两类：应用相对标准的被称为常模参照测验，应用绝对标准的被称为标准参照测验。这是依据心理测量学的理论而做出的分类，是一种特殊且重要的分类。

（一）常模参照测验

常模参照测验（norm-referenced test）以被试团体为参照背景，是以个体在团体中的相对地位来评价个体发展水平的测验。它重在将团体中的每一个个体细分，准确确定并呈现个体的相对地位。例如，以全国成年女性平均身高来判断一位女士的身高，如果全国成年女性的平均身高为 160 cm，那么高于 160 cm 一个标准差被视为高，低于 160 cm 一个标准差被视为矮。如果是测量能力的常模参照测验，测验就类似于比赛，是一种水涨船高式的测验：团体水平高，测验难度随之提高，否则不能将高水平个体准确地细分定

位；团体水平低，测验难度随之降低，否则不能将低水平个体准确地细分定位。从这个意义上来说，常模参照测验执行的是一种可高可低的相对标准，标准的高低取决于团体本身的水平高低。许多智力测验都是常模参照测验，对个体的评价标准是依据测验编制时对被试团体水平的调查而确定的。若干年后，团体水平发生变化，测试后所报告的定位可能已不是个体在当前团体中的相对定位了，所以要修订测验。常模参照测验的这一性质，可能使得一些高利害性、高竞争性测验的难度失准，导致一些社会问题。

（二）标准参照测验

标准参照测验（criterion-referenced test）以测验内容领域为参照背景对个体做出评价，是以个体水平是否达到该领域某一固定标准来评价的测验。如果是测量能力的标准参照测验，测验将个体所掌握的知识或技能与测验内容领域进行比较，以确认个体是否已达到事先规定好的标准。由于这个标准不会因为很多个体都已达到而提高，也不会因为很多个体都未达到而降低，因此我们说标准参照测验使用的是绝对标准。各种执业资格考试都属于标准参照测验，能否上岗执业的专业资格标准是不能随意改变的。

值得一提的是，常模参照测验和标准参照测验的区分在理论上是绝对的，但在实际应用中，有些测验兼具二者的性质。例如，我国现行的研究生入学考试，录取方向为从高分到低分，因此应属于常模参照测验，但它又参照各门课程的录取分数线，带有标准参照测验的性质。如果某位考生的某门课程的成绩没过线，即使他的总分排第一也不能被录取。

还有一种潜力参照测验，是以个体可能达到的水平来评价个体已经达到的水平的一种测验。这种测验很符合对个体进行自身激励的评价思想。测量个体潜力本身就是心理测量学的一个重要目标。

本书将设立专门章节分别介绍常模参照测验（第五章）和标准参照测验（第六章）。

三、按标准化程度分类

标准化是许多行业内部产品性能规格统一、规范通用的标识词。心理测量领域也有标准化测验与非标准化测验之分，只是心理测量领域的标准化有其特殊的含义。心理测量对判断一个测验是否标准化提出了四个方面的要求：测验编制过程标准化，测验实施标准化，测验评分标准化，测验分数解释标准化。

测验编制过程标准化包括编制步骤的标准化和编制质量的标准化。编制步骤的标准化包括测验目标分解、编制方案设计、命题与征题、测试分析、分数体系设计、测验使用指导书编写等重要环节。编制质量的标准化包括对测验信度和效度的要求，对每道测验题目的质量要求。

测验实施标准化包括施测时对主试及其行为的要求，对被试的要求，对测试场所内外环境的要求，对测试过程顺序的要求等。有些测验要求细微，如规定主试的语气，主试、被试的位置与距离，测验材料发放的顺序与摆放位置等。

测验评分有的是在测验中进行的，有的是在测验结束后进行的。测验评分标准化是指题目要有公认的科学答案，有统一规范的评分方法和评分标准，特别是主观题的评分标准要尽量量化和细化。

测验分数解释标准化是指测验的报告分数要有明确的解释方法和解释依据。标准化测验的报告分数都是配有参考背景的量表分数。如果是常模参照测验，必定配有解释常模，据此可以确定每个分数在团体中的确切地位；如果是标准参照测验，必定配有合格分数线，据此可以确定每个个体的分数合格与否。

符合以上四个方面要求的测验被称为标准化测验。前三个方面的标准化要求主要是为了控制测量的随机误差分数和非目标真分数而设置的。可见，标准化测验是一种质量要求非常高的测验。在心理测量学中，“标准化”可以被理解为一系列的严格标准，也可以被理解为一个过程——测验的标准化过程。在测验编制过程中，测验编制者努力按上述要求实施，就是将测验标准化的过程。将测验标准化的直接目的是编制高质量测验，最终目的是编制出标准化测验。有的测验在编制过程中遵循着标准化的要求，但最终不一定能成为合乎要求的标准化测验。实际应用的测验是否为标准化测验，必须经过严格鉴别。

不可能每一次测验都使用标准化测验。标准化测验编制要求严格，编制周期长，人力、财力、物力投入大，要求面向尽量大的被试群体。非标准化测验通常也称自编测验，学校课堂教学中使用的测验大部分是教师自编测验。自编测验编制目的明确、测试对象熟悉、内容设计针对性强、方法灵活多变。我们既不能轻视自编测验的作用，同时又要努力提高自编测验的编制质量。

四、按施测手段分类

随着计算机技术的发展，心理测量领域出现了一种新的测验分类方法：计算机化测验与非计算机化测验。计算机化测验指的是被试在计算机上根据计算机指令通过操作计算机进行作答的测验。计算机化测验利用的是计算机的高速运算功能，使得测验实施方便、反馈及时，提高了测验的效率。非计算机化测验通常指传统的纸笔测验。现代的纸笔测验在编制过程中会得到计算机的许多帮助，包括应用计算机自动组卷、打印试卷测试等，但只要还是用纸笔作答，就不能称为计算机化测验。由于效率高，计算机化测验因此成为测验研究的重要方向。但受计算机技术的限制，许多测验不能完全顺利地实现计算机化，纸笔测验还有其用武之地。

下面介绍几种常见的计算机化测验。

① **基于计算机的测验**（computer-based test, CBT）。与传统纸笔测验不同，基于计算机的测验是测验题目显现在显示器上，要求被试在计算机上作答的测验。各种基于计算机的测验对计算机的利用程度会有很大不同。对计算机利用程度最小的一种情况就是把一个编好的纸笔测验通过计算机完成。对计算机利用程度最大的一种情况是在题库中按指令自动组卷或直接调题测试。除了形式，基于计算机的测验的方法、理念与纸笔测验并无本质不同。

② **计算机化自适应测验**（computerized adaptive test, CAT）。自适应测验贯彻的是一

种新的测验理念。自适应测验希望改变传统测验千篇一律的形式，在测验中能针对被试的水平选择题目，以便同时提高测验的效率和准确率。要实现这样的测验理念，一要借助新的测验理论，二要借助计算机的高速运算功能，完成即时调题、即时施测、即时反馈、即时估算等任务，故而称作计算机化自适应测验。计算机化自适应测验的优点明显，但技术上还有需进一步完善的地方，如保证题目的均衡使用等问题。计算机化自适应测验包括题库、初始题目的选择、选题策略、能力估计方法和测验终止规则等重要组成部分。其中，选题策略决定了单个题目的适切性，也决定着整个测验的效率和测验公平，是影响测验成本和测验安全的重要因素（唐倩等，2020）。国外已有多种计算机化自适应测验付诸使用，我国尚处于起步和探索阶段。

③ **基于网络的测验**（internet-based test）。任何一个基于计算机的测验或计算机化自适应测验若采用网络的形式实施远程测试，就可以称为基于网络的测验，并不需要区分使用的是局域网还是公共网。从计算机技术应用于测验的角度看，基于网络的测验是当前计算机化测验发展的最高形式。

④ 基于社交媒体大数据的测量模型的测验。大数据是指无法在一定时间范围内用常规软件工具进行采集、管理和处理的数据集合，需要新处理模式才能处理这些海量的、多样化的信息资产。大数据有四个特征：**规模性**（volume）、**高速性**（velocity）、**多样性**（variety）、**价值性**（value）。如何从大量数据中提取有意义的信息和预测，一种解决方案就是更加强调计算建模。心理学家已经开始应用在统计学和计算机科学的交叉领域发展起来的建模方法，如文本挖掘和机器学习。文本挖掘可分为信息提取、信息推断和基于文本的探索三种类型，目标是从文本或文本集合中提取或推断有价值的信息。苏悦等人（2021）指出，心理指标识别建模是基于海量数据结合机器学习算法识别心理特质的一种新兴方式。将被试心理测验的自我报告结果与其社交媒体数据相结合，采用机器学习的方法建立两者之间的映射，从而实现通过分析用户的社交媒体行为数据直接完成对其心理特质高准确度的自动识别。

⑤ 基于多源信息融合的心理测验。基于单一信息源（某种生理信号或面部表情等多源信息中的一种）的情感计算方法存在着固有的局限性，而多源信息融合的情感计算方法可以充分利用同质或异质数据间的互补性和冗余性，从而提高情感识别的准确率，更加全面客观地显现所要测量的心理特质。

五、其他分类

一些传统的测验分类也非常重要，能使我们对测验的性能有更深刻的理解。

（一）最高作为测验和典型作为测验

从被试作答的角度来看，测验可分为最高作为测验和典型作为测验两种类型。**最高作为测验**（maximum performance test）是指被试作答时必须尽自己的能力找到题目最佳答案的测验。**典型作为测验**（typical performance test）是指被试作答时要根据自己平时怎么想、怎么做如实作答，就是要提供自己“典型”行为的测验。一般能力测验都是最高作为测验，自陈式人格测验都是典型作为测验。典型作为测验的误差控制比最高作为测验更困难，如何克服人的防范心理、掩饰行为等是典型作为测验编制中需重点考虑的问题。

（二）个体测验与团体测验

按测试时主试面对的被试人数，测验可分为个体测验与团体测验两类。个体测验往往面向特殊被试，也适用于测试中主试、被试需不断交流信息的情况。显然，个体测验更耗时费力，但优势是主试可以充分观察和控制每一位被试的反应，容易控制测量误差。传统的教育测验大多采用团体测验的形式，但也有例外，如口试。心理测验中采用个体测验要多一些。随着信息技术的发展，现在可以通过网络采用团体的形式由计算机作主试对被试实施某些类型的个体测验。

（三）难度测验与速度测验

测验也可分为难度测验与速度测验两类。**难度测验**（power test）要求被试解决具有一定难度的问题。**速度测验**（speed test）的题目往往是一般被试甚至所有被试都能正确解答的问题，但其数量很多，测验要求每一个被试尽快作答，在规定时间内正确作答题目数量越多越好。速度测验主要测量的是思维的敏捷程度。难度测验与速度测验似乎是一个问题的两极，但在实际中很少有纯粹的难度测验和纯粹的速度测验，更多的是介于两者之间的测验，有的强调难度，有的则强调速度。

（四）文字测验与非文字测验

根据测验中的材料和被试作答用不用文字，测验分为文字测验与非文字测验。心理测验更多是文字测验，但心理测量学也非常重视对非文字测验的研究。因为非文字测验不受被试受教育水平和语言背景的影响，测验公平性更高，可以用于跨文化测量和研究中。非文字测验常常是图形测验或操作型测验（如图 1-5 所示）。

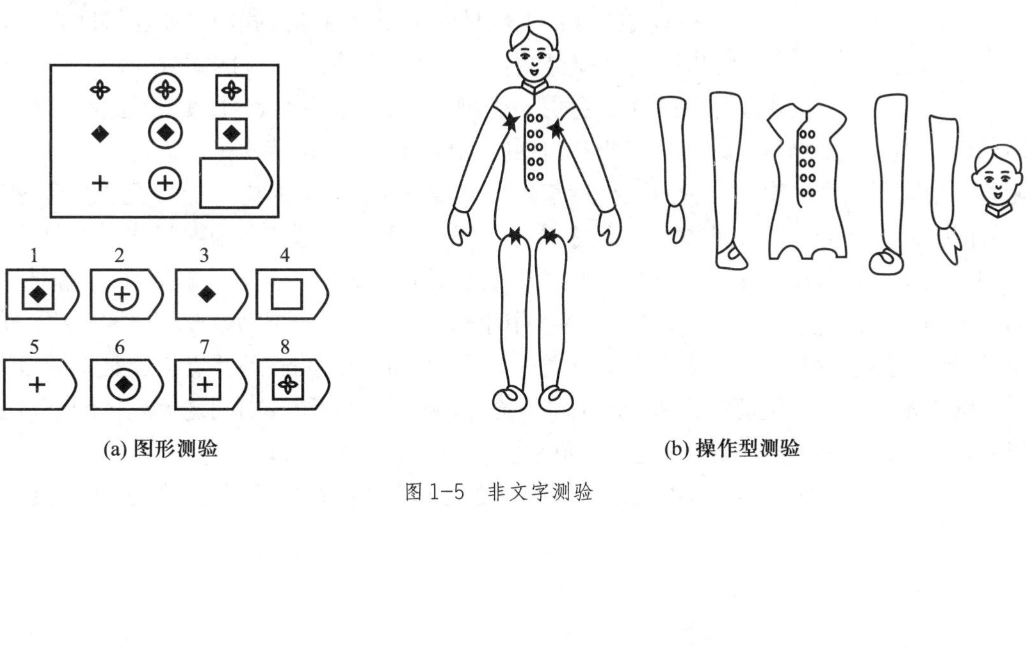

(a) 图形测验　　(b) 操作型测验

图 1-5 非文字测验

（五）主观题测验与客观题测验

主观题测验与客观题测验的区别较为明显，但也有不易区分之处，因为主观题与客观题的区分并不是绝对的。例如，同样是填空题，有的属于主观题，有的却属于客观题。主观题测验与客观题测验各有优劣。曾有一些误解，认为客观题测验就是标准化测验，或认为标准化测验就是客观题测验。在理解了标准化测验编制有许多严格要求之后，我们就不会再将客观题测验等同于标准化测验了，同时应该明白：标准化测验不一定都是由客观题所组成的测验，有的标准化测验也会使用非客观题。

相对于普通测验来说，还有许多特殊类型的测验。例如：预测测验，其目的不是了解被试的当前状态，而是预测被试将来的发展；行为情境判断测验，用于测量被试的实践能力；内隐联想测验，用于测量被试的内隐态度、价值观等。

丰富的测验类型反映了社会需求的复杂性。心理测量学学者的任务就是开发、编制更多、更好的测验来满足社会的各种需求。

第三节　测验的编制与实施

各种测验编制方法之间既有共性又有个性。遵从测验编制方法的共性是为了保证测验的基本质量，倡导编制方法的个性是为了提高测验的质量。本节将简要介绍心理测验编制与实施的一般步骤，相关的法律与道德问题。

一、测验的编制

（一）确定测验目的

［考纲链接］“心理学专业基础综合考试大纲”：测验的设计

测验编制的首要工作是确定测验目的。我们可以通过回答下面三个问题来确定测验目的。第一个问题是：测验的对象是谁？包括明确测验对象的社会身份、生理特点、心理特点、所处的范围与数量等。第二个问题是：要测量何种心理特质？包括明确要测量的心理特质是能力还是人格：若是能力，则属于哪个层次，是智力还是特殊能力；若是人格，则需进一步明确是人格的哪一部分或哪几个部分。明确具体的心理特质之后必须探明此心理特质的内部结构，细化测验目的。这是一项基础性工作，做好这项工作会更多地依赖对心理学、教育学的深刻理解。第三个问题是：测验结果将作何用？包括明确测验结果是用作招聘就业、晋职晋级、升级留级，还是用于诊断评价、指导个体发展；是用作了解个体的心理特点，还是要做出合格与否的决策。例如，吴捷等人（2019）基于心理测量学编制了《中国老年人怀旧感量表》，我们可以用这个例子尝试回答上述三个问题。

之所以要明确这三个问题，是因为测验编制的方法要根据测验的对象、所测心理特质、测验用途做出选择。

（二）设计测验编制方案

确定测验目的之后的一项重要工作是设计一个科学、详细、可行的测验编制方案。方案科学是指方案从目标到内容、方法，都要符合心理学和心理测量学原理，方案的每项选择都必须针对测验目的的各项要求，是统筹考虑心理学理论与技术后的最佳选择。方案要详细，一是因为只有设计时考虑周到详细，方案才不至于中途夭折；二是因为一个详细方案可以使得编制流程合理有序。方案可行有两层含义：第一，科学意义上的可行，如果所设定的测验目的从科学的角度看是不可能达到的，则不要勉强为之；第二，主客观条件意义上的可行，如果所设定的测验目的理论上可行，但是有些主客观条件目前还不具备，则不要勉强为之。

测验编制方案的内容主要包括对测验目的的详细分析，制订编制计划等。测验编制方案要对测验方法、测验类型、测验的题型及其分布、测验的题量及其分布、测验的分数系统、测验质量的评价方法和测验质量的总体目标进行详细设计与规定，同时要对整个编制流程提出详细的设计和要求。

（三）题目编写

测验题目是测验的基本元素，也是测验的主体。使用者，无论是主试还是被试，都是从测验题目来直接感受测验的目的和测验的质量的。测验的题目有很多类型，主要可以分为客观题和主观题两大类。这两类题型在性质和功能上各有不同，总体上具有互补的倾向。每类题型都具备自己的独特性质和独特功能，从而有各自独特的编制方法和编制要求。编写题目时，一定要按照编制方案，充分发挥题型功能。

虽然不同题型的结构各不相同，但所有的题型都有题干和作答要求，客观题还会有备选答案。题干是对题目内容的陈述，题干编写的最基本要求是内容科学、语言精练。作答要求是题目对被试作答内容、作答方式和作答方向的规定。阐述作答要求的语言要准确、无歧义。客观题的备选答案既有正确选项又有迷惑选项，迷惑选项要有适度的迷惑力。

主观题编写还包括参考答案和评分标准的编写，必须保证答案的科学性和评分标准的客观性。

除了要按照不同题型特点认真编写每道题目之外，编制者还要考虑测验的题量分布。测验的题量分布应在测验编制方案中规定好，通常包括题型分布、所测心理特质或知识内容分布、题目难度分布。编写的题量应该按照设计好的各种题量比例分布，这样才能保证组卷时有足量的题目供选择。

本书第四章会对题目编写的技术与要求进行详细介绍。

（四）测试分析

对编写或征集来的题目必须进行严格的质量评估和筛选后才能作为正式测题。题目质量评估和筛选的指标既有定性指标又有定量指标。定性指标旨在评估题目的科学性，特别是与所测心理特质的相符性、答案的正确性、表述的准确性等。心理测量学为题目质量评估设计了一些定量指标，这些定量指标都有各自的定义和计算方法，也都有各自的质量标准，前提是必须有测试数据才能一一求得。所以，测验编制的一项任务就是进行测试分析。测试要有对象，测试对象应该是未来测验使用对象的有代表性的样本，样本必须有足够的容量，测试应该在真实环境中进行，这样才能保证所采集的数据是可信、可用的。有了测试数据，编制者就可以计算每一道题目的各项性能指标，可以按指标对每一道题目做出留用、修改留用、修改再测、淘汰等决策。

（五）组卷

有了足够的高质量题目就可以进入组卷阶段。组卷时既要保证入选的题目都是高质量题目，又要严格按照设计好的各种题量分布选调题目。确定入选题目之后，要合理安排题目顺序。一般先按照题型顺序排列，同一题型再按照难度或强度顺序排列。也有按照测验内容难易顺序排列或按照所测心理特质层次顺序排列的。组卷时严格按照设计好的各种题量分布，选择高质量题目并合理编排题目顺序，是为了有效控制测验的系统误差。

（六）信度、效度调查

严格按上述要求和程序组成的测验是否就是高质量的测验？对此我们并无太大把握。因此，我们还得对测验的整体质量做出进一步的调查。调查的主要内容是测验的信度和效度证据。测验的信度和效度的取证方法很多，特别是效度的取证，不仅方法有多种，而且证据的类型多样。效度的取证需要多方法、多类型证据的“共证”。针对各种不同的测验，编制者可以选择不同的方法和不同的角度来判断测验的信度和效度是否达到要求。调查信度一般只需测验自身的测试数据，而调查效度时，除了需要测验自身的测试数据外，还需要测验外部的一些相关凭证，如有关测验目标内容结构或心理结构的文献，有关测验对象相关实践活动的档案记录等。只有取得了足够的信度、效度证据，并且所取得的证据都达到了一定标准的测验，才是高质量的测验。

本书第二章、第三章将介绍信度、效度调查的各种具体方法和一份优质测验应具备的信度、效度标准。

（七）编制测验分数系统

测验的原始分数或称测验的卷面分数是被试在测验上的成功率，是以测验内容为参照背景的一种分数。如果测验的目的就是获取以测验内容为参照背景的分数，原始分数就可以作为测验的报告分数。如果测验的目的是获取以被试群体为参照背景的分数，或是获取以某种客观标准为参照背景的分数，为了理解和解释的方便，就必须将原始分数转换成其他某种报告分数的形式，我们将这一过程称为编制测验分数系统。关于各种测验分数系统的编制方法，本书将在介绍各种测验的章节中详细介绍。

（八）编写测验使用手册

正规测验必须配有测验使用手册，以便指导测验使用者正确使用测验。

测验使用手册一般含有以下内容：① 测验目的与性质说明；② 适用对象说明；③ 测验内容结构、题型结构介绍；④ 测验编制方法介绍；⑤ 测验施测方法说明；⑥ 评分方法与标准说明；⑦ 测验编制过程中测试对象范围、数量、来源、抽样方法说明；⑧ 测验信度、效度报告；⑨ 分数系统编制方法及分数解释方法介绍；⑩ 测验使用人员的资质要求说明。

（九）编制测验备份

正规测验还需要编制测验备份。测验备份应该是正式测验的平行复本。理论上两平行复本之间除了题目文字不同之外，其所测心理特质、内容结构、难度或强度结构、题型结构以及信度、效度等都应该是完全“相同”的。如果用于同一个被试，两个复本的测验结果应该是完全“相等”的。正规测验配备测验备份有的是为了应对一些突发事件，有的是为了一些特殊的研究需要，也有的是为了取得更可靠的测试结果。不管是从目的还是从要求来看，测验备份都应该与正式测验有完全相同的过程和标准，或者说应该在正式测验编制时就规划好两份测验，编完后再任意指定谁是 A 测验谁是 B 测验，两份测验的地位是完全平等的。

综上，我们按照编制正规测验的步骤与要求介绍了编制测验的过程，按照上述严格的步骤与要求编制的测验，如果信度、效度能达到规定标准，就是我们前面所说的标准化测验。正规测验或标准化测验编制要求高、编程长、投入大，我们不可能要求所有的测验都是标准化测验，实践中也需要一些内容针对性强、方法灵活多变、编程短的自编测验，像学校内使用的教育成就测验，大部分是教师自编的测验。当然，自编测验也应该尽量按心理测量学的理论与技术要求编制，从而提高自编测验的质量。

二、测验的实施

（一）选择测验

实施测验的第一步工作是针对测验目的选择一个合适的测验。选择合适的测验是为了控制测验的误差，提高测验的信度、效度。合适的测验是指：所选测验的内容和报告分数形式要符合测验目的，所选测验的形式和方法要适合被试的身心特点，所选测验的信度、效度要能达到标准，还要考虑所选测验的施测方法与结果解释是否需要有特殊资质的技术人员以及在现实条件下有没有这样的技术人员。以上各条，只要有一条不符，就不能称为合适的测验。有时候，我们会为了某种研究目的而使用测验采集数据，此时对测验的选择就更要慎重，要在研究报告中如实报告所选测验的各方面性能以供检验。

> [考纲链接]“心理学专业基础综合考试大纲”：施测的程序和步骤

（二）实际施测

有的测验施测较为简单，有的测验施测则较为复杂。一般，团体测验、纸笔测验施测相对简单，个体测验、操作型测验施测相对复杂。无论是施测简单的测验还是施测复杂的测验，都应该由具备相应资质的技术人员严格按照测验指导书的要求按步骤实施。在实际施测中，测验环境的布置、测验指导语的宣讲、测验材料的发放、测验进程的控制都应该是规范统一的。规范测验的实施是为了控制测验过程中可能产生的各种误差，提高测验的信度、效度。

（三）评分

有的测验评分在测验实施过程中进行，而多数测验评分在测验实施完成后进行。评分若在测验实施过程中进行，那么会因时间限制对主试的反应速度有更高要求。测验的评分应该严格按照测验指导书规定的方法和标准进行。客观题可以由计算机评分，主观题目前主要采用人工评阅。心理测验的主观题一定要由具备相应资质的技术人员评阅。在大规模测验中，评阅主观题时要先筛选优秀阅卷员并进行严格培训以统一评分标准，必要时还应该进行阅卷质量监控，有条件的地方可以采用网上阅卷系统协助控制阅卷误差。

（四）解释测验结果

不同测验结果的解释方法是不同的。常模参照测验注重报告被试在群体中的相对地位，标准参照测验注重报告被试合格与否或达到了何种等级水平。但要注意的是，任何测验都会有误差。心理测验的误差有时十分严重，产生误差的原因也很复杂，所以解释心理测验结果时一定要有辩证思维，不要绝对化，更不要标签化。特别要注意对测验结果处于劣势地位的青少年的解释，要善于在个体内部进行比较，要更多强调优势特质，鼓励改善劣势特质。要以发展的眼光评价和解释任何一个个体的测验结果，防止心理测验对被试造成负面影响，阻碍个体的发展。

三、测验编制和实施中的法律与道德问题

（一）为维护社会公平而努力保证测验质量

使用心理测验的直接目的是获取人的心理发展水平的准确信息。在更多时候，我们还有一个隐含的目的就是在做出某种决策前评价和比较这些信息。这种决策无论是针对群体还是针对个体，都会有一个社会公平问题。若因为测量不准确而导致决策不公平，就是测量工作者的法律与道德责任问题了。因此，为了维护社会公平，在测验编制过程中，测量工作者要防止因粗制滥造而导致测验结果严重不准；在测验选择过程中，测量工作者要防止因粗心选用不合格的测验；在测验使用过程中，测量工作者要防止因粗心

而导致过程失控，最终导致测值严重失真。

在测验编制过程中，测量工作者也需要尽力避免一些情况出现，如：测验题目的内容在文化、职业或宗教等方面存在偏见，可能使某些被试在测验中处于不利地位；编制测验分数系统时，某些群体数据严重失实或干脆没有，则可能使这些群体在测验分数解释中处于不利地位。

保证测验质量，还要保证测验操作人员的资质水平。每一种测验都对它的操作人员的资质水平做出了严格规定，没有相应的资质水平是不能做主试的，不能使用该测验对他人施测。保证测验操作人员的资质水平应该由社会各方共同监督，被试在接受测验之前也应检查主试的资质证书。

（二）为保护个人权益而尊重测验对象的选择

个人的心理发展水平作为私人信息应该受到尊重和保护。作为获取被试心理发展水平信息的工具，心理测验在使用时必须尊重被试的选择。违背被试意愿而使用心理测验与测验结果可以被视为侵犯个人权益。

尊重被试的选择体现在以下几个方面：首先，要征求被试的知情同意。在没有征得被试同意之前，测量工作者不能强迫任何一个个体参加任何一种测验。其次，要尊重被试的作答选择，包括做哪一题不做哪一题，选择这样作答还是那样作答，甚至掩饰或者伪装。测量工作者可以通过使用某些测验技术识别伪装，提高测验的准确性，但不能干涉被试的作答。最后，使用测验结果时应谨慎。任何人，包括主试，使用被试的个人信息时都要有被试的授权。

（三）为保证测验的安全而严守测验的秘密

无论恶意的还是不经意的，测验泄密的后果都是严重的。测验泄密，会造成测值的失准。特别是一些高利害性、高竞争性测验泄密，会造成测值的严重失准，进而造成严重的社会不公。在我国，一些重要的测验在测验结束前常被认定为国家机密，受法律保护。其实，无论高利害性测验还是普通测验，无论能力测验还是人格测验，都需要保密。能力测验题目泄露，会让一些动机不纯的人，自己或组织他人通过针对性训练而获得虚高的能力评价。人格测验题目泄露，会让一些动机不纯的人，自己或唆使他人通过构想某种行为方式而获得虚假的人格评价。因此，无论从尊重著作权、维护社会公平公正的角度，还是从恪守职业道德的角度，我们都有义务保证测验的安全，严守测验的秘密，不公开或私下向他人传送任何涉及测验的信息。

有关测验管理与实施中的法律与道德问题，中国心理学会有两个重要文件——《心理测验管理条例》《心理测验工作者职业道德规范》。此类法律或文件还包括我国为发展精神卫生事业、规范精神卫生服务、维护精神障碍患者的合法权益制定的《中华人民共和国精神卫生法》（2018 年修正），美国教育研究协会（AERA）、美国心理学会（APA）、全美教育测量学会（NCME）联合编写的《教育与心理测试标准》等。

[知识窗]心理测验管理与实施中的文件

第四节　心理测量发展简史

每一门学科都有其产生和发展的历史。概览心理测量发展的历史背景和起源，可以提供观察问题的视角，有助于我们理解当今的各种测验，了解当代心理测验的发展方向。本节主要介绍心理测量的发展背景和发展历程。

一、中国古代的心理测量思想

和许多科学理论与科学发明起源于古代中国一样，心理测量的故乡也在中国。在古代中国，虽然没有心理测量一说，但是一些理论与著作中包含了渊博的心理测量思想。

心理测量的完整实践至少应包括三个前提（金瑜，2005）：一是要肯定心理的可测性，正视心理的个体差异；二是要确定对何种心理特征进行测量，即测量的内容；三是要在对心理内容的特性或差异性进行阐述的基础上，形成具体的测量方法。中国古代的心理测量思想在这三方面均有其卓越的贡献。

（一）个体差异及其可测性思想

孔子早在两千多年前就已经提出“性相近，习相远”的观点。“习相远”说明，孔子认为人的后天行为表现可能显示出巨大的个体差异。孔子之后，孟子指出了测量人类心理的必然性和可能性：“权，然后知轻重；度，然后知长短。物皆然，心为甚。”（《孟子·梁惠王上》）这比桑代克、麦考尔的观点要早两千多年。

（二）人才的内涵及其测量方法

“人才”一词出自《易经》“三才之道”，指具有一定的专业知识或专门技能，进行创造性劳动并对社会做出贡献的人，是人力资源中能力和素质较高的劳动者。

在人才的内涵及其鉴定方面，不得不提到三国时期的魏人刘劭。刘劭认为，人才鉴定对于知人善任、振兴国家事业具有重要意义。他说：“夫圣贤之所美，莫美乎聪明。聪明之所贵，莫贵乎知人。知人诚智，则众材得其序，而庶绩之业兴矣。”（《人物志·自序》）所谓知人，就是要对人的才能和性格做出客观实际的鉴定。人才之所以能够被鉴定，是因为人的才能和性格必然表现在人的行为中。人的行为表现可被概括为九种，称为“九征”。通过观察这九种行为表现，我们就可以知道人的才能和性格。这种人才鉴定的方法，实质上遵循的是内部心理和外部行为相统一的原则，从人的体貌、言语、行为等诸多方面的观察入手，判断其“心志”大小，从而将人归于圣贤、豪杰、傲荡、拘懦等不同类别（金瑜，2005）。尽管如此，刘劭仍然认为人才鉴定很不容易，这一方面缘于观察者的个人偏好（主观偏差），另一方面缘于被观察者“表里不一”，行为的“似是而非”。于是，他提出了一套识别人才的方法，即“八观”和“五视”，从而尽量减少这些误差。这是自孔子以来对观察法的系统总结。观察法作为心理学收集心理事实材料的方法迄今仍被沿用，刘劭所提出的一些方法在今天看来仍然是有效的。

（三）心理测量的实践活动

在中国古代，心理测量的实践活动涉及现代心理测量的诸多领域，如能力测量、人格测量等。

中国古代的能力测量可上溯到孔子。他在教育实践中凭借自己的经验观察首先评定学生能力的个体差异，并将人的智力分成三个等级，即中人以上、中人和中人以下。这实际上相当于现代测量学中的称名量表和顺序量表。汉代学者董仲舒曾论及注意测验："一手画方，一手画圆，莫能成。"（《春秋繁露·天道无二》）刘劭的《人物志》可以说是一部研究能力的专门著作。中国古代的益智图（俗称七巧板）和九连环可被认为是最早的创造力测验。

孔子不仅论及学生智力水平的评定，也提出了性格类型的观点。他说："不得中行而与之，必也狂狷乎！狂者进取，狷者有所不为也。"（《论语·子路》）这里，孔子把人分成了三种类型：狂者、狷者和中行（戴海琦，张锋，陈雪枫，2007）。很显然，它们分别相当于现代人格测量中的外倾型、内倾型和中间型。刘劭则根据阴阳、五行（木、金、火、土、水）和形体（骨、筋、气、肌、血）的关系及人的行为表现，把人的性格划分为强毅之人、柔顺之人等十二种类型。

世界上最早的教育测量出现于中国西周时期。据《礼记·学记》记载，西周的"国学"中已经建立了具有一定系统性的教育测量制度，其不仅规定了学业考试的时间和步骤，而且规定了考试的内容和标准。到了汉代，教育测量在考试制度、考试类型和考试功能方面都有了很大的发展，如在考试类型方面，开始使用三种考试类型——"口试""策试""射试"，首开笔试的先河。另外，取士制度自汉代以来，历经魏晋南北朝时期的九品中正制，逐步实现了制度化，最后发展成为科举制度，在中国延续了近1 300年。实际上，这种选才方式在诸多方面已经接近于现代心理与教育测量的基本模式。

综上所述，古代中国对心理测量的贡献是多方面的，其特点可以概括如下（戴海琦，张锋，陈雪枫，2007）：第一，中国古代社会的心理与教育测量思想是描述性的，而非定量的。第二，中国古代社会的心理与教育测量是分类式的，如能力、成就和性格测量都是把人分成几种不同的类型。第三，中国古代社会的心理测量思想注重对人做出整体的鉴定和评价，并倾向于将其和道德品质联系起来。第四，中国古代社会的心理测量思想与教育中的因材施教、人才培养等有着密切的联系，从一开始就具有强烈的应用性质。

二、现代心理测量在西方国家的产生与发展

中国虽然是心理测量的故乡，但系统的测量理论和技术产生于产业革命后的一些西方国家。

（一）心理测量的产生是社会的需要

在产业革命成功后，一些西方国家对劳动力的需求急剧增加，且分工日益精细，因而有了专门的人才训练、人员选拔和职业指导的需要，这是促使心理测量技术发展的最重要的一个因素（郑日昌，蔡永红，周益群，1999）。19 世纪，由于科学的发展和欧洲人道主义思想的广泛传播，人们对智力缺陷者和精神病患者的态度发生了重要变化，开设了一些医院专门护理和医治精神病患者。这就在客观上对确定鉴别各种心理疾病的统一标准和分类方法提出了要求。这也是促使心理测量技术发展的一个重要因素。

（二）心理测量的早期探索者

从 19 世纪中叶开始，在德国莱比锡大学的心理学实验室里，冯特（W. Wundt）及其同事率先认识到在严格控制的条件下进行心理测量的重要性（克罗克，阿尔吉纳，2004）。尽管心理能力的测量已超出实验室对反应时、听觉辨别、物体相对重量的估计或者对其他感觉变量的研究，但在严格控制实验条件的前提下观察行为的做法，对现代标准化测验产生了显而易见的影响。心理测量发展到今天，测验的标准化程度已成为鉴定测验科学性的重要指标。

首先倡导测量运动的是英国的优生学创始人高尔顿（F. Galton）。1869 年，高尔顿的《遗传天赋》一书出版，提出人的能力是由遗传而来的，其差异是可以测量的。1884 年，他成立了一个人体测量实验室，使用了许多测量仪器，试图由各种感觉辨别力的测量结果来推断个人智力的高低。高尔顿也是应用等级评定量表、问卷法和自由联想法的先驱。他的另一个重要贡献是把统计方法应用到对个体差异资料的分析之中。

在心理测量的发展史上，另一个著名代表人物是美国心理学家詹姆斯·卡特尔（James M. Cattell）。卡特尔早年师从冯特并获得了心理学博士学位，1888 年在英国剑桥大学任讲师，受到了高尔顿的影响。后来在哥伦比亚大学，他尝试将反应时测量、感知识别测验的分数和学校分数联系起来。1890 年，卡特尔发表了《心理测验与测量》一文，首次提出了“心理测验”这个术语，并在文中报告了他所编制的一套能力测验及其在大学生被试中的应用结果。

除了上述心理学家之外，对现代心理测量做出巨大贡献的还有两位法国人：比内（A. Binet）和西蒙（T. Simon）。1904 年，巴黎教育当局委托比内和西蒙研制一种程序以用于识别学习落后儿童。从这一目的出发，比内和西蒙于 1905 年完成了世界上第一个智力测验量表——《比内 - 西蒙智力量表》（*Binet-Simon Intelligence Scale*）。该量表由 30 道从易到难排列的题目组成，可用来测量各种能力，特别是判断、理解和推理能力。其修订版于 1908 年出版，删除了不合适的题目，增加了一些新的题目，使总题目数增加到 59 道。修订后的量表在计分方式中引入了智力年龄（mental age，又称心理年龄）的概念作为量化个体在测验中的总体表现的指标。《比内 - 西蒙智力量表》的更新版本在 1911 年出版，将测验对象扩大到成人。

回顾西方心理测量早期探索的历史，我们可以看出，现代心理测量的产生既有着深刻的社会历史背景，又与科学技术的发展水平紧密联系，还与科学家个人贡献有关（戴海琦，张锋，陈雪枫，2007）。正如美国著名心理史学家波林（E. G. Boring）所指出的，在测验领域中，19世纪80年代是高尔顿的10年，19世纪90年代是卡特尔的10年，20世纪的前10年则是比内的智力测验的10年。

（三）心理测量的发展

心理测量运动从20世纪初兴起，20年代进入狂热期，40年代达到顶峰，50年代后转向稳步发展。在此期间，心理测量主要有以下几个方面的发展。

《比内－西蒙智力量表》发表后，引起世界各地的广泛关注。各种语言的版本纷纷出现，其中最著名的是美国斯坦福大学特曼（L. M. Terman，又译作推孟）教授于1916年修订的《斯坦福－比内智力量表》(*Stanford-Binet Intelligence Scale*)，其最大的改变是采用了比率智商的概念来表示智力水平的高低。从此，“智商”一词风靡全球。但是，《比内－西蒙智力量表》及其修订版本都是个体测验。在第一次世界大战期间，为满足美国军队对官兵选拔和分派兵种的需要，奥蒂斯（A. S. Otis）编制了第一个团体智力测验——《陆军甲种测验》(*Army Alpha Test*)，此后又产生了《陆军乙种测验》(*Army Beta Test*)。

智力测验所测量的是人的一般能力水平，是人的能力结构中的一个方面。20世纪30年代，随着因素分析理论的发展，多重能力倾向测验越来越受到重视。这是因为因素分析的方法能够通过对测验进行分析获得相对独立的能力因素，所以根据这种方法编制的成套测验有助于进行个体内部心理结构的分析。

在心理学家热衷于编制智力测验和能力倾向测验的同时，传统的学校考试方法也在进行着技术改革。桑代克编制了第一个标准化的教育成就测验。他运用心理测量学原理，编制出评定学生书写、作文、拼读、算术、计算和推理的量表。正因为如此，桑代克被公推为教育测量的鼻祖。此后，一些专门的教育测量机构也在一些国家陆续成立，如美国教育考试服务中心（Educational Testing Service, ETS）成立于1947年，是目前世界上最大的私立教育考试机构。

心理测量的另一重要领域涉及情感适应、人际关系、动机、兴趣、态度、性格等人格特点的测量。人格测验的先驱是克雷佩林（E. Kraepelin），最早用自由联想测验来诊断精神病患者。人格问卷或自陈量表的原型是伍德沃思（R. S. Woodworth）在第一次世界大战期间编制的《个人资料调查表》。后来，美国的雷蒙德·卡特尔（Raymond B. Cattell）编制了《十六种人格因素问卷》，英国的艾森克（H. J. Eysenck）编制了《艾森克人格问卷》等。人格测验的一项重要技术是投射测验。在这种测验中，被试被给予相对非结构性的任务，允许自由作答，其基本假设是被试会把他特有的反应模式投射到这类任务中去。前面提到的《自由联想测验》是最早的投射测验之一。投射测验常用的任务也包括完成句子、画图、排列玩具、创设场景、即兴表演、解释图片或墨迹等。

（四）心理测量发展的当代趋势

前面提到，20 世纪 50 年代后心理测量进入稳步发展阶段。在这一时期，经典测验理论趋于成熟并稳步发展。60 年代以后，测量理论出现了一些新的方向，概括起来主要有以下几个方面：一是由于信息加工心理学的兴起，测量学界倾向于将实验法和测验法相结合，产生了信息加工测验；二是由于计算机技术的迅速发展，传统的纸笔测验逐渐被电脑程序测验取代，从而大大提高了测验的效率；三是针对经典测验理论的某些缺点，提出了一些新的测量理论，尤其是项目反应理论和概化理论，成为测量领域新的里程碑；四是针对项目反应理论的不足，出现了多维项目反应理论、非参数项目反应理论和认知诊断理论，尤其是 20 世纪 90 年代末兴起的认知诊断理论，被视为新一代心理测量理论的核心。

三、现代心理测量在中国的发展

（一）20 世纪前半叶的初步繁荣

从 20 世纪初开始，现代心理测量理论逐渐从西方传入我国，我国心理测量工作在 20 世纪前半期经历了初步的繁荣。这主要表现为我国的心理测量工作者对西方心理测验量表的介绍和翻译，他们修订和编制了多种智力测验、人格测验及教育测验方面的量表。另外，这一时期出版的有关心理测量方面的著作达到了 20 余种。

1915 年，克雷顿（J. E. Creighton）为了比较中美儿童的智力差异，在广东省广州市使用心理测验的中文翻译版本，对 500 名小学生进行了测验。这是现代心理测量理论在中国的第一次应用。1918 年，俞子夷编制了我国最早的标准化教育测验《小学国文毛笔书法量表》。1920 年，廖世承和陈鹤琴首次在中国高校中开设了测验课程。在实验的基础上，他们二人编著了《智力测验法》（1921 年）一书。1922 年，贾培杰将《比内－西蒙智力量表》翻译为中文，在浙江、江苏两地对一些小学生进行测试。同年，《心理》杂志开始刊登与测验相关的文章（张厚粲，2001）。同时，中华教育改进社引进西方的专家学者协助我国进行测验编制与人才培养，他们与国内学者合作先后完成 50 多种测验，培养了一定数量的研究人员，并开始通过大规模调查获得 3–8 年级的常模及相关统计数据（高觉敷，1985）。1925 年，艾伟开始编制中小学各年级各学科测验、小学儿童能力测验及智力测验，并使用测验选拔儿童，依据儿童自身的特点进行培养，开创了中国编制教育测验的先河，对我国测量测验的发展做出了突出贡献（杨鑫辉，2002）。据不完全统计，在 20 世纪 30 年代，我国心理学工作者参与编制心理学测验约 20 种，教育测验 50 多种（张厚粲，2020）。

（二）20 世纪后半叶的再度繁荣与发展

改革开放后，人们逐渐重新认识到心理测量的作用和重要意义，心理测量学恢复了其在心理科学中的地位。我国心理测量走上了健康发展之路，取得了前所未有的突破性进展：心理测量理论越来越丰富，心理测量服务于实践的力度和强度也越来越大。

在理论方面，20 世纪 80 年代中期以前是经典测验理论阶段。80 年代中期以后，由于引进了项目反应理论和概化理论，再加上 90 年代后期对认知诊断理论的介绍和研究，我国心理测量呈现多种理论并存的局面。40 多年来，国内学者发表了大量有关心理测量的研究论文，多种教材和专著陆续出版。

我国心理测量的实践作用主要表现在指导测验编制、教育与社会考试，以及人才选拔、人事测评等方面。40 多年来，我国心理学家在各种测量理论的指导下，修订和编制了大量智力测验、人格测验、能力测验和神经心理测验等方面的量表，无论在内容上还是在技术上，都趋于成熟和完善。现在，心理测量已广泛应用于心理学、教育、医学、企业和组织人事、司法等许多应用领域，对社会产生了重大影响。在教育与社会考试方面，20 世纪 80 年代中期，在我国的教育考试改革中，经典测验理论和项目反应理论在增加客观题型、制订各学科的测量目标、对题目进行质和量两方面的分析、题目等值化、控制评分误差、测验分数的转化和常模制订等方面做出了巨大的贡献（戴忠恒，1990），促进了我国考试改革的成功和考试理论的发展，将考试的研究领域从教育扩展到了社会，如公务员考试、职业资格考试、医学技能考试等。在人才选拔、人事测评方面，20 世纪八九十年代是我国人事测评的大发展时期，进入 21 世纪后，采用心理测量技术进行人事选拔工作已相当普遍，如企业员工招聘、公务员考试以及一些厅、局级干部的选拔都采用了心理测量。

[知识窗]国内近十年本土化量表概览

最近十多年，国内心理测量进入了高速发展时期，这主要体现在三个方面：一是在基础教育质量监测方面的贡献；二是积极融入国际测评舞台；三是测量人才涌现，理论成果丰硕。

2007 年，教育部基础教育质量监测中心成立。2012 年，北京师范大学大学牵头，华东师范大学、华中师范大学、东北师范大学、西南大学、陕西师范大学、中国教育科学研究院、教育部考试中心和科大讯飞股份有限公司等 8 家机构作为核心协同单位，成立了中国基础教育质量监测协同创新中心，并于 2014 年 10 月通过教育部认定，是我国教育学和心理学领域唯一的国家级协同创新中心。该中心于 2015 年正式开展义务教育监测工作，在 2018 年发布首份《中国义务教育质量监测报告》。随后，全国各省份逐渐成立基础教育质量监测中心，客观呈现义务教育阶段教育状况，为进一步提升教育质量提供保障。

国内心理测量学者积极融入由经济合作与发展组织（OECD）实施的国际学生评估项目（PISA），在 2006 年于北京、天津、潍坊等地开始试点测验，并分别在 2012 年、2015 年、2018 年进行了三次评估。

通过举办高级别国际学术会议，如第 80 届国际心理测量研讨会，国内外心理测量工作者充分交流分享最新研究方向、技术及方法。随着计算机技术的发展，文本分析、人工智能、机器学习、深度学习等大数据分析技术蓬勃发展，心理测量人才涌现，理论成果丰硕。在主观题评分、过程性数据、游戏式测评等方面，我国研究者进行了大量研究，取得了一些有价值的成果，并在国际知名期刊上发表文章（张厚粲，2020）。同时，通过对社交媒体用户信息数据的分析来获得中国网民的心理状态，心理测量学正在为政策实施提供数据支持。

总之，心理测量学已成为心理学与教育学中具有独立理论与完整方法体系的重要学科之一，并且随着社会的发展和科学技术的进步，对社会有了越来越大的影响力（辛涛，康春花，2008）。我国心理测量学的研究从初期的教育与心理领域，不断向医学、组织人事、企业渗透，跨学科合作越来越频繁。心理测量学在相关学科中的基础作用越来越大，并成为社会科学研究的一种重要工具。

本章小结

心理测量是依据一定的心理学理论，使用测验对人的心理特质进行定量描述的活动。任何测量都有误差，测量的误差包括随机误差和系统误差两种。心理测量的误差来自：人的心理特质的特殊性、质量不高的测量工具、控制不当的施测过程和施测环境、主试效应。控制心理测量误差的任务是非常富有挑战性的。心理测验依据不同指标可做不同分类，不同的测验有不同的功用，不同的测验编制方法各有特色，但也有共同之处。心理测量学就是一门研究如何编制测验、如何实施测验、如何控制测量误差提高测验质量的科学。当然，心理测量学工作者也关注测验编制和实施中的法律与道德问题。心理测量学工作者还应注意从测量和心理测量学的发展历史中汲取经验与教训，开拓创新。

复习与思考

1. 为什么说人的心理是可测的？
2. 同是间接测量，测量人的心理与测量温度有什么不同？
3. 心理测量量表有什么特点？
4. 心理测量误差的类型与来源各有哪些？
5. 标准化测验的“标准化”要求有哪些？
6. 编制心理测验的一般步骤有哪些？
7. 你从心理测量发展的历史中感悟到了什么？
8. 心理测量的发展趋势是什么？

推荐阅读

童辉杰．心理测量学 [M]. 上海：上海教育出版社，2020.

第二章

测量信度与随机误差控制

学习目标

- 什么是信度？信度的作用有哪些？
- 信度的种类及其估计方法有哪些？
- 如何计算测量标准误差？
- 信度与随机误差的关系是怎样的？
- 提高信度的主要方法有哪些？

知识导图 >>>

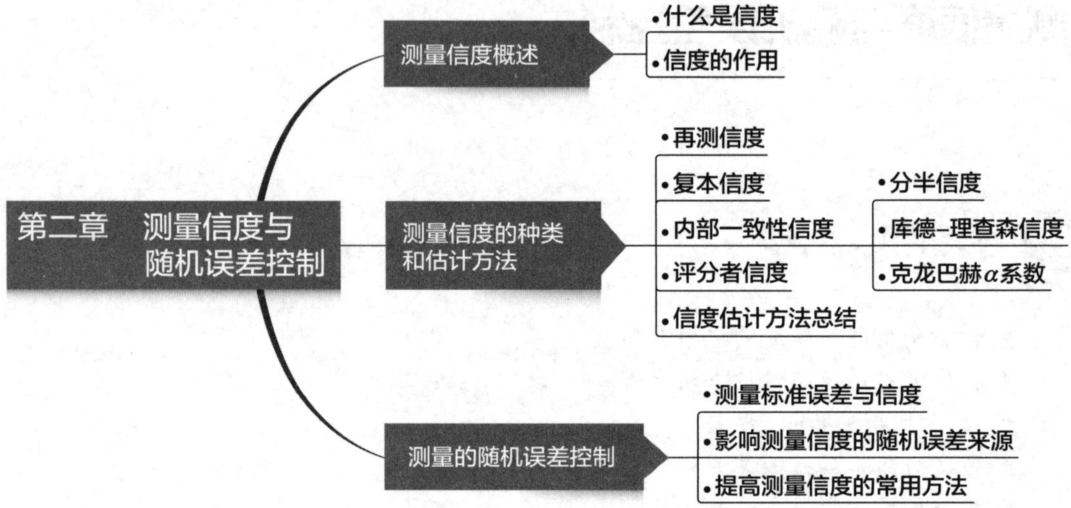
第二章　测量信度与随机误差控制
测量信度概述
•什么是信度
•信度的作用
测量信度的种类和估计方法
•再测信度
•复本信度
•内部一致性信度
•分半信度
•库德-理查森信度
•克龙巴赫α系数
•评分者信度
•信度估计方法总结
测量的随机误差控制
•测量标准误差与信度
•影响测量信度的随机误差来源
•提高测量信度的常用方法

一种良好的测量工具，首先应该保证在评价同一批被试时，在不同时间或不同场景中所得到的测量结果是稳定的或一致的。如果结果不稳定，我们就无法确定哪次结果是准确的，也就无法相信该测量工具的性能。对于一个测验，如果控制了成熟、练习等因素的影响，个体在这个测验上的得分在不同时间或不同场景中变化很大，我们就不能用这个测验来预测个体的表现，因为它的结果太不稳定了。本章要讨论的问题就是心理测量工具的结果稳定性。

第一节　测量信度概述

一、什么是信度

在心理测量中，**信度**（reliability）指的是相同被试在不同时间或不同场景中，重复用同一测量工具或等价工具测量某种心理特质所得结果的一致性程度。在此，测量工具泛指测量心理属性的各种方法和技术，如观察法、实验法、测验法、面试法、评价中心等。一个测量工具一般包括刺激材料、材料呈现媒介、实施流程和指导语、数据记录方式、测量结果分析与解释等。

[考纲链接]“心理学专业基础考试大纲”：信度的定义

信度是评价心理测量工具质量的重要指标之一，反映了测量结果中由于随机误差所带来的方差变异大小：信度越高，随机误差方差越小，测量结果越稳定或越一致。每个合格的测量工具都应该有较高的信度。

当然，几乎任何一个测量工具都无法保证重复测量的结果是完全一致的，因为测量过程会受到很多因素的影响，包括主试、被试、测量工具本身、测量的情境因素等。即使在物理测量中，也不能保证在不同时间或不同场景中每次测量的结果是完全一致的。况且心理测量的对象——人具有生物活性和社会性，所使用的测量方法也具有间接性，这些不可控因素会导致更多的随机误差。即便如此，一个合格的测量工具还是应该保证测量结果具有较高的稳定性或一致性，尽量控制随机误差的影响。

经典测验理论假设，个体在某个测验上获得的分数结果是由真分数 T 和随机误差分数 E 组成的。真分数被定义为个体被同一工具测量无数次后所得结果分数的平均数。必须指出的是，我们无法完全精确地得到真分数，因为我们无法用同一工具对个体测量无数次，但我们可以通过观察分数 X 来估计真分数。经典测验理论假设，一群被试的观察分数方差（σ_X^2）等于真分数方差（σ_T^2）加上随机误差方差（σ_E^2），即

[微课]经典测验理论与信度

$$\sigma_X^2 = \sigma_T^2 + \sigma_E^2 \qquad \text{公式 2–1}$$

测量的信度（r_{XX}）被定义为观察分数方差中由真分数方差所解释的比例，即

$$r_{XX} = \frac{\sigma_T^2}{\sigma_X^2} \qquad \text{公式 2–2}$$

由公式 2–2 可知，测量的信度（r_{XX}）是一个从 0 到 1.00 的非负值，r_{XX} = 1.00 表示测量结果完全一致，r_{XX} = 0.00 表示测量结果没有任何规律。

通过公式 2–1 和公式 2–2，我们可以推导出在观察分数方差中随机误差方差所占的比例，或称真分数方差未解释的比例，即

$$\frac{\sigma_E^2}{\sigma_X^2}=1-r_{XX} \qquad \text{公式 2–3}$$

由于无法直接计算得到真分数方差，因此，信度通常是通过分析不同测量情境因素对测量分数的影响效应得到的。信度受随机误差的影响，不受系统误差的影响。后面将要介绍的各种信度评估方法，就是针对各种影响信度的随机误差，通过分析它们的影响效应来估计测量的信度的。

二、信度的作用

信度是衡量一个测量工具质量的重要指标，信度不能达到要求的测量工具是不应被使用的。因此，不管是自己编制测量工具还是使用已有的测量工具，研究者必须重视测量工具的信度是否符合要求。具体来说，信度的作用表现在以下方面：

1．信度反映了不同测量情境因素对测量结果的影响

如果不同测量情境因素对测量结果影响甚大，这就表明观察分数的随机误差很大，测量结果偏离真分数的程度较大，自然很难让人相信测量结果的稳定性或可靠性。

2．信度可以用来评价个体分数的稳定性程度

信度与测量随机误差是联系在一起的。信度越低，表明观察分数的随机误差越大，也就是观察分数偏离真分数越远，用这样的测量工具得到的分数也就越不稳定。

心理测量中得到的任何一个分数都可能存在不同程度的随机误差。因此，我们应该把每一个分数都看成带有测量误差的估计值，它的变动范围随着测量误差的大小而不同。估计观察分数变动范围的方法将在后面进行介绍。

第二节 测量信度的种类和估计方法

［考纲链接］“心理学专业基础考试大纲”：信度系数的估计

前面已经说到，有许多随机误差会影响测量的信度。针对不同的影响因素，会有不同的信度估计方法。因此，我们需要了解估计信度的各种方法和对应的使用条件。

一、再测信度

再测信度（test-retest reliability）指的是同一个测量工具在两个不同时间或不同场景中，对同一被试群体施测所得结果的一致性程度。

（一）估计方法

再测信度的大小可以通过计算测量工具的**再测系数**（test-retest coefficient）或**稳定性系数**（coefficient of stability）来确定。具体来说，就是求取用同一个测量工具在两个不同时间或不同场景中，施测同一被试群体所得结果的相关系数。相关系数的具体计算方法和条件可以参看统计学教材中的相关内容。

再测信度主要考查一个测量工具能否保证在不同时间或不同场景中测量结果的一致性，反映了测量工具受时间间隔或场景变化等因素影响的程度。再测信度较高，说明该测量工具前、后两次的测量结果比较一致，测量工具的性能比较稳定，也说明被试的相应心理特质受被试状态和环境变化的影响较小。用所得测量结果来预测被试在短期内的相应心理状态的效果是比较好的，因为该结果具有较好的跨时间或跨场景的稳定性。

[微课] 随机误差来源与信度的种类

一般来说，两次测量的时间间隔越短，各种施测场景的变化越小，再测信度越高。

（二）使用条件

根据再测信度的定义可知，再测信度的估计需要用同一测量工具对同一被试群体施测两次，因此，为了使估计出来的再测信度具有意义，我们应该尽量满足以下几个条件：① 测量工具所测量的个体心理特质在时间上或场景上应该是相对稳定的。例如，个体的智力、性格、气质等一般被认为是比较稳定的心理特质，短时间内很难改变。因此，测量这些特质的工具就适合用再测信度来评价其质量。个体的知识水平、情绪状态则不太稳定，只要施测的时间间隔稍长或场景变化较大，就有可能产生很大变化，测量结果就很不一致。但这种不一致不只是因为测量工具性能不稳定，还因为这种心理特质本身在时间上或场景上就是不稳定的。因此，不适合用再测信度来评价这类测量工具的质量。② 测量工具所测量的个体心理特质应该不存在明显的练习效应和遗忘效应。再测信度需要用同一工具对同一被试群体施测两次，因此，第一次的施测不应该对第二次的施测产生练习效应，同时，也不应该由于第二次施测晚于第一次而产生遗忘效应。智力、性格等心理特质均不存在明显的练习效应和遗忘效应，但知识水平可能存在明显的练习效应和遗忘效应。③ 在两次施测的间隔期，不应该进行专门的训练和培训，以保证再测信度反映的是随机误差的影响效应。

需要特别指出的是，两次施测的间隔长短会影响再测信度的大小。因此，我们在报告再测信度时应该报告间隔时间。在确定前后两次施测的间隔究竟应该多长才比较合适时，我们应该根据已有相关研究结论考虑欲测心理特质本身的稳定性程度，而不应该随便确立间隔长短。例如，从普通心理学和发展心理学的研究中我们可以知道，智力在不同年龄阶段的稳定性是不一样的，在 18 岁之前，智力发展非常迅速，但 25 岁以后，智力发展趋向平缓，因此，在估算再测信度时就应该考虑到，针对 18 岁以下被试智力测量的时间间隔不宜太长，针对 25 岁以上被试智力测量的时间间隔可以相对长一些。同样，两次施测场景的变化会影响再测信度估计值的大小。因此，在报告再测信度时还应该报告具体的施测场景。

二、复本信度

复本信度（alternate-form reliability）指的是两个平行的测量工具测量同一被试群体所得结果的一致性程度。复本信度的估计过程就是计算同一被试群体在两个平行的测量工具上所得分数的相关系数，也叫**等价系数**（coefficient of equivalence）。平行的测量工具指的是在内容、数量、形式、难度、区分度、指导语、时限和所用的例题与公式等方面都相同或相似的两个测量工具，也就是用不同的测试材料测量同样的内容而且其测试结果的分布（包括平均值和标准差等）都相同的两个测量工具。

（一）估计方法

在估计复本信度时，我们可以根据两个平行测量工具间的时间间隔，将测试方式分为同时测试和延时测试。同时测试是在同一个时间段内进行测试，而延时测试是在两个时间段进行测试。同时测试可能存在作答疲劳的效应，而延时测试可能存在练习效应。复本信度主要反映了由于测试材料不同或时间顺序所导致的测量误差。

在计算再测信度时可能会遇到一个困难：当初测和再测之间的时间间隔比较短的时候，被试通常会记住他们在初测时的测试内容和作答模式，这显然会影响他们在再测中的作答模式和结果。当然，如果所有被试记住的测试内容和作答模式一样多的话，这从计算本身来说并不会改变其系数大小。但是，通常的情况是，一些被试记住的测试内容和作答模式会比另外一些被试多一些，这就会改变初测和再测之间的相关系数。那么，如何克服这个困难呢？我们可以使用平行的测量工具来计算复本信度。

（二）使用条件

计算复本信度时，我们需要考虑以下几个条件。

首先，要构造出两个或两个以上真正平行的测量工具。平行的测量工具之间必须保证在内容、数量、形式、难度、区分度、指导语、时限和所用的例题与公式等各方面都相同或相似。

其次，计算复本信度时，若要对同一被试群体施测两个平行的测量工具，就需要合理安排施测时间。复本信度反映了由于测试材料或时间顺序所导致的测量误差，为了尽量控制由于在不同时间施测不同测试带来的顺序效应，在施测平行的测量工具时，一般的过程是，先把被试随机分成两组：在初测时，第一组被试测试平行工具 A，第二组被试测试平行工具 B；再测时，第一组被试测试平行工具 B，第二组被试测试平行工具 A。通过这种设计得到的复本信度就考虑到了由于测试时间顺序不同所导致的测量误差。

最后，虽然对测试方式进行了更合理的设计，但是复本信度估计可能依然会受到一些不可避免的因素影响。例如，再测时，被试可能存在疲劳效应，测试结果也可能受到练习效应、迁移效应的影响。因此，我们应该尽量在测试结果报告中详尽地说明两次测试的时间间隔，测试的顺序安排，测试过程中被试的相关测试经历等。

三、内部一致性信度

虽然针对许多心理特质都可以编制平行的测量工具，特别是对于能力特质的测量，但是，同时编制两个平行的测量工具是非常费时费力的，也很难编制出完全平行的工具。为此，在实际中，还有一种常用的类似于复本信度的信度估计方法——**内部一致性信度**（internal consistency reliability）估计方法，主要包括**分半信度**（split-half reliability）估计法、**库德－理查森信度**（Kuder-Richardson reliability）估计法、**克龙巴赫 α 系数**（Cronbach's α coefficient）估计法。在估计测量工具的内部一致性信度时，只需用同一个测量工具对一批被试测试一次即可。内部一致性信度主要评价了测量工具各随机组成部分之间是否测量了相同的心理特质，因此，它反映的是测试材料的内容的抽样一致性程度。

需要注意的是，内部一致性信度并不能反映由不同测试条件和不同测试时间所带来的测量误差。因此，内部一致性信度不能被看作与再测信度或复本信度等价的概念或评估方法。

（一）分半信度

我们可以把一个测量工具的所有测试材料随机地划分成对等的两个部分，然后估计所有被试在这两部分测试材料上得分的一致性程度，这样得到的结果一致性估计称为分半信度。分半信度评价了测量工具中两部分随机组成的测试材料是否测量了相同的心理特质。

1. 估计方法

分半的方法可以多样，但是在分半时，为了尽量减少无关因素的影响，通常需要考虑测试材料的形式、分数设置、测试的先后顺序等因素的平衡问题，如按照测试材料顺序奇偶分半就是一个经常选择的方法。被试在测量工具的两个部分上得分的一致性程度，可以通过计算二者的相关系数来进行估计。由此可以看出，分半信度反映了测量工具的两个随机组成部分在测试内容上的一致性程度。

下面以测验法为例说明分半信度的估计方法。在一个包括许多题目的测验中，我们可以获得被试在奇数题号上的得分，也可以获得被试在偶数题号上的得分，这样就可以计算出被试在这两个分半测验上得分的相关系数，用于估计该测验的分半信度。

然而，在用分半测验得分计算相关系数时，由于测验题量被缩短（而题量会影响相关系数的估计），因此，为了估计完整测验的信度，通常需要对计算得到的相关系数进行校正。假如两个分半测验的分数之间是平行的，即有相同的平均数和方差，那么完整测验的信度可以通过以下这个简化的**斯皮尔曼－布朗公式**（Spearman-Brown fomula）对相关系数进行校正，即

$$r_{XX}=\frac{2r_{hh}}{1+r_{hh}}$$ 公式 2–4

式中，r_{hh} 为两个分半测验之间的相关系数，r_{XX} 为完整测验的信度估计值。

其实，该公式反映了以下关系：虽然 r_{hh} 为两个分半测验之间的相关系数，但它同样表示长度为完整测验一半的测验的信度；r_{XX} 则是在考虑测验长度变化之后，对 r_{hh} 进行校正后估计的完整测验的信度。

如果测验奇数题号上的得分与偶数题号上的得分之间的相关系数为 0.80，完整测验的信度估计值就是 $r_{XX}=2\times0.80/(1+0.80)=0.89$。

另外一种估计分半信度的方法是使用**卢伦公式**（Rulon formula）。它只需要计算所有被试在两个分半测验上得分之差的方差和总分方差，即

$$r_{XX}=1-\frac{S_d^2}{S_x^2}$$ 公式 2–5

式中，r_{XX} 为完整测验的信度估计值，S_d^2 为被试在两个分半测验上得分之差的方差，S_X^2 为被试在完整测验上的总分方差。

公式 2–5 中的 S_d^2 反映了由于题目不同等带来的误差方差，它与总分方差之比反映了误差方差在总分方差中所占的比例。

2．使用条件

分半信度通常在测量工具只能施测一次或在没有复本的情况下使用，而且要求被试在分半后的两个测量工具上的得分的平均数和方差相等。对一个测量工具进行分半的方式有很多，所以，同一个测量工具通常会有多个分半信度估计值。

需要说明的是，一般来说，如果其他条件不变，那么测量工具的长度越长，测试结果越稳定，信度越高。其实这很容易理解，因为反映心理特质的行为样本越大，我们就可以得到更充分、更一致的证据支持。那么，测量工具的长度与信度估计之间是什么关系呢？我们可以通过斯皮尔曼－布朗公式加以理解，即

$$r_{nn}=\frac{nr_{tt}}{1+(n-1)r_{tt}}$$ 公式 2–6

式中，r_{nn} 是测量工具长度变化后的信度估计值，r_{tt} 是测量工具长度变化前的信度估计值，n 是测量工具长度变化后与变化前的长度的比值。当然这个公式只是反映了不同长度的测量工具与其信度之间的相对大小关系，是一种趋势估计，不能将其理解为一种严格的函数关系。

（二）库德－理查森信度

很显然，把一个测量工具中的测试材料分成两半的方式是非常多的。每种分半方式得到的信度估计值总会存在一些差异，但我们无法知道究竟哪种分半结果所得到的信度估计值是最合适的。为此，一种直接的问题解决途径就是计算所有可能的分半信度系数的平均数，以此作为完整测量工具的内部一致性的最佳估计值。然而，即使对于一个假设有 20 道题目的测验，得到该估计值也需要计算成千上万个分半信度。哪怕有计算机的协助，也很少有人愿意这样去做。

1．估计方法

在一定条件下，这个问题可以通过一条更简便的途径加以解决。我们仍以测验法为例，则可以通过选择下面两个公式中的一个来估计所有分半信度的平均数：

$$r_{XX}=\left(\frac{k}{k-1}\right)\left[1-\frac{\sum_{i=1}^{k}p_i\left(1-p_i\right)}{S^2}\right]$$ 公式 2–7

$$r_{XX}=\left(\frac{k}{k-1}\right)\left[1-\frac{\overline{X}\left(k-\overline{X}\right)}{kS^2}\right]$$ 公式 2–8

式中，p_i 是被试在题目 i 上的正确作答比例，k 是测验的题目个数，$\overline{X}$是测验总分的平均数，S^2 是测验总分的方差（注意计算方差时分母用 n，而不是 $n-1$）。

上面两个公式分别叫作库德 – 理查森 20 公式和库德 – 理查森 21 公式。

2．使用条件

与分半信度估计一样，库德 – 理查森信度的估计也只要求对某被试群体测试一次，因此，在测试安排上比较方便。

库德 – 理查森信度的估计只能针对“1”“0”计分题型。对于其他题型，需要使用更加一般的估计方法。

库德 – 理查森 20 公式不同的是，库德 – 理查森 21 公式假设测量工具中所有测试材料的难度是相同的，更易于计算，而且得到的是一个比分半信度更加严苛的信度估计值。因为库德 – 理查森信度反映的是测试材料间的一致性程度，会受到测量工具欲测心理特质的同质性程度的影响。欲测心理特质越同质，测试材料间一致性程度越高，估计的信度越高。

前面已经说过，库德 – 理查森信度是所有分半信度的平均数。虽然在估计分半信度时，分半信度能够尽量保证两个分半测量工具间的同质性，但库德 – 理查森信度无法保证所有分半测量工具的同质性。除非完整测量工具本身非常同质，否则，库德 – 理查森信度一般要低于分半信度。举一个比较极端的例子。假如一个测验包含 50 道题目，第 1、2 题测量几何，第 3、4 题测量语言，第 5、6 题测量空间旋转，以此类推。这样，奇数题号题目与偶数题号题目可以组成两个非常同质的分半测验，然而在估计库德 – 理查森信度时，我们可以想象这个数值将远远低于分半信度。

（三）克龙巴赫 α 系数

克龙巴赫 α 系数（也称 α 系数）估计方法是一种比库德 – 理查森信度估计方法更加一般化的方法，它可以对各种计分方式的题型进行信度估计。

1．估计方法

使用克龙巴赫 α 系数估计信度时会用到的公式为

$$\alpha=\left(\frac{k}{k-1}\right)\left(1-\frac{\sum_{i=1}^{k}S_i^2}{S_t^2}\right) \qquad \text{公式 2-9}$$

式中，k 是测试材料个数，S_i^2 是被试在材料 i 上得分的方差，S_t^2 是被试测试总分方差。

2．使用条件

估计克龙巴赫 α 系数时，只要求对某被试群体测试一次，因此，在测试安排上比较方便。

另外，公式 2-9 可以估计采用各种计分方式的测量工具的内部一致性信度，是更一般化的内部一致性信度估计方法。

四、评分者信度

一般在对客观评定型材料进行评分时很少出现误差，如选择题、判断题等，这类题型的作答结果还可以通过机器进行评阅。即使人工评阅，不同评阅者对相同被试作答结果的评分一般也是相同的。然而，对于诸如写作类题型、语言理解类题型或其他表现类题型材料，如演讲、实际行为表现等，评分过程可能会受到评分者主观因素的影响。在评价通过主观评分方式得到的评定结果时，我们必须了解不同评分者在评价被试作答反应时给出的分数值的一致性程度，即**评分者信度**（scorer reliability）。最常用于评价评分者信度的方法就是让两个评分者各自独立评价同一被试群体的实际表现，然后计算这两个评分者评定分数之间的相关系数：相关系数越大，评分者信度越高。另外一种方法是由多个评分者评价同一被试群体，可以通过计算**肯德尔和谐系数**（Kendall's concordance coefficient）估计评分者信度。以上信度的具体计算方法请参看统计学教材中的相关内容。

五、信度估计方法总结

表 2-1、表 2-2 是本书对各种类型的信度估计方法进行的总结。

表 2-1　不同信度估计方法所用的测试次数和测试工具份数

测试次数 / 次	测试工具数 / 份	
	1	2
1	分半信度 库德－理查森信度 克龙巴赫 α 系数	复本信度（同时测试）
2	再测信度	复本信度（延时测试）

表 2–2　信度估计方法的测量误差方差来源

信度估计方法	测量误差方差来源
再测信度	时间间隔
复本信度（同时测试）	测试材料内容
复本信度（延时测试）	时间间隔与测试材料内容
分半信度	测试材料内容
库德－理查森信度和克龙巴赫 α 系数	测试材料内容与心理特质的同质性
评分者信度	评分者间差异

现在我们明白，不同的信度估计方法常基于不同的测量误差方差来源，但有些测量误差来源很少在信度估计中被考虑，如不同测试情景引起的被试分心，主试未严格地按指导书规定的测试时限收集数据等，这些影响因素由于可以通过积累施测经验和培训加以消除，因此没必要报告专门的信度估计值。由此可以看出，在应用测量工具时，严格遵照使用指导手册进行测试是多么重要！

所有的内部一致性信度估计方法，包括分半信度估计方法、库德－理查森信度估计方法、克龙巴赫 α 系数估计方法，总会高估**速度测验**（speed test）的信度，因为在这类测验中，大部分被试无法在规定时间内完成测验。因此，在估计速度测验的内部一致性系数时，我们需要对测量和估计过程进行适当修正。一般可以这样设计：把一个速度测验分成两半，在不同的时间相同的时限内进行测试，计算这两个分半测验分数的相关系数；然后，用公式 2–4 估计完整测验的信度。当然，也可以用再测信度和复本信度的估计方法来估计完整测验的信度。

一般来说，对人格、兴趣等特质的测量的信度总是要低于对能力特质的测量。国外研究者对以往研究资料进行总结后得到了正式报告中各种测量工具的信度数据范围（见表 2–3）。当然，表中数据只是总结了某个时间段的相关研究结果，而且只显示了各种测量工具的信度估计值之间的相对大小，不能把其中的数据作为绝对参照标准。

表 2–3　各种心理测量工具的信度（Aiken，1994）

测量工具类型	信度		
	低	中	高
学业成就测验	0.66	0.92	0.98
学术能力测验	0.56	0.90	0.97
特殊能力倾向测验	0.26	0.88	0.96
人格测验	0.46	0.85	0.97
兴趣测验	0.42	0.84	0.93
态度测验	0.47	0.79	0.98

然而，有时候人格特质的测量信度会远高于能力特质的测量信度。那么，一种测量工具的信度究竟多高才有应用价值呢？这取决于我们究竟想要用这种测量工具干什么。如果我们只是想比较两个群体之间的得分是否存在显著差异，信度在 0.60～0.70 就可以了。然而，如果测量工具是用于比较某一个体与另一个体在分数上是否存在差异，那么信度至少要达到 0.85 才是比较合理的。

由公式 2–2 可以知道，信度可以直接解释真分数方差在观察分数方差中所占的比例。因此，如果一个测量工具的信度是 0.85，我们可以说：观察分数方差的 85% 是由心理特质的真实方差所解释的，而另外的 15% 是由误差方差所解释的。当然，有心的读者可能会想起一个问题，那就是公共方差的比例应该是相关系数的平方。实际上，观察分数方差中真分数方差所占的比例确实会等于某单个测验上的观察分数与其相应的真分数（不存在任何误差）之间相关系数的平方，但是，该相关系数等于信度的平方根（$\sqrt{r_{XX}}$）。关于这一问题，有兴趣的读者可以参看格利克森（H. O. Gulliksen）在 1950 年的著作——《心理测量理论》（*Theory of Mental Tests*）中第二章和第三章的相关内容。

第三节　测量的随机误差控制

一、测量标准误差与信度

我们无法通过公式 2–2 直接计算出测量的信度，因为真分数方差是无法真正获得的。然而，如果已经有了测量信度的估计值，就可以通过公式 2–2 计算真分数方差。当然，我们真正感兴趣的是通过公式 2–3 计算测量的误差方差，具体计算方法是

$$S_{\mathrm{EM}}=S_X\sqrt{1-r_{XX}} \qquad \text{公式 2–10}$$

式中，统计量 S_{EM} 叫作**测量标准误差**（standard error of measurement），表示的是：假如有一个被试用一种测量工具测试了无数遍，那么将会得到一个关于该被试所有得分的分布，该分布理论上将服从正态分布，测量标准误差就是该正态分布的标准差的估计值，该分布的平均数就是该被试的测验真分数。

下面举一个例子来说明测量标准误差的计算及其意义。假设测量结果分数分布的标准差为 6.63，该测量工具的再测信度为 0.85，它的测量标准误差就是 $S_{\mathrm{EM}}=6.63\times\sqrt{1-0.85}\approx 2.57$。如果某次实际得到的原始观察分数为 40，那么我们就有 68% 的把握认为测量真分数应该处于 37.43（40–2.57）与 42.57（40+2.57）之间。

从公式 2–10 可以看出，测量信度与测量标准误差之间的关系是：信度越低，测量标准误差越大。极端地讲，如果测量的信度为 1.00，用观察分数估计被试的真分数就不存在任何测量误差；如果测量的信度为 0.00，测量误差就等于观察分数的标准差。当然，如果一种测量工具的信度等于 0.00，我们就无法用该测量工具的结果进行任何推断，因为这时候的任何推断并不比随机决策好到哪儿去。

二、影响测量信度的随机误差来源

从表 2–2 的总结中我们可以知道影响信度的多种随机误差的来源。当然还有许多影响信度的因素，有些可能并没有包含在信度估计方法的主要考虑因素中。下面对可能影响测量信度的随机因素进行简要讨论。

[考纲链接]“心理学专业基础考试大纲”：信度的影响因素与改进

（一）被试因素

被试个体的身心健康状况、测试动机、注意力、耐心、作答态度等因素，会影响被试心理特质的稳定性，从而直接影响测试分数，进而影响测量信度。

被试群体的同质性（离散）程度，会影响主要以计算相关系数为估计途径的信度。一般来说，群体越离散，计算出来的相关系数越高。如果群体水平过于集中，估计出来的相关系数就会偏低，导致由于不合理的被试抽样设计而低估测量工具本身的实际信度。

（二）主试因素

主试不能严格按照使用指导手册操作、控制测量过程，会严重影响不同测试场景中被试得分的分布，从而影响测量工具的信度估计。

（三）测试场景

测试场景如光线、噪声、温度、空间等因素，会影响被试作答反应时的心理状态，造成被试测验不稳定，从而影响测量工具的信度估计。

（四）测量工具本身

测量工具中包含的测试材料的数量会直接影响评价被试心理特质时的信息充分性，进而影响评价结果的稳定性。测试材料内容的同质性，测量工具复本间是否满足平行条件等因素也会影响信度估计结果。

（五）测试时间间隔

测试时间间隔太短，可能会存在记忆效应、练习效应、疲劳效应等问题。测试时间间隔太长，被试群体本身的心理特质也可能会发生很大变化。

三、提高测量信度的常用方法

（一）适当增加测量工具的长度

在保证与原测试材料内容同质的条件下，适当增加测量工具的长度是提高测量信度的一个比较有效的方法，但需要注意以下三点：① 新增测试材料应该与原内容同质；② 新增测试材料应该是高质量的；③ 测试材料增加的数量应该适当，增加太多材料反而会让被试产生疲劳和厌倦，影响作答反应结果。

（二）尽量保证测试材料内容的同质性

保证测试材料内容的同质性，是保证测量工具有较高信度的一条有效途径。

（三）控制测试材料的难度分布，努力提高试题的区分度

我们应尽量使测量工具中所有测试材料的难度分布接近正态分布，大部分测试材料难度处于中等水平。由于信度的计算以相关系数计算为途径，因此，如果能够使被试的得分分布有较宽全距，那么，相关系数一般会比较合适，不会低估测量工具的信度。

提高试题的区分度，这一点的原理与上一点是一样的，提高试题的区分度能使不同能力水平的被试的得分分布有较宽全距。

（四）测量工具使用者必须按规范的测试程序施测

标准化的测量工具均规定了使用的规程和需要注意的事项。测量工具的指导语、测试的时间控制、测试材料施测顺序等因素均可能影响测量的结果。测量使用指导手册会对这些事项进行说明。使用者只有严格按使用指导手册施测，才能获得一致的测量结果。对于非标准化测验，使用者同样应该按规范的施测程序进行。

（五）严格控制评分误差

评分者在评分时，可能受到评分习惯的影响，也可能受到其自身对测试评分标准理解的影响。因此，在对测试结果进行评分前，我们必须对评分者进行必要的培训，以保证评价标准和评分结果的一致性。同时，我们可以考虑使用多个评分者对同一被试群体进行评分，以便对评分结果进行相互校验。

（六）尽量控制因测试场所导致的误差

测试场所的环境（如噪声、气温等）可能会影响被试的作答反应和心理状态。我们应该尽量控制测试场所的环境，使被试保持比较正常的作答反应和稳定的心理状态。

本章小结

信度反映了测量结果的稳定性或一致性，反映了测量结果受到随机误差影响的程度，是评价测量工具质量的一个关键指标。

针对不同的影响因素，有不同的信度估计方法，如再测信度、复本信度、内部一致

性信度、评分者信度等。由于信度受随机误差的影响，因此可以通过以下方法提高测量信度：适当增加测量工具的长度；尽量保证测试材料内容的同质性；控制测试材料的难度分布，努力提高试题的区分度；测量工具使用者必须按规范的测试程序施测；严格控制评分误差；尽量控制因测试场所导致的误差等方法。

复习与思考

1. 测量信度的概念和作用是什么？

2. 有哪些方法可以估计信度？

3. 影响测量信度的因素有哪些？如何进行控制？

4. 准备一份关于某个特质领域的问卷及真实测试数据（要求：被试样本容量不少于200人，题目不少于20道，题型不少于3类，记录每个被试在每道题目上的作答和得分），计算该测验的内部一致性信度，比较不同估计方法得到的信度值。

推荐阅读

1. 罗德，诺维克．心理测验分数的统计理论［M］．叶佩华，主译．福州：福建教育出版社，1992.

2. ANASTASI A, URBINA S. Psychological Testing［M］. 7th ed. New Jersey: Prentice-Hall, 1997.

3. 张厚粲，龚耀先．心理测量学［M］．杭州：浙江教育出版社，2012.

第三章

测量效度与系统误差控制

学习目标

- 什么是测量的效度？
- 效度与信度的关系是怎样的？
- 效度验证的主要方法有哪些？
- 影响效度的主要因素有哪些？如何控制这些因素的影响？

知识导图

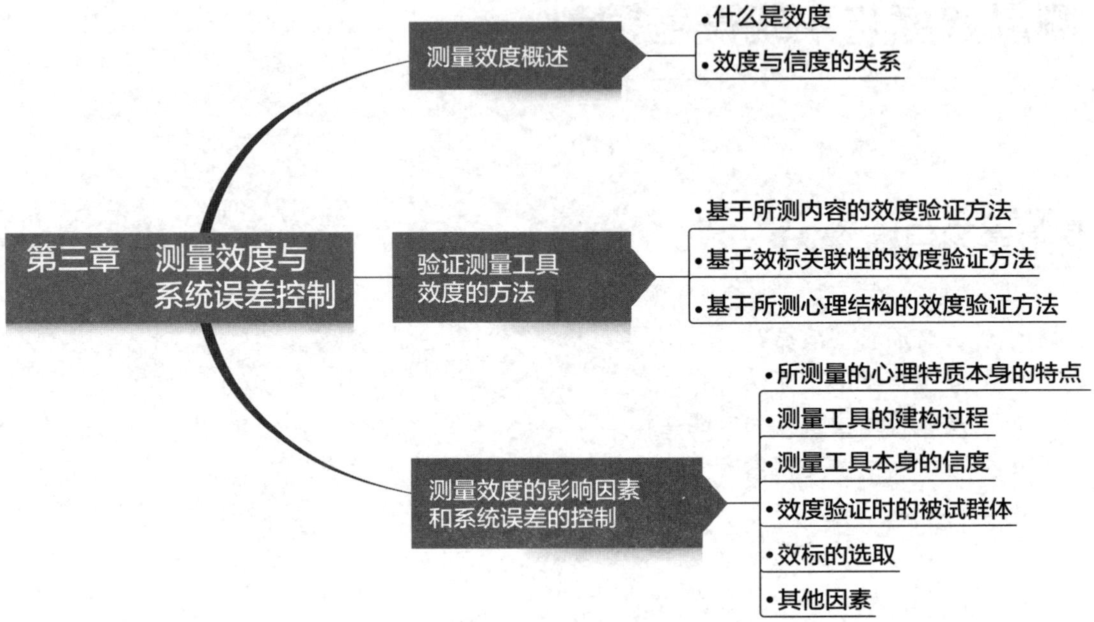
第三章　测量效度与系统误差控制
测量效度概述
什么是效度
效度与信度的关系
验证测量工具效度的方法
基于所测内容的效度验证方法
基于效标关联性的效度验证方法
基于所测心理结构的效度验证方法
测量效度的影响因素和系统误差的控制
所测量的心理特质本身的特点
测量工具的建构过程
测量工具本身的信度
效度验证时的被试群体
效标的选取
其他因素

评价一种测量工具质量的指标有很多，如前面提到的信度，它可以让使用者知道该测量工具是否会受到各种随机误差（如时间间隔）的影响以及影响程度大小。评价一种测量工具质量的另一个关键指标是效度。测量效度明确告诉使用者，该测量工具究竟测量了什么心理特质，测量的效果如何。对测量是否达到目标进行评价的过程就是求取和评价效度的过程。

第一节 测量效度概述

一、什么是效度

效度（validity）指的是测量工具测出它所希望测量的心理特质或行为特征的效果和程度。效度总是与一定的测量目标相联系。例如：某研究者想要建构一个测量工具来了解高中毕业生职业兴趣的结构特点，那么他需要关注的是测量工具是否确实测量了职业兴趣及其结构特点；某研究者希望建构一个学业成就测验以了解学生的知识、技能掌握水平，那么他需要关注的是测验是否测量了学生的知识、技能，以及测量内容的范围是否科学，结构安排是否合理等；另一研究者希望通过智力量表为企业选拔合适的管理者，那么他需要关注的是通过智力量表选拔的管理者是否在管理岗位上表现优秀。如果说信度反映的是测量结果的稳定性问题，效度反映的就是测量结果的达标性问题。

[考纲链接]"心理学专业基础考试大纲"：效度的定义

同一种测量工具可能服务于多种目标或目的，例如，一般认知能力量表可被用于了解群体差异的理论假设研究，也可被用于选拔某个工作岗位的人才。评价或验证测量工具效度的方法有很多。测量目标不同，评价或验证测量工具是否达到测量目标的角度和方法也会不同。因此，即使是同一种测量工具，也可能需要从不同角度、采用不同方法来验证其效度，获得的效度验证结果可能不同。对某测量工具进行效度验证的过程被称为效度证据的获取过程，简称**效度验证**（validation）。

[微课]经典测验理论与效度

二、效度与信度的关系

测量工具的信度说明了随机误差或非系统测量误差的影响效果，而测量工具的效度同时说明了随机误差和系统测量误差的影响效果。因此，一种测量工具所获结果可能是非常稳定（信度高）却无效的，因为它与测量的目标之间产生了系统性误差。当然，一个完全不稳定（信度低）的测量工具不可能是有效的。简单来说，测量信度高是测量效度高的必要而非充分条件。从计量角度来说，测量效度表示的是该测量工具与另一个独立的外部标准之间的关联关系，这个数值永远无法大于两个经精心设计的平行测量工具之间相关系数（复本信度）

[考纲链接]"心理学专业基础考试大纲"：信度和效度的关系

的平方根。

第二节　验证测量工具效度的方法

前文提到，测量工具的效度总是相对于某个测量目标或具体用途而言的。效度验证就是要采集测量工具所评价的心理特质或行为特征与先前所设定的测量目标之间一致性程度的证据。在心理测量中，根据测量目标的不同，对测量工具进行效度验证的方法主要有三种：基于所测内容的效度验证方法、基于效标关联性的效度验证方法、基于所测心理结构的效度验证方法。当然，在前面已经讲到，某种测量工具的效度验证常常需要采用多种方法进行相互补充和印证，以得出一个比较全面的效度评价结果。

[考纲链接]“心理学专业基础考试大纲”：效度的估计

一、基于所测内容的效度验证方法

基于所测内容的效度验证方法，就是要对测量工具本身的具体内容进行系统性查验，以确定这些内容是不是测量目标特质或行为的一个有代表性的样本。

（一）应用

基于所测内容的效度验证方法一般用于那些测量知识或技能掌握程度的测验，如学业成就测验、职业资格测验等。学业成就测验主要应用于学科教学中，职业资格测验则可能出现于各种职业资格考试中，如机动车驾驶证考试中的理论考试、法律职业资格考试等。

[微课]测量目标与效度种类

基于所测内容的效度验证方法也可以用在其他一些更广泛的领域中，如人员选拔与安置中常用的**工作样本测验**（work sample test）。在建构这类测验的过程中，首先，必须进行深入的工作分析，以确定工作的实际要求和具体活动；然后，抽取实际工作行为领域中典型的、有代表性的行为情境作为测试项目组成测验。其他人员评价方法（如评价中心）同样非常重视对实际工作行为领域中典型的、有代表性的行为情境的抽取。当然，对于工作样本测验等测量工具来说，基于所测内容的效度验证方法只是支撑该工具有效性的一方面证据，或者只是测量工具建构过程中的一个阶段性证据，其关键证据更应该是基于效标关联性的效度证据，如该测量工具与实际工作业绩之间的关联程度。

基于所测内容的效度验证方法一般很少用于能力测验、人格测验，因为这类测验很难预先确定测试的内容范围。

（二）评估方法

基于所测内容的效度验证方法并不像表面看来那么简单，其中有两个问题是比较困难的。首先，需要明确界定所测特质或行为的全域范围和各方面内容的合理比例关系。其次，需要对被试作答的内部心理过程进行分析，以确定被试是如何得到作答结果的，进而评价所测量的潜在特质是否符合测量目标。

一般来说，基于所测内容的效度验证包括以下几个步骤：① 确定测量目标的全域范围和各部分内容权重。如在学业成就测验中，这一步就是根据课程标准编制命题双向细目表。② 确定一批有经验的领域专家，在深入培训的基础上，要求他们按照已确定的测量全域范围和各部分内容权重，初步分析测试材料的代表性，并对被试作答的内部心理过程进行初步分析。③ 进行实测。根据测试数据分析和被试作答过程分析，如出声思考、事后访谈分析等，全面验证测量工具的效度。

根据以上步骤我们可以看到，在基于所测内容的效度验证过程中，测量工具建构过程的前期工作、中期工作与后期数据分析工作一样，是保证测量工具有效的非常重要的方面，甚至前期工作和中期工作的质量会起到更关键的作用。

（三）关于测量工具的表面效度

根据对基于所测内容的效度验证方法的介绍，许多人容易把它与**表面效度**（face validity）混淆。严格来说，表面效度并不符合效度的定义，因为它反映的不是实际要测量的目标是什么，或对目标测量的程度如何，而是从表面上直观感觉测量内容与所测量的东西之间的相符程度。实际上，表面效度关心的是测量的友好性以及与被试的和谐关系。因此，虽然表面效度并不符合效度的一般定义，但一般来说，测量工具的编制者还是应该追求良好的表面效度，因为它可能会直接或间接地影响被试在实际使用过程中的接受程度和测试时的心理状态，进而影响测量的实际质量。但在编制某些特殊的测量工具时，我们却希望它的表面效度远离真正的测量目标，以避免作答中的作伪现象。

二、基于效标关联性的效度验证方法

一般来说，基于效标关联性的效度验证方法涉及被试在该测量工具上的表现与另外一个独立存在的可观察的相关行为表现之间的关联性程度。这个独立存在的、可观察的相关行为表现称为**效标**（criterion），是独立于该测量工具并可以从实践中获得的被试的行为表现。在心理测量中，常用的效标有：学业成就、行为表现的等级评定、临床诊断、专门的训练成绩、实际的工作表现和其他已证明有效的测验得分。这些效标可以是连续变量，也可以是离散变量；可以是自然现成的指标，也可以是人为设计的指标；可以是主观评级，也可以是客观测量；可以是自我评定，也可以是他人评定。

根据测量工具与效标两者在结果获得的时间间隔上的不同，基于效标关联性的效度验证方法可以分为预测性设计与同时性设计两种。“预测”一词，从广义上来说，是指测量工具评价结果与任何情境中获得的效标评价结果之间的关系；从狭义上来说，是指效标评价结果的获得应该滞后于测量工具评价结果的获得，并有一定的时间间隔。本书使用的是狭义的“预测”概念。

下面分别介绍两种不同的基于效标关联性的效度证据采集方法。

（一）效度验证的预测性设计

效度验证的预测性设计是从狭义上界定“预测”的含义。它主要是验证现有测量工具评价结果与将来可能获取的效标评价结果之间的关联性程度。

1．应用

效度验证的预测性设计主要用于人员选拔和安置类测量工具的效度评价，比如招聘新员工、员工晋升、员工培训等。当然，预测性设计也会用于其他一些领域，如心理健康领域中各种诊断工具的有效性评价等。

2．评估方法

预测性设计的效度验证过程是：首先，获取被试在当前测量工具上的评价结果，如测验分数、等级评定；然后，间隔一段时间后，采集被试在预测目标（效标）上的评价结果；最后，分析以上两个评价结果之间的关联性程度。常用的分析这类关联性程度的方法有以下几种。

（1）相关分析

相关分析是指求取测量工具与效标评价结果之间的相关关系，比如计算积差相关系数、点二列相关系数等，所求相关系数称为**效度系数**（validity coefficient）。这是最常用的分析关联性程度的方法。

（2）区分能力分析

区分能力分析是指分析测量工具对被试分组的准确性。比如，采用一个测量工具并根据分数高低把被试分成优秀组和普通组，考查分组的合理性就需要验证被试在将来的实际表现。于是，在一定的时间间隔以后，采集这两组被试的实际工作表现，根据实际表现把这批被试重新分组。最后，求取这次分组结果与最初分组结果之间的一致性程度，以验证该测量工具预测的准确性。

（3）命中率分析

当测量工具用于做出取舍决策时，常使用命中率这一指标来评价测量工具的效度。命中率可分为总命中率、正命中率和负命中率三种。总命中率是指根据测量工具选出的人当中工作合格的人数和根据测量工具淘汰的人当中工作不合格的人数之和与总人数之比。总命中率高，说明测量工具的效度高，能有效地区分合格与不合格者。正命中率是指通过测量工具选出的人中合格者所占的比例。负命中率是指通过测量工具淘汰的人中不合格者所占的比例。如果只关心选出的人中合格者有多少，不关心淘汰的人中是否有合格者，验证这类测量工具的效度就要用正命中率；如果关心的是尽可能将合格的人选出来，验证这类测量工具的效度就需要用到负命中率。

比如，某销售岗位需要选拔 20 名员工，一共有 100 人报名，最后，通过研制的测量工具选拔了 20 名员工。但由于这时销售工作发展迅速，因此公司决定把被淘汰的人也招募进来成为正式员工。经过一年的实际工作，公司发现通过测量工具选拔的 20 名员工中有 2 人未完成预定任务，占 1/10，而一开始被淘汰的 80 名员工中，有 20 人未完成预定任务，占 1/4。这时候，我们可以认为，这个测量工具对选拔该岗位的销售人员是有效的，具有较高的预测能力。

（二）效度验证的同时性设计

效度验证的同时性设计用于可以同时获得测量工具评价结果与效标评价结果的情境。该方法是要对同时获得的测量工具评价结果与效标评价结果之间的关联性程度进行分析。

1．应用

效度验证的同时性设计经常用于评价测量工具诊断被试当前心理特质的效果。比如《明尼苏达多相人格调查表》就可以用于区分不同心理特质的被试，它的题目选择过程遵循了效度验证的同时性设计原则。

在许多情形下，效度验证的同时性设计会替代预测性设计，因为要间隔一段时间去采集数据进行效度验证，或为验证测量工具的预测能力而专门选取一批合适的样本，这些做法在现实中是不太可行的。如在获取考生高考成绩的一年以后，采集他们在大学的学业成就作为高考的效标，这个取样过程及数据采集过程就不太现实。同样，在员工入职一两年以后采集他们的工作表现评定，将其作为选拔考试的效标，也是不太便利的。在实践中，更多的是把测量工具用于一批已经有效标评价结果的被试。比如，选择一批已经被鉴别为表现优秀和表现普通的员工施测，求取二者的相关系数；求取公务员的工作表现评价结果与某情景判断测验分数之间的相关系数；等等。虽然如此，但效度验证的预测性设计还是有它不可替代的作用，因为它能真正体现测量工具跨时间的预测能力。这一点在许多时候具有更关键的意义和作用。

其实，效度验证的预测性设计与同时性设计之间的内在逻辑区别，关键之处不是时间间隔本身，而是与欲测心理特质关联的个体行为的动态发展趋势。

2．评估方法

在具体的评估方法方面，同时性设计与预测性设计是一样的，其不同之处只是在于获得效标评价结果的时间。

（三）基于效标关联性的效度验证方法的影响因素

1．群体的一致性或同质性程度

基于效标关联性的效度验证过程，首先需要确定一个用于获取测量数据的被试群体。被试群体的一些生理或心理特质，如性别、年龄、人格等，可能会影响测量工具与效标之间的关系，这时候，我们就称这些因素为**调节变量**（moderator variables）。以相关系数为标志的效度系数会受到样本全距的影响。一般来说，越同质的被试群体，也就是测量得分全距越窄的样本，得到的效度系数越低。由于相关系数是两个变量之间的关系，因此，无论预测变量还是效标变量，其得分全距越窄，效度系数越低。所以，在采用基于效标关联性的效度验证方法验证测量工具效度时，应该尽量提高被试群体的异质性，避免低估测量工具的真实效度。

2. 测量工具长度

正如信度系数一样，效度系数也会直接受到测量工具长度的影响。一般来说，测量工具越长，测试结果越稳定，效度系数也就越高。

3. 效标污染

效度估计不仅同时受到测量工具和效标信度的影响，也会受到效标本身作为一个测量变量的有效性的影响。有时候，效标会因为获取效标分数的方法和过程不慎而受到污染，从而降低效标的有效性。比如，我们想采用基于效标关联性的效度验证方法评估一个能力倾向测验的效度，如果一位老师或单位领导预先知道了某个学生或下属在这个能力倾向测验上得分比较低，那么这个先前经验很可能导致这位老师或领导在评价效标时，不顾这个学生或下属的实际表现就给他一个比较低的效标评价等级。对于这种效标评价受到先前评价结果信息干扰的现象，我们称为**效标污染**（contamination）。受这种效标污染的影响，测量工具的效度系数可能会产生虚高效应。为了避免效标受到污染，我们不应该让评价者在评价效标前获得被试在相关测量上的结果信息。从另一个角度看，如果评价者在评价效标前获得了被试的一些与测量目标无关的信息而影响了他对被试的效标评价，那么这也是一种效标污染，同样会使效度评价失准。

（四）估计标准误差

与测量工具效度相关的一个概念是测量工具的**估计标准误差**（standard error of estimate，S_{EE}），它与前文在信度概念中介绍的测量标准误差类似。从一般意义上来说，估计标准误差指的是测量工具实际测量的结果与预先设定的测量目标之间的偏离程度。效度验证的过程就是要考查这种偏离程度的大小，因此，估计标准误差应该适用于所有效度验证方法。然而，从传统意义上来说，估计标准误差的实际应用范围非常有限。本书正是从其实际应用范围和计算过程的便利性角度考虑，按照传统习惯，把估计标准误差界定为：由于测量工具提供的信息不够充分，导致对效标的预测不够精确，并由此而产生的评价个体时存在的误差。从这个定义可以看出，估计标准误差的应用被限定在基于效标关联性的效度验证方法中。测量工具的估计标准误差与测量标准误差是两个内涵不一样的概念：估计标准误差关注的是对目标的评价是否存在偏差，测量标准误差关注的只是测量结果是否稳定，至于是否偏离了目标并不是其关注核心。

估计标准误差的计算公式为

$$S_{EE}=S_Y\sqrt{1-r^2_{XY}} \qquad \text{公式 3-1}$$

式中，r_{XY} 是表现为相关系数的效度系数；S_Y 是效标评定分数的标准差。根据公式，如果效度系数为 0，那么，测量工具的估计标准误差等于效标评定分数的标准差。这时候，预测无异于对效标的随机猜测。

三、基于所测心理结构的效度验证方法

基于所测心理结构的效度验证方法，是对测量工具测出某种心理特质或特质结构

的程度进行验证的方法。**特质**（trait）一般用于解释或组织归纳某一类型的行为特征或表现，这些行为特征在测量中会表现出一致的相互关联性。根据心理特质的**具体－一般水平**（specificity-generality level），各种心理特质会有不同的结构水平，比如在**大五人格模型**（big five personality model）中，人格相对于外向性是一个更一般的结构，外向性只是人格结构中的一个更具体的特质。当然，外向性的组成结构也可以进一步细分为其他特质。心理测验通常会用其测量的心理特质来命名该测验，如各种智力测验、人格测验、焦虑测验、成就动机测验等。其他测量工具更多是根据测量目标而将特质结构隐含在方法中，如观察法、实验法、面试法等。测量目标不同，测量的特质结构不同。例如：如果面试的目标是选拔管理人才，则其需要测量的特质结构可能包括人际沟通能力、目标管理能力等；如果面试的目标是发现有学习障碍的儿童，则其测量的特质结构可能包括注意力、观察力、语言表达能力等。

心理测量工具总是通过测量人的某种潜在的心理结构来达到最终研究或应用的目标。因此，对于这种测量工具，基于所测心理结构的效度验证是非常必要的。验证的目标是：采集证据证明测量工具所测特质的结构与欲测特质的结构高度一致。

（一）应用

在人才选拔类工具的编制工作中，责任心被认为是影响工作绩效的重要心理特质，研究者就需要验证编制的相关问卷或设置的相关面试程序等工具是否测量了责任心维度。他们可能会根据自编工具与国际公认工具之间结果的一致性来验证其结构一致性，也可能邀请专家来评估该工具是否测量了责任心维度。

（二）评估方法

基于所测心理结构的效度验证过程一般需要从多个方面累积验证信息。信息越充分，所测心理结构效度的验证结果越可靠。这里简要介绍一些比较常用的基于所测心理结构的效度验证方法。

1．专家判断分析法

专家判断分析法是指相关领域专家从特质结构的角度进行分析判断，认定测量的确实是想要测量的心理特质。专家判断分析的过程虽然主要依靠专家的专业经验，但研究者需要就判断分析的具体过程进行设计，尽量减少专家主观随意性的影响。比如，经常用于专家评定的德尔菲法就是一个比较好的设计。

2．测量工具内部一致性分析法

内部一致性分析法是基于所测心理结构的效度验证的一个重要证据来源。这种方法的实质是，测验总分本身是用于评价所测心理结构的效度的最好效标。具体的方法包括相关分析法、对照组比较法等。运用相关分析法，可求取每道题目与测验总分之间的相关系数，如果相关系数显著，表明该题目与测验的结构是一致的。对照组比较法需要按照被试的测验总分，将被试分为高分组和低分组，然后，比较高分组被试与低分组被试在各道题目上的作答表现，如果高分组被试的通过比例显著大于低分组被试的通过比例，表明该题目与测验的结构是一致的。使用测量工具内部一致性分析法可以验证各道题目与测验在结构上的一致性。当然这种方法也可用于求取分测验与总测验之间的相关系数，以保证总测验结构的合理性。

很明显，测量工具内部一致性显示的是测量工具结构的同质性或单一性。测量工具内部一致性的作用是有限的，因为它无法证明该测量工具究竟测量了什么结构。

3. 与现有研究结论一致性分析法

现在，关于各种心理特质的研究非常多，也获得了一些被一致证明的结论。比如，关于智力，研究已经证明儿童的智力发展比成人要快很多，语言能力是智力水平的重要内容等。如果编制关于这些特质的测量工具，其效度就可以通过分析其测试结果是否与已有研究结论相一致加以验证。

在许多传统智力测验中，成长发展性变化证据是测量效度的一个重要证据。比如，《斯坦福－比内智力量表》就是通过与生理年龄的对比，确定测验分数是否与年龄一起逐步提高，因为儿童的能力应该与其年龄呈正相关。比内后来提出的智力的年龄量表正是基于这个假设建构的：智力应该随着年龄增长，至少在成年期以前是这样的。

对年龄的有效区分可能并不适用于所有心理特质的校验，比如其在人格测量中的作用就有限，因为不同年龄被试的人格特点没有明显的区分和一致的发展变化趋势。

成长发展性变化证据也可用于如《格塞尔发育量表》(*Gesell Development Schedule*)的效度验证。该量表的基本假设是：儿童随着年龄的变化，不仅同一能力特质的水平会发生变化，而且会发展出不同的能力特质；某些特质会成为另外一些特质发展的前提条件。对这类测量工具的效度验证，就需要收集随年龄变化的测验表现证据，判断是否与理论假设相符。

4. 与其他测量工具的相关分析法

求取新开发测量工具与另一个已经被公认为有效的测量工具之间的相关关系，是证明新开发测量工具测量了相同内容结构的一个有效证据。

求取新开发测量工具与另一个测量工具之间的相关关系，有时候也被用于证明该测量工具没有受到其他无关心理因素的影响。比如，我们期望人格测验与智力测验之间的相关度比较低，如果这两者之间存在高相关，那么反而会让人们质疑所开发测验的有效性。

5. 因素分析

因素分析(factor analysis)是基于所测心理结构的效度验证方法中最为常用的一种方法，它很适合于鉴别测量工具所测的心理特质的结构。实际上，因素分析是一种分析观察数据之间相关矩阵的统计分析技术。比如，用一个包含50道题目的测验施测500名被试，因素分析的第一步就是计算50道题目作答结果之间的相关矩阵。通过对相关矩阵的深入观察，可以发现同一“群”内的题目之间相关程度比较高，而不同“群”之间题目相关程度比较低。通过这些分析，我们可以进行推论：同一个“群”的题目测量了相近的心理特质结构，不同“群”的题目测量了不同的心理特质结构。当然，只是通过观察来分析测量工具的特质结构太难了，分析结果也不稳定，因此有专门的统计分析技术用来分离不同相关程度的题目“群”，以便于研究者做出测量工具结构的效度判断。这类统计分析技术的详细内容需参看统计学教科书中的相关内容。

6．聚合效度验证与区分效度验证

坎贝尔（D. T. Campbell）指出，为了验证测量工具所测的心理结构，我们不仅必须提供关于此工具与另外一个在理论上应该存在高相关的测量工具之间存在高相关的实际证据，而且需要提供关于它与另外的无关变量之间不存在显著相关的证据。坎贝尔把前者叫作**聚合效度验证**（convergent validation），而把后者叫作**区分效度验证**（discriminant validation）。

坎贝尔提出了一个基于严格而又系统的实验设计的、专门用于聚合效度验证和区分效度验证的分析方式——**多特质 - 多方法矩阵分析**（multitrait-multimethod matrix）。下面举例进行解释。假设对被试的三种心理特质（A，责任心；B，团队合作精神；C，人际沟通能力）用三种方法（方法 1，心理测验；方法 2，面试；方法 3，情境模拟）进行测量，即每种方法均测量了三种心理特质，同时每种心理特质均用三种方法进行了测量，这样就可以获得一个 9×9 的相关矩阵，如表 3–1 所示：

表 3–1　假设的多特质 - 多方法矩阵分析

		方法 1			方法 2			方法 3		
		A1	B1	C1	A2	B2	C2	A3	B3	C3
方法 1	A1	0.89								
	B1	0.51	0.89							
	C1	0.38	0.37	0.76						
方法 2	A2	0.57	0.22	0.09	0.93					
	B2	0.22	0.57	0.10	0.68	0.94				
	C2	0.11	0.11	0.46	0.59	0.58	0.84			
方法 3	A3	0.56	0.22	0.11	0.67	0.42	0.33	0.94		
	B3	0.23	0.58	0.12	0.43	0.66	0.34	0.67	0.92	
	C3	0.11	0.11	0.45	0.34	0.32	0.58	0.58	0.60	0.85

在表 3–1 中，对角线数据表示用同一种方法对同一种心理特质进行测量所得结果之间的相关系数，因此，它表示测量的信度。波浪下划线数字表示用不同方法测量同一心理特质所得结果之间的相关系数，提供了测量的聚合效度证据。实线下划线数字代表用相同方法测量不同特质所得结果之间的相关系数，提供了测量的区分效度证据。虚线下划线数字代表用不同方法测量不同特质所得结果之间的相关系数，同样提供了测量的区分效度证据。

一个在所测心理结构方面有着良好效度的测量工具，在表 3-1 数据中应该表现出：对角线上的数字最大，其次是波浪下划线数字，再次是实线下划线数字，最小的是虚线下划线数字。

7．实验介入分析法

另外一种验证基于所测心理结构的效度的方法是**实验介入**（experimental interventions）分析法，即通过实验的方法考查某些重要变量的介入是否对被试的测量分数产生显著影响。比如一个学业成就测验的有效性，可以通过对比训练前后被试分数的变化情况来考查。一般认为，学业成就水平是可以通过有目的的训练迅速提高的。因此，如果后测分数显著高于前测分数，就为测验的有效性提供了一个有力的证据，同时也可以说明训练的有效性。当然，这只是一种可行证据，并不能以此作为唯一证据。

又如，用一个测量焦虑倾向的测验，施测一批即将经历焦虑唤醒情境的被试（比如这些被试即将参加一个非常关键的考试），就可以对测验分数与考试过程中或结束后的生理指标（或其他焦虑指标）进行相关分析，以证明该测验测量的结构是否与焦虑特质有关。

8．结构方程模型

除了鉴别所测量的特质的潜在结构之外，对构成这一特质的因素彼此之间的关系和它们之间的影响路径进行考查，同样是非常重要的。分析构成特质的因素之间的关系及其与效标变量之间的影响路径，有利于我们深入理解所测特质的作用机制。这种分析过程可以用**结构方程模型**（structural equation modeling）进行。关于结构方程模型的更全面深入的内容可以参看相关著作。

9．寻求当代认知心理学证据的分析方法

长期以来，关于心理特质的结构的理解更多是通过传统实验心理学和心理计量学的途径获得的。随着认知心理学的迅速发展，基于信息加工理论的研究方法为我们深入理解人类问题解决的加工过程提供了更丰富的证据。认知加工模型的相关研究让我们了解到完成某种认知任务的智能过程、这个过程的组织方式、涉及的知识内容、这些知识在记忆中的表征形式及其提取模式。这些研究无疑会让我们更加深入地认识人类心理特质的结构。现在，已经有许多基于认知加工理论的智力测验，也有许多基于认知加工模型的认知诊断模型和测验的研究。在对某种心理结构的测量工具进行效度验证时，我们如果能获得被试作答时的心理加工过程与认知心理学的研究结论一致的证据，就证明了该测量工具的有效性。

第三节 测量效度的影响因素和系统误差的控制

[考纲链接]“心理学专业基础考试大纲”：效度的影响因素与改进

有许多因素会影响测量工具的有效性，有些是测量工具编制过程中的内部因素，有些则是效度验证过程中或测量工具使用过程中的外部因素。我们在建构和使用测量工具的过程中必须注意这些因素，控制系统误差，提高测量工具的效度。

一、所测量的心理特质本身的特点

对有些心理特质，人们至今研究不够深入，概念界定还不清晰，因此在建构相应的测量工具时，就会显得结构不太稳定。有些心理特质本身不太稳定，比如情绪，因此其测量工具的效度数据也就显得不太稳定，在效度验证过程中需要进行更加精心的设计。在预测工作绩效表现时，不同心理特质被大量研究证明有不同的效度。因此，在建构或使用测量工具时，首先需要界定清楚测量目标。

二、测量工具的建构过程

测量工具的建构过程一般包括心理特质界定、测试材料收集、预测试、测试材料分析与筛选、测试质量分析、测试材料调整、正式测试等。只有每个环节都保持严谨的态度，才能建构出优良的测量工具，避免出现系统误差。

三、测量工具本身的信度

前面章节已经说到，高信度是高效度的必要条件。测量工具的结果不稳定，其效度问题自然无从谈起。有关提高测量信度的方法，参见前面的详细介绍。

四、效度验证时的被试群体

一方面，同一个测量工具，可能会因为被试群体的特性不同而测量到不同的心理特质，这些特性包括性别、年龄、职业类型、受教育水平等。比如关于运动知识，女性与男性可能有不同了解；关于现代科技，农村儿童与城市儿童可能有不同认知；关于诚信水平，求职者与大学生被试可能会有不同的作答结果；关于成就动机，被试不同的受教育水平会影响作答结果；等等。所以，在验证测量工具的效度时，我们需要谨慎考虑该工具适用对象的范围。

另一方面，作为用相关系数表示的效度系数，我们希望被试群体越异质越好。因为正如信度系数的求取过程一样，相关系数会受到被试得分全距的影响。关于这一点，前面已经有叙述。这里需要指出的一点是，在许多职业选拔中，测量工具的效度验证很可能无法避免被试群体已被筛选：一是，参与职业选拔的群体本身具有比一般群体更优秀的特质水平；二是，新的测量工具可能是在被试已经过多次筛选之后，作为精选工具使用的。新工具的效度需要求取当前分数与将来的工作绩效分数之间的相关系数，而有可能产生工作绩效分数的被试是经过了所有选拔过程而最终留下的精英。因此，这时的效度证据是在被试全距受到严格限制之后的结果。

五、效标的选取

在验证测量工具的预测能力时，效标本身的信度及其有效性是非常关键的。比如，许多职业选拔领域常常用上级评价、同事评价、下属评价作为效标。这些评价结果本身就不可避免地存在诸多主观因素的影响，而使用自评绩效问卷又存在高估的倾向，等等。一个低质量的效标不可避免地会影响效度验证结果。

六、其他因素

其他会影响测量工具有效性的因素包括：测试形式、测试时间、测试过程的组织、面试中评价者的人数与经验、情境模拟的评价记分方式、访谈中主试的经验、计算相关系数的方法、结构方程的建模方法，等等。这些因素均不同程度地影响着测量工具效度验证的结果。

本章小结

效度反映了测量结果与测量目标的一致性程度，是评价测量工具质量的一个关键指标。针对不同的测量目标，应使用不同的效度验证方法，如基于所测内容的效度验证方法、基于效标关联性的效度验证方法、基于所测心理结构的效度验证方法。效度会受系统误差的影响，例如，所测量的心理特质本身的特点，测量工具的建构过程，测量工具本身的信度，效度验证时的被试群体，效标的选取和其他因素。

复习与思考

1. 测量效度的概念和作用是什么？
2. 有哪些主要的效度验证方法？
3. 测量效度的影响因素有哪些？如何进行控制？
4. 根据第二章复习与思考中第 4 题的相关数据，验证该问卷的效度。

推荐阅读

1. 罗德，诺维克．心理测验分数的统计理论［M］．叶佩华，主译．福州：福建教育出版社，1992.

2. ANASTASI A, URBINA S. Psychological testing［M］. 7th ed. New Jersey: Prentice-Hall, 1997.

3. 张厚粲，龚耀先．心理测量学［M］．杭州：浙江教育出版社，2012.

第四章

测验题目性能与题目编写

学习目标

- 测验题目有哪些类型？它的功能是什么？
- 编写测验题目时需要注意什么？
- 如何计算难度与区分度？如何控制难度与区分度？
- 什么是猜测度？如何控制猜测度？
- 如何进行选项分析？
- 怎样控制测量偏差？

知识导图

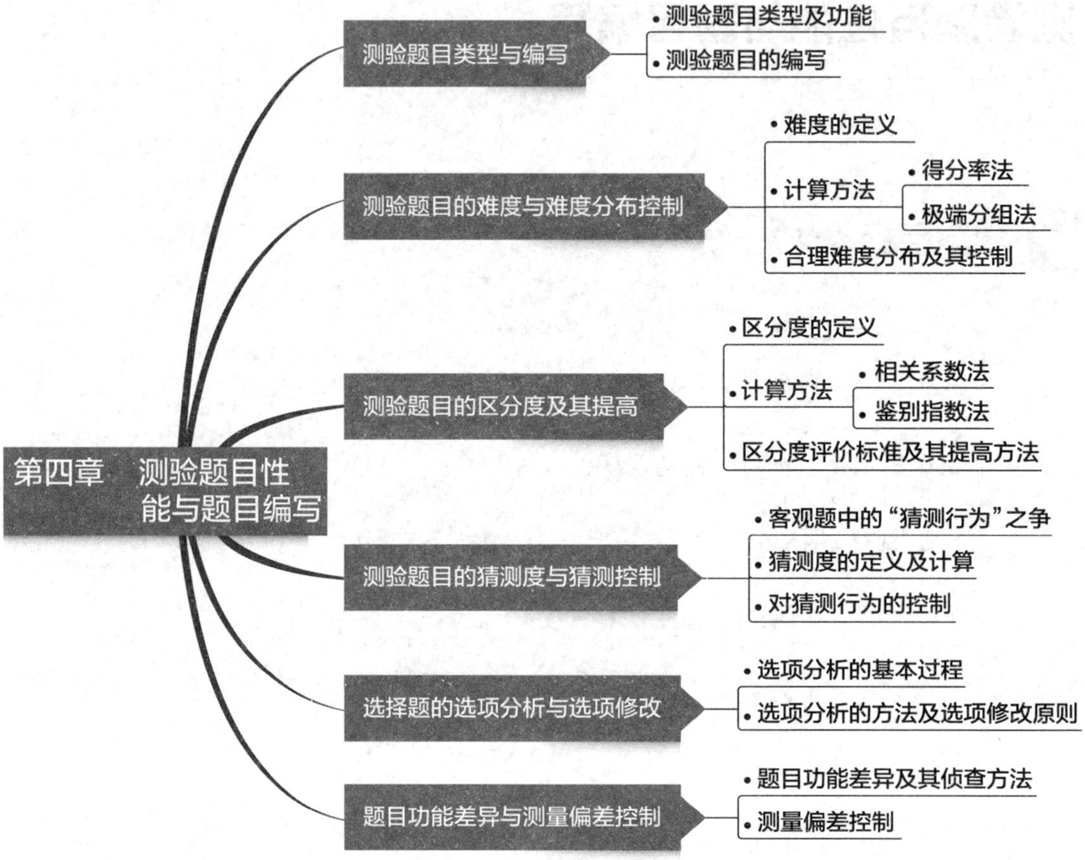
第四章 测验题目性能与题目编写
测验题目类型与编写
测验题目类型及功能
测验题目的编写
测验题目的难度与难度分布控制
难度的定义
计算方法
得分率法
极端分组法
合理难度分布及其控制
测验题目的区分度及其提高
区分度的定义
计算方法
相关系数法
鉴别指数法
区分度评价标准及其提高方法
测验题目的猜测度与猜测控制
客观题中的“猜测行为”之争
猜测度的定义及计算
对猜测行为的控制
选择题的选项分析与选项修改
选项分析的基本过程
选项分析的方法及选项修改原则
题目功能差异与测量偏差控制
题目功能差异及其侦查方法
测量偏差控制

如何判断学生是否掌握了知识？教师可以通过随堂测试、家庭作业和各类阶段性考试，根据学生的作答分数来判断他们是否掌握了知识点。因此，测验题目的性能至关重要。

在测验编制过程中，我们需要了解组成测验的题目类型。题目的类型有很多种，如选择题、填空题、简答题、案例分析题等。为了提高整个测验的信度和效度，我们需要对每道编写好的题目进行分析，这就是题目分析。

题目分析，也称项目分析，可以分为质的分析和量的分析。质的分析是指针对题目的类型和功能进行分析。量的分析是指用统计方法分析题目的性能，包括难度分析、区分度分析、猜测控制、选项分析、题目功能差异侦查等，以此作为修改题目的依据。

本章将从质的分析和量的分析两个方面详细介绍如何提升测验题目性能，使读者对题目分析有更深入的了解。

第一节　测验题目类型与编写

对教育质量监测而言，测验题目的编写十分关键。随着教育测评理论和实践活动的深入发展，目前可采用的测验题目类型多种多样。编制题目时，我们除了要具备丰富的学科知识，还要了解采用什么类型的测验题目才能客观、有效、便捷地评价被试的能力。

一、测验题目类型及功能

（一）测验题目类型

测验题目主要分为客观题和主观题两大类。客观题一般有唯一的标准答案，被试的作答只有与标准答案完全一致才被视为正确，否则会被视为错误。主观题无唯一的标准答案，只有参考答案。被试的答案与参考答案相近或基本一致就可被视为正确。

客观题主要包括选择题、填空题、是非判断题、匹配题、行为情境判断题等。主观题主要包括名词解释题、简答题、计算题、证明题、论述题、案例分析题等。下面就一些常用的测验题目类型进行介绍。

1．选择题

选择题是指给出题干及备选项，要求被试根据题干从备选项中选出正确选项的题目。单项选择题是指只有唯一正确选项的选择题。一般备选项的数目不少于四个，但也不宜太多。备选项太少，被试因随机猜测而答对的概率会提高；备选项太多，干扰选项往往难以编写，硬凑出来的干扰选项常常起不到迷惑作用甚至会弄巧成拙。

多项选择题是指正确选项不止一个的选择题。在一份测验中，多项选择题的正确选项数可以不定，但备选项的数目应该是统一的。被试得分应该分“全选对”和“未全选对”两种情况。最好不用“选对一个选项得多少分”的方法。

自陈式选择题在心理测验中很常见，一般是给出一系列陈述句或问题，每个陈述句或问题描述一种心理特质或行为特征，同时提供两个或两个以上的选项，供被试根据自己的实际情况进行选择。备选项的设置方式可以是“是否式”“是否折中式”“文字等级式”“数字等级式”等，如表 4–1 所示。

表 4–1 自陈式选择题备选项的设置方式

设置方式	内容	例子
是否式	选项为“是”和“否”两种	我喜欢独自游玩。 是 否
是否折中式	选项为“是”“否”“介于是否之间”三种	我善于控制自己的情绪。 A. 是的 B. 不是的 C. 介于 A 和 B 之间
文字等级式	5～7 个程度不等的选项	你对自己的生活满意吗? 非常满意 比较满意 无所谓 不太满意 非常不满意
数字等级式	是文字等级式的变式，只是将文字变为数字	你对自己的生活满意吗? 非常满意————非常不满意 1 2 3 4 5

2. 填空题

填空题是指给出一定的已知条件，在之后的语句中给问题的答案留空，用下划线表示，要求被试在下划线上填写正确答案。

3. 是非判断题

是非判断题是指提供一个陈述句，要求被试判断所提供的陈述句内容是正确还是错误的题目。形式上，是非判断题会在陈述句后标出“对”“错”或“正确”“错误”供被试选择，或者给以括号由被试打“√”或“×”。

4. 匹配题

匹配题是指被试将一列项目与另一列项目进行配对。被试在解答匹配题时，需要快速浏览这两列项目，从最熟悉的项目入手，逐一匹配。

5. 行为情境判断题

行为情境判断题是指给出一个日常生活中或工作中的具体情境，并针对解决该情境中具体问题提供若干行为选项，要求被试进行选择或评价的题型。行为情境判断题主要应用于测量实践能力，同时也可应用于人格等心理特质的测量。

6. 名词解释题

名词解释题是指给出一个相关专业名词，要求被试对该名词的含义做出科学解释的题目。被解释的名词应该是专有名词术语，最好不用复词，以避免被试解释时只解释其中一项含义。

7. 简答题

简答题是指让被试对陈述性知识或原理知识做出简要回答的题目。简答题用于考查被试对一些重要的陈述性知识或一些简单的原理知识的掌握情况。题目应言简意赅，针对性强，作答方向明确。

8．计算题

计算题是指主要通过计算或运算来解答的题目。计算题容量有大有小，常常用于考查被试的应用能力，一般要求给出的条件完备无冗余，答案唯一。

9．证明题

证明题是指对命题、定理或原理进行证明的题目。证明题用于考查被试的逻辑思维能力，要求被试证明的命题、定理或原理应该可被证明，给出的条件应完备无冗余，不能有互相矛盾的条件。

10．论述题

论述题是指对某一问题或议题进行综合论述的题目。论述题用于考查被试的分析、综合、评价甚至创造等高层次能力。论述题的命题应该给被试创设广阔的发挥空间，同时应制订准确合理的评分规则。

11．案例分析题

案例分析题是一种设置了具体情境、作答要求有较强针对性的论述题，考查的能力层次不亚于论述题，但更富有实践性。案例分析题的案例应来源于生活实际，案例情境中的矛盾应更集中、更明确。

（二）测验题目的特点及功能

下面分别以选择题、填空题、论述题和计算题为例，详细分析主观题和客观题的特点及功能。

1．选择题的特点及功能

① 选择题的解答基本上是通过在给出的备选项上做标记，或者是在规定的答题卡上涂抹记号来实现的，这为记分 / 评分工作提供了极大的方便。可采用计算机阅卷或人工阅卷的方式，对阅卷人员的要求相对较低，投入的人力也比较少。

② 选择题评分标准明确，评分客观，有利于减少因评分者带来的误差。

③ 选择题适用于考查基础知识和基本技能。

④ 由于选择题有题干、备选项，题目给予被试的信息较多，一般不要求也不需要被试通过自己的分析去发掘信息，只是对已给出的备选项进行判断，因此适合考查较低层次的能力，如识记能力、理解能力等，而不适合于考查较高层次的能力，如综合能力、创造能力等。

⑤ 选择题的命题尤其是干扰项的设置，对命题技术的要求较高。

2．填空题的特点及功能

① 填空题考查的能力层次范围比较广，考核的能力层次比选择题要高，主要考查识记能力和理解能力。填空题的答案要求被试自己给出，知识的呈现方式属于再现型，有利于被试独立、创造性地解题。

② 填空题要求被试把题目的最后答案或结论正确无误地表达出来，在一定程度上是对被试的严谨、严密、认真、细致的工作作风和科学态度的检查。

③ 填空题只需根据答案正确与否进行评分，试题评分标准的制订相对比较容易，介

于选择题和计算题之间，便于人工评阅，能提高评分工作效率，评分误差也相对较小。

④ 填空题只要求被试写出最后答案或结论，不必写出解题的具体过程。因此，从试卷上看不出被试的推理、分析等思考过程。

3．论述题和计算题的特点及功能

① 论述题和计算题的作答方式为完全开放式，虽然知识的呈现方式属于再现型，但是被试没有猜测答案的机会，有利于被试独立地、创造性地解题。题目考查的知识面比较广，要求被试通过分析找出所涉及的知识点及其内在联系。题目涉及定性分析和定量计算，评分者的工作量一般比较大。

② 论述题和计算题不仅能够考查被试较低层次的能力，而且能够比较好地考查被试较高层次的能力，如考查被试的独立见解和对问题进行创造性探索的能力，特别是能有效地考查被试运用所学知识并采取各种手段独立解决实际问题的能力。

③ 论述题和计算题要求被试把分析、推理、解决问题的依据和计算过程的主要步骤都写出来，这样能够比较清晰地反映被试的思维过程，因而能比较有效地考查被试鉴别和选择信息的能力，分析、推理和综合应用知识的能力，从而反映被试的问题解决能力。

④ 论述题和计算题可以根据题目的情境进行不同层次、不同角度的设问，可以是单问，可以是多问，也可以是分步设问，使题目的考查目标比较明确，使题目难度的可控范围比较广，从而有利于控制整份测验的难度。

⑤ 在对论述题和计算题进行评分的过程中，对于解答过程有错误或所求答案完全不对的被试，评分者仍可根据所犯错误的性质和程度扣分，而对其作答正确部分给分。从给分的公正、合理性来看，论述题和计算题明显优于选择题和填空题；但在对错误性质和程度的评价上，论述题和计算题不可避免地带有评分者的主观意志，易出现一定的不公正和不合理。如果评分标准制订得合理，严格分段给分，就能使评分者的主观性影响降至最小。

⑥ 论述题和计算题的最大缺点是评分的工作量比较大，对评分者的要求比较高，所需费用较高。同时，论述题和计算题的评分误差较难控制，在控制不好的情况下，评分误差可能很大。

二、测验题目的编写

下面列出了几种常见题型的编写注意事项。

1．编写选择题的注意事项

① 题干描述要清晰，应让被试明白问题是什么，题目希望被试解决什么问题。

② 题干中应尽量避免出现与考查内容无关的材料。

③ 设问应尽量正向，尽量不出现如“下面哪个是不对的？”一样的设问。

④ 题干中文字的字体应尽量一致（不要有的用粗体、有的用斜体等），减轻被试的阅读负担。

⑤ 备选项应避免出现逻辑上的包含关系。

⑥ 备选项的长度、结构、语言表达要尽量一致。

⑦ 提高干扰项的迷惑性。在干扰项中不要使用“绝对”“总是”“从未”“绝无”“唯一”等词语，避免暗示被试排除或确认该选择项。

⑧ 干扰项的设置应能反映出被试缺乏的特定知识或技能。

2．编写填空题的注意事项

① 题目的空格处应考查有意义的关键性内容或词语。填上正确答案后句意应完整，应避免空格出现在句首。

② 每题的空格数不宜过多，填写的字数也不能太多。

③ 空格部分统一用下划线表示，长度应能满足答题需要。

④ 若空格处考核计算能力并要求填写数值，则应在空格后标明数值单位。

3．编写是非判断题的注意事项

① 每一题只能包括一个重要概念。

② 答案应该无争议。

③ 叙述应简单明了。

④ 避免使用有暗示作用的词语。

⑤ 避免使用否定词，特别是不要用双重否定。

⑥ 正误比例应基本相当。

4．编写简答题的注意事项

① 一道题一个答案，答案简短而具体。

② 一般使用直接疑问句编写题目。

③ 不宜直接从教材原文中复制题目内容。

④ 要求被试回答的应该是与课程有关的重要概念，而不应该是琐碎知识。

⑤ 每小题需考查明确的知识点。

5．编写论述题的注意事项

① 要求被试论述的问题应该是涉及重要知识点的问题，并且是需要被试在综合分析教材内容的基础上才能获得结论的问题，而不应是对教材或参考材料的简单再现。

② 试题的表述要明确、完整，既要让被试明白命题者的提问指向，又要给被试留有发挥的余地。

③ 试题应考查课程重点内容，一般要求达到综合应用层次，考查的知识点一般要超过两个。

④ 试题考查内容应该有所限定，防止题意过于宽泛或过于笼统。

6．编写案例分析题的注意事项

① 所选案例应是实际生活中发生的且贴近当前实际生活的。

② 案例必须条件充分，叙述完整，语言规范。

③ 题目应是被试利用所学知识和已有能力确实可以得出结论的问题。

④ 所选案例应该是有正确结论的案例。理论界尚有争议的问题不宜作为案例。

⑤ 考查层次应以课程标准或教学大纲为准，并且不超出教材中对该类问题的讲解

水平。

⑥ 题目可以从不同角度分别设问，划分为几个相对独立、分数相当的小问题；也可以通过递进式的层层设问，最终达到考查综合应用知识能力的目标。

7. 编写行为情境判断题的注意事项

行为情境判断题的编制涉及问题情境、行为反应项、设问方式和评价标准。

① 编制题目前应先确定所测特质的结构，然后在这一特质结构下征集或编写问题情境和行为反应项。

② 问题情境应是现实生活中可能发生的，并且有一个具体的问题需要被试来解决，解决问题的行为 / 方法不是唯一的，而是多样化的。

③ 对问题情境的叙述应尽量完整、清晰、语言规范，字数为 100～300 字。

④ 行为情境判断题的设问方式一般有四种：一是要求被试选择最优行为项，二是要求被试选择最差行为项，三是要求被试同时选择最优和最差行为项，四是要求被试对每一行为项的有效性做出评价。命题时应根据实际情况选择具体设问方式。

⑤ 一般是请有丰富经验的专家来确定行为项的优劣，然后将被试的作答与专家的评定进行比较，从而确定具体的计分方式和评价标准。

第二节　测验题目的难度与难度分布控制

区分被试能力水平的重要影响因素之一是测验题目的难度。本节将介绍难度的定义、计算方法和合理的测验难度分布的控制。

一、难度的定义及计算方法

（一）难度的定义

难度（difficulty）是指题目的难易程度。对于一道题目，如果绝大多数被试都答对了，则这道题目比较容易；若绝大多数被试都答错了，则这道题目比较难。从难度的定义可以看出，难度是题目性能与被试群体水平共同作用的结果。

［考纲链接］“心理学专业基础考试大纲”：难度

难度这一概念更多地用于能力测验中。在非能力测验（如人格测验）中，难度一般被称为**通俗性**（popularity level），即取自相同总体的样本中，在答案方向上回答该题的人数比。

（二）难度的计算方法

1. 得分率法

得分率是指所有被试在该题目上的平均得分占题目满分的百分比。计算公式为

$$P_i=\frac{\overline{X}_i}{T_i} \qquad \text{公式 4-1}$$

式中，P_i 为第 i 题的得分率，$\overline{X}_i$为所有被试在第 i 题上的平均得分，T_i 为第 i 题的满分。

P_i 的取值范围为［0，1］。若 P_i 为 0，说明被试在第 i 题上的平均得分为 0 分；若 P_i 为 1，说明被试在第 i 题上的平均得分为满分。P_i 的值越大，说明被试在第 i 题上的得分率越高，即第 i 题越容易；P_i 的值越小，说明被试在第 i 题上的得分率越低，即第 i 题越难。

对于二值计分的题目而言，题目的得分率与通过率（答对人数与总人数之比）相等。

2．极端分组法

极端分组法是指将被试按测验总分分为高分组和低分组，以两组得分率的平均值作为题目的难度。使用极端分组法对被试进行分组时，首先要对被试的测试总分由高到低进行排序，首尾各取 27%（或 25%，或 33%）组成高分组和低分组。然后分别计算高分组和低分组在某道题目上的得分率，最后取两组得分率的平均值作为该题的难度，计算公式为

$$P_i=\frac{P_{i_{\rm H}}+P_{i_{\rm L}}}{2} \qquad \text{公式 4-2}$$

式中，P_i 为第 i 题的难度。$P_{i_{\rm H}}$ 为高分组在第 i 题上的得分率，$P_{i_{\rm H}}=\frac{\overline{X}_{i_{\rm H}}}{T_i}$。$P_{i_{\rm L}}$ 为低分组在第 i 题上的得分率，$P_{i_{\rm L}}=\frac{\overline{X}_{i_{\rm L}}}{T_i}$。

P_i 的取值范围为［0，1］。若 P_i 为 0，说明高分组被试和低分组被试均无人答对第 i 题；若 P_i 为 1，说明高分组被试和低分组被试均答对第 i 题。P_i 的值越大，则高分组被试和低分组被试在第 i 题上的得分率越高，即第 i 题越容易；P_i 的值越小，则高分组被试和低分组被试在第 i 题上的得分率越低，即第 i 题越难。这与得分率的含义相一致。对于同一道题，采用得分率法和极端分组法计算出的难度之间不具有可比性。

（三）题目难度计算实例

例 4–1　表 4–2 是随机抽取 10 名被试在某数学测验中 4 道题目上的得分情况。各题的满分分别为 1 分、2 分、3 分、4 分，请分析各题的难度。

表 4–2　10 名被试在 4 道题目上的得分情况

被试	第 1 题得分	第 2 题得分	第 3 题得分	第 4 题得分	总分
1	1	0	0	0	54
2	1	2	0	0	59
3	1	0	3	0	61
4	0	2	3	0	65

续表

被试	第 1 题得分	第 2 题得分	第 3 题得分	第 4 题得分	总分
5	1	2	0	0	66
6	1	2	0	4	75
7	1	2	3	0	76
8	1	0	0	4	79
9	0	2	3	4	88
10	1	2	3	4	90

解：分别采用得分率法和极端分组法计算各题难度。

（1）采用得分率法计算各题难度

$$P_1=\frac{\overline{X}_1}{T_1}=\frac{8/10}{1}=0.80,\quad P_2=\frac{\overline{X}_2}{T_2}=\frac{14/10}{2}=0.70,$$

$$P_3=\frac{\overline{X}_3}{T_3}=\frac{15/10}{3}=0.50,\quad P_4=\frac{\overline{X}_4}{T_4}=\frac{16/10}{4}=0.40。$$

（2）采用极端分组法计算各题难度

按 27% 的比例进行高低分组，则每组各 3 人。

$$P_1=\frac{P_{1_H}+P_{1_L}}{2}=\frac{\frac{3/3}{1}+\frac{2/3}{1}}{2}\approx 0.83,\quad P_2=\frac{P_{2_H}+P_{2_L}}{2}=\frac{\frac{2/3}{2}+\frac{4/3}{2}}{2}\approx 0.50,$$

$$P_3=\frac{P_{3_H}+P_{3_L}}{2}=\frac{\frac{3/3}{3}+\frac{6/3}{3}}{2}=0.50,\quad P_4=\frac{P_{4_H}+P_{4_L}}{2}=\frac{\frac{0/3}{4}+\frac{12/3}{4}}{2}=0.50。$$

[微课] 难度计算实例的解析

由于得分率法与极端分组法在计算时所使用的被试不完全一样（极端分组法仅使用了高分组和低分组的被试，而得分率法使用了全部被试），因此两种方法计算的题目难度值并不完全相同。但两者计算的难度值均是数值越大代表题目越容易。所以，综合两种方法得到的结果，我们可以看出，第 1 题最容易，第 2 题较容易，第 3 题和第 4 题相对较难。

（四）等距难度指标及其求取

题目的难度一般用得分率或通过率来表示，计算比较方便，但这类变量属于顺序变量，不具有相等的单位，不能具体比较难度的差异。比如有 3 道题的难度依次为 0.7，0.8，0.9，我们可以说第 1 题最难，第 2 题次之，第 3 题最容易。3 道题难度值分别相差 0.1，但我们不能说第 1 题与第 2 题的难度之差等于第 2 题与第 3 题的难度之差。得分率 P 不能反映难度的具体差异。同时，难度是反序而行的（当然也有学者将失分率作为难度概念）：P 越大，题目越容易；P 越小，题目越难。因此，我们需要将以顺序变量表示的难度指标转换为以等距变量表示的难度指标。

当测验分数接近正态分布时，我们可以根据正态分布将试题的难度 P 作为正态曲线下的面积，转换成具有相等测量单位（σ）的等距量表，即 Z 分数。比如，对于上面提到的 3 道题（难度依次为 0.7，0.8，0.9），查正态分布曲线表可知，3 道题对应的 Z 分别为：-0.52，-0.84，-1.28。转换后的 Z 具有相等测量单位，同时它与人们的习惯相符，即 Z 越大表示题目越难，Z 越小表示题目越简单。通过比较 Z 我们可以发现，第 1 题与第 2 题转换后的难度相差 0.32，而第 2 题与第 3 题转换后的难度相差 0.44。

但是 Z 值常含有负值，因此不易理解，通常需转换为另一种等距变量。其中较为常用的是美国教育考试服务中心采用的难度指标，即

$$\Delta=13+4Z \qquad \text{公式 4–3}$$

式中，Δ 表示题目的难度，Z 表示由 P 转换得来的标准分数。

上述 3 道题转换后的 Δ 值分别为：10.92，9.64，7.88。

对于一般使用者而言，P 无须进行转换。但如果要用作更精确的统计分析，则需计算出具有等距变量性质的 Z 或 Δ。

二、合理难度分布及其控制

（一）测验题目难度分布对测验分数的影响

测验题目难度分布会影响测验分数的分布形态、离散程度，进而会影响测验信度。

1．题目难度对测验分数分布形态的影响

题目难度会影响测验分数的分布形态。当测验题目过难（即 P 过小）时，大部分被试得分会较低，因此分数主要集中在左侧低分段，从而使测验分数呈正偏态分布；当测验题目过易（即 P 过大）时，大部分被试得分会较高，因此分数主要集中在右侧高分段，从而使测验分数呈负偏态分布；当测验题目趋近中等难度时，测验分数基本呈正态分布。

2．题目难度对测验分数离散程度的影响

题目难度会影响测验分数的离散程度。测验过难或过易，会使测验分数相对地集中在低分段或高分段，这样被试间的差异较小，即测验分数的离散程度很小。只有当测验趋近中等难度时，测验分数分布范围较广，离散程度才会较大。埃贝尔（E. L. Ebel）研究了难度对测验分数离散程度的影响，用三个包含几道题目的测验进行研究后发现，当难度集中在 0.5 附近时，分数的分布范围较广，离散程度较大（$\sigma=2.67$）；而当难度集中在两端，即不是太易就是太难时，分数分布范围较小，离散程度较小（$\sigma=1.6$）。根据信度公式 $r_{XX}=1-\dfrac{\sigma_E^2}{\sigma_X^2}$ 可知，分数分布范围较广，测验信度较高；反之，信度较低。因此，题目难度在 0.5 附近时性能最佳，集中在两端时性能最差。

（二）合理难度及合理难度分布

题目多难为好？一份测验由多道题目组成，每道题目的难度不会都一样，那么

测验题目的合理难度分布应是怎样的？这取决于测验目的及所测特质的性质等多个因素。

对于常模参照测验而言，测验目的是区分被试，即最大限度地将被试的得分“拉开距离”。若题目难度均为 0 或 1，则被试要么都得 0 分，要么都得满分，这样被试间的差异就无法区分。若难度为 0.5，可以设想，假定 100 名被试接受测验，做对和做错的被试均为 50 名，这 100 名被试就可划分成彼此不同的 2 500（50×50）个对子；若难度为 0.6，这种对子数就是 2 400；若为 0.7，对子数就是 2 100。因此，中等难度是二值计分题的合理难度。在常模参照测验中，对所有被试而言，合理题目难度为 0.5 左右，难度范围应控制在 0.3～0.7。

对于标准参照测验而言，由于测验目的是考查被试是否达到了目标要求（即通常讲的合格与否、达标与否等），关注的焦点是被试所取得的水平是否达到了目标水平的要求，因此，其合理难度分布是：对于恰好合格的被试而言，难度为 0.5 左右，并且呈窄全距分布，即测验在合格被试与不合格被试之间有较高的区分能力。

（三）合理难度分布的控制

对难度的控制分为两种：一种是对题目难度的控制，另一种是对测验难度分布的控制。控制难度的方法主要有经验法和依据选项分析结果进行控制等。

1．对题目难度的控制

对题目难度的控制主要从控制考查的知识点和题目考核的能力层次等方面进行。对被试而言，掌握不同的知识点本身就有难易之分。考查相对难掌握的知识点的题目的难度较高，而考查相对容易掌握的知识点的题目的难度较低；考查较多同类知识点的题目的难度较高，而考查单一知识点的题目的难度较低；考查较高层次能力（如应用、评价）的题目的难度相对高，而考查较低层次能力（如理解、识记）的题目的难度相对低。

2．对测验难度分布的控制

控制测验难度分布是在控制题目难度的前提下进行的，主要通过控制不同难度题目的比例来实现。如果是选拔性测验，则难、易题目所占比例应充分考虑选拔的比例；如果是常模参照测验，则中等难度题目的比例要高，而偏难、偏易题目的比例要低；如果是标准参照测验，则不同难度题目的比例应结合“目标”本身来确定。

第三节 测验题目的区分度及其提高

上节介绍了测验的难度，然而，并非难度越高的题目越能区分不同能力的被试。高质量的题目未必要有高难度，但势必需要良好的区分度。本节将介绍题目区分度的定义、计算方法和提高区分度的方法。

一、区分度的定义及计算方法

（一）区分度的定义

区分度（discrimination）是指题目对被试特质差异的区分能力。若所有被试在某道题目上均答对或均答错，则此题不能区分不同特质的被试，即此题无区分能力。

一般来讲，题目是否有区分能力，主要是看不同能力的被试在同一题目上的得分是否不同。理论上，如果题目具有高区分度，那么高能力的被试在该题上应得高分，低能力的被试在该题上应得低分，即被试的能力与题目得分应存在高相关性。但在实际测验中，测验编制者事先并不知道被试的能力情况，为了方便考查，一般根据被试的测验总得分将被试分为高能力被试和低能力被试，即总分高者和总分低者。因此，心理测量中通常将被试在某一题目上的得分与其测验总分间的相关系数作为题目区分度的指标。

［考纲链接］"心理学专业基础考试大纲"：区分度

（二）区分度的计算方法

1．相关系数法

用相关系数法计算区分度的基本思想是，若题目有好的区分度，则高能力的被试在该题上应得高分，低能力的被试应得低分，即被试在该题上的得分应与测验总分相一致。其基本假设是测验总分高的被试即为高能力被试，测验总分低的被试即为低能力被试。

相关系数法主要通过计算被试在某一题目上的得分与测验总分间的相关系数来计算该题的区分度。根据该题得分和测验总分的数据特征，这一相关系数的类型又可具体分为点二列相关、积差相关等。不过要注意的是，根据不同类型相关系数计算出来的区分度之间，可能不具有可比性。

（1）点二列相关

点二列相关适用于二值计分题，测验总分为连续变量，计算公式为

$$r_{pb}=\frac{\overline{X}_p-\overline{X}_q}{S_t}\sqrt{pq}\qquad \text{公式 4-4}$$

式中，r_{pb} 指点二列相关系数；p 为通过该题的人数占总人数的百分比，即通过率；q 为未通过该题的人数占总人数的百分比，即未通过率，$q=1-p$；$\overline{X}_p$指通过该题被试的测验总分的平均数；$\overline{X}_q$指未通过该题被试的测验总分的平均数，S_t 是全体被试的测验总分（或效标分数）的标准差。

（2）积差相关

积差相关适用于题目为多级计分题，测验总分（或效标分数）为连续变量，计算公式为

$$r=\frac{\sum_{i=1}^{n}\left(X_i-\overline{X}\right)\left(Y_i-\overline{Y}\right)}{\sqrt{\sum_{i=1}^{n}\left(X_i-\overline{X}\right)^2}\sqrt{\sum_{i=1}^{n}\left(Y_i-\overline{Y}\right)^2}}\qquad \text{公式 4–5}$$

或

$$r=\frac{\sigma_X^2+\sigma_Y^2-\sigma_d^2}{2\sigma_X\sigma_Y}\qquad \text{公式 4–6}$$

在公式4–5中，n指共有n个观测点的成对数据，X_i代表变量X的第i个观测值，$\overline{X}$代表变量X的平均值，Y_i代表变量Y的第i个观测值，$\overline{Y}$代表变量Y的平均值。

在公式4–6中，σ_X指变量X的总体标准差，σ_Y指变量Y的总体标准差，σ_d指变量$X–Y$的总体标准差。

2．鉴别指数法

鉴别指数法的基本思想是，若题目有好的区分度，则高能力被试在该题上的得分率应高于低能力被试。

计算题目的鉴别指数，首先需对被试进行分组，这与难度计算中的高低分组是相同的：对被试的测验总分由高到低进行排序，各取首尾的27%（或25%，或33%），分别组成高分组和低分组。计算高分组和低分组的得分率，高分组的得分率减去低分组的得分率为题目的鉴别指数，即

$$D_i=P_{i_\mathrm{H}}-P_{i_\mathrm{L}}\qquad \text{公式 4–7}$$

式中，D_i指第i题的鉴别指数，即区分度。P_{i_H}与P_{i_L}的意义与极端分组法求难度时的意义完全一样。

不论相关系数法还是鉴别指数法，计算出的题目区分度的取值范围均为［–1，1］。$r=0$说明被试的测验总分与被试在该题目上的得分无关，即题目不能区分出不同能力的被试，$D=0$则说明高分组被试和低分组被试在该题目上的得分率相同：这两种情况均说明该题目无区分能力。$r>0$说明被试的测验总分与被试在该题目上的得分呈正相关，即高能力者得高分、低能力者得低分，$D>0$则说明高分组的得分率高于低分组，题目能有效地区分高能力被试和低能力被试：这两种情况均说明该题目有较好的区分能力。$r<0$说明被试的测验总分与被试在该题目上的得分呈负相关，即高能力者得低分、低能力者得高分，$D<0$则说明高分组的得分率低于低分组：这两种情况均说明该题目虽有区分能力，但是反向的区分，应淘汰该题目。

（三）题目区分度计算实例

例 4–2　表4–3是随机抽取10名被试在某语文测验中4道题上的得分情况。其中，第4题为作文题。4道题的满分分别为1分、2分、4分和60分，请计算4道题的区分度。

表 4–3　10 名被试在 4 道题上的得分情况

被试	第 1 题	第 2 题	第 3 题	第 4 题	总分
1	0	0	1	30	54
2	1	2	0	31	59
3	1	1	1	33	61
4	0	2	2	30	65
5	1	2	3	39	66
6	1	1	2	42	75
7	1	2	4	44	76
8	1	1	3	49	79
9	1	2	4	52	88
10	1	2	4	55	90

解：分别采用相关系数法和鉴别指数法来分析。

（1）相关系数法

根据每题的计分方式及总分，采用相应的公式计算每题得分与总分的相关系数，第 1 题用点二列相关，第 2 题至第 4 题用积差相关：

第 1 题：$$r_{pb}=\frac{\overline{X}_p-\overline{X}_q}{S_t}\sqrt{pq}=\frac{594/8-119/2}{12.239}\times\sqrt{\frac{8}{10}\times\frac{2}{10}}\approx 0.48$$

第 2 题：$$r=\frac{\sum_{i=1}^{n}\left(X_i-\overline{X}\right)\left(Y_i-\overline{Y}\right)}{\sqrt{\sum_{i=1}^{n}\left(X_i-\overline{X}\right)^2}\sqrt{\sum_{i=1}^{n}\left(Y_i-\overline{Y}\right)^2}}=\frac{33.50}{2.12\times 36.72}=0.43$$

第 2 题计算过程

与第 2 题同理，第 3 题 $r=0.86$，第 4 题 $r=0.96$

（2）鉴别指数法

对 10 名被试按测验总分进行高低分组（首尾各取 27%），每组均为 3 人，则

$$D_1=P_{1_H}-P_{1_L}=\frac{3}{3}-\frac{2}{3}=0.33$$

$$D_2=P_{2_H}-P_{2_L}=\frac{5/3-3/3}{2}=0.33$$

$$D_3=P_{3_H}-P_{3_L}=\frac{11/3-2/3}{4}=0.75$$

$$D_4=P_{4_H}-P_{4_L}=\frac{156/3-94/3}{60}=0.34$$

二、区分度评价标准及其提高方法

（一）区分度的评价标准

区分度的取值范围为［-1，1］，区分度为负数时，说明题目性能不好，这种题目会对测验质量起到干扰作用。那么区分度要多高才比较好呢？1965 年，埃贝尔根据长期经验提出了题目区分度评价标准，如表 4-4 所示。

表 4-4 题目区分度评价标准

区分度值	评价	区分度值	评价
> 0.39	优秀	> 0.19～0.29	尚可，需修改
> 0.29～0.39	良好，修改会更好	≤ 0.19	差，需淘汰

在使用表 4-4 的评价标准时，我们应注意两个问题：① 该评价标准不是绝对的，还应根据测验的目的、性质和要求来决定题目的取舍；② 该评价标准比较适用于常模参照测验。

区分度是反映题目质量的重要指标。一个区分度较差的题目不能将高水平被试与低水平被试合理地区分开来，进而会影响测验的信度和效度。心理测量学通常把题目的区分度看作测验效度高低的“指示器”，并将其作为评价题目质量、筛选题目的主要指标与依据。因此在实际编制测验时，我们应大力提高题目的区分度，提高测验题目的质量，进而提高测验的信度和效度。

（二）影响题目区分度的因素

影响题目区分度的因素主要有以下几个方面。

① 题目难度。题目过难或过易，都会导致被试在题目上的得分差异很小甚至没有差异，即区分度低。

② 被试群体的同质性。被试越同质（即被试的水平相接近），则被试在题目上的得分越接近，越难区分被试间的差异，表现出题目无区分能力，即区分度低。

③ 测验各题所测心理特质的一致性。若题目所测量的心理特质各不相同，则以测验总分作为能力高低的假设不成立，这时计算出的区分度显然会低。

④ 题目本身的文字表述和内容质量也会影响题目的区分度。如果题目的表述存在歧义，或题意不清，或答案有误等，均会降低题目的区分度。

（三）提高题目区分度的方法

提高题目区分度的方法有以下几种。

① 控制好题目难度。题目过难，高能力被试和低能力被试均不能答对，或题目过易，高能力被试和低能力被试均能答对，都不利于区分被试。理论上，当题目难度在 0.5 左右时，题目的区分度会比较高。

② 保证题目所测心理特质与全测验所测心理特质的一致性。当题目所测心理特质与全测验所测心理特质不一致时，被试在两者上的得分的相关一般会低。

③ 题目的语言表述准确规范，题干与答案无歧义。

④ 借助选项分析对不良选项进行修改，以提高题目的区分度。选项分析与修改的具体方法见本章第五节。

第四节　测验题目的猜测度与猜测控制

作答客观题时，被试在缺乏分析线索、作答时间不足的情况下，可能产生随意猜测行为，使得作答结果不能真实反映被试的状况。因此在实际测验中，忽略被试的猜测行为会对测验题目的性能产生一定影响。本节将从客观题的角度出发，介绍被试猜测行为，题目猜测度的定义与计算方法，控制猜测行为的方法等内容。

一、客观题中的“猜测行为”之争

在客观题中，当被试不知道正确答案时，他可能会进行猜测。理论界对于猜测行为有两种截然相反的观点：一种观点认为应对猜测行为加以控制，另一种观点认为无须控制猜测行为。

赞成控制猜测行为的研究者认为：猜测行为会增加测量误差，从而影响测量的准确性；控制猜测行为可以培养被试诚实的美德。

反对控制猜测行为的研究者认为：被试的猜测大多不是盲目猜测，而是先剔除了部分干扰项后的猜测。这与实际生活中在缺乏充分的证据与资料时，必须凭借部分知识做出判断的情况类似。像这样的猜测行为是值得鼓励的。事实上，许多科学发现都是科学家在把握不大的情况下先提出猜想，然后再慢慢证实的。

综上，对于猜测行为是否应进行控制并无定论。但有一点是明确的：完全随机的猜测（即瞎猜）是不可取的。

二、猜测度的定义及计算

猜测度是指被试全凭随机猜测而答对题目的概率。猜测行为主要出现在客观题（如选择题、是非判断题等）中。对于选择题，当被试确实不知道正确答案而每个选择项又具有同样的干扰作用时，被试全凭猜测选中正确答案的机会是$\frac{1}{k}$（k 为该题选择项的个数)，则此题的猜测度为$\frac{1}{k}$。四选一的选择题的猜测度为 0.25，五选一的选择题的猜测度为 0.20，六选一的选择题的猜测度为 0.17。一道是非判断题的猜测度为 0.50。

三、对猜测行为的控制

大量的随机猜测行为会给测量带来误差，即猜测误差。比如，有 100 道四选一的选择题，若张某只会做其中的 20 道，剩余的 80 道均不会做（即张某的真分数为 20)，但他通过随机猜测，可平均猜对 20 道（即观察分数为 40)，这样对张某的测量便有 20 分的误差分数。因此，我们应对题目的猜测度进行控制，控制方法如下。

① 增加选择题选择项的个数（一般不少于四个)。可以设想，选择题的选项越多，被试随机猜对的概率就会越小。

② 加强干扰项的迷惑性。被试在解题遇到困难时，大多不会立即进行随机猜测，而会先尝试分析题目。分析题目时，干扰选项的迷惑性越强，被试选择该干扰项的可能性越大，则被试的猜测误差就越低。

③ 控制存在猜测行为的总题量，以保证将猜测误差控制在较小范围内。

④ 如果有特殊需要，还可以采用警告、答错扣分等方式控制被试的猜测行为。

第五节 选择题的选项分析与选项修改

[考纲链接]“心理学专业基础考试大纲”：项目的综合分析和筛选

选择题评分客观、简单，易于利用计算机施测及评分，对标准化测验的发展起着重要作用，当前仍广泛流行。选择题在结构上分为题干和备选项两个部分。其中备选项除包含正确答案外，其他都是起迷惑作用的干扰选项。为提高选择题的命题质量，我们应对干扰选项的功能进行统计分析，也就是进行选项分析。

一、选项分析的基本过程

选项分析过程包括以下四步：

① 根据被试的测验总分，对被试进行由高至低的排序。

② 确定高分组和低分组被试。取总分位于前 27% 的被试为高分组，总分位于后 27% 的被试为低分组（这与难度计算中的高低分组法是完全一致的)。

③ 分别登记高分组被试和低分组被试在每个备选项上的选答人数与未作答人数（也可以计算出选答人数占总作答人数的百分比)，最终整理成类似表 4-5 的数据资料。

④ 根据上一步整理好的数据资料，进行具体分析。

表 4-5　选择题选项分析数据资料格式（以四选一的选择题为例）

题号	组别	各选项选答人数比例				未作答人数	正确答案	难度	区分度
		A	B	C	D				
…	高分组								
	低分组								
	两组平均								

二、选项分析的方法及选项修改原则

选项分析主要是分析正确答案和干扰选项的选答率是否合理。

1．分析两组被试的平均选答率

一般，正确答案的选答率应该在 0.4～0.6，而所有的错误选择应该平均分布在各个干扰选项上。如果正确答案的选答率过高或过低，都不利于区分高分组被试和低分组被试。如果某干扰选项选答率特别低，则说明该干扰选项错得过于明显，应予以淘汰；若某干扰选项选答率特别高，则要考虑该题正确答案是否错误或者是否有多个正确答案。

2．对于正确答案的分析方法

分析正确答案，主要是考查高分组被试和低分组被试在正确答案上的选答率之差是否为正值，以及这一差值是否足够大。只有当高分组被试和低分组被试在正确答案上的选答率之差为正值且该值足够大时，题目质量才较高。

3．对于干扰选项的分析方法

分析干扰选项，主要是考查高分组被试和低分组被试在干扰选项上的选答率之差是否为负值，以及这一差值是否足够大。只有当高分组被试和低分组被试在干扰选项上的选答率之差为负值，并且这一差值足够大时，干扰选项的设置才比较合理，否则干扰选项的设置就是不合理的，应修改或删除干扰选项。

4．其他情况下的分析方法

① 如果高分组被试的选答集中在两个答案上，同时人数相近，那么说明此题可能有两个正确答案，或者在某种意义上来说，另一个选项也有一定道理。在这种情况下，我们应考虑题目本身是否存在歧义或者有两个正确答案。

② 如果高分组被试在正确答案上的选答率与低分组被试的相等或低于后者，说明该题所考查的内容与被试的水平无关，即题目不具有鉴别力，此题应作较大修改或者予以删除。

③ 如果在一个题目上，被试中未作答的人数较多（速度测验除外），或者选择各个备选项的人数相等，说明该题目过难或者题意不清，被试无法作答或全凭猜测。这种情况下应修改或删除此题。

例 4-3　表 4-6 是一个有 370 人参加的数学测验（4 道选择题）的选项统计结果，试分析每题的难度、区分度是如何计算出来的，并对这 4 道题的选项质量进行评价。

表 4–6　选项分析结果

<table>
<tr><th rowspan="2">题号</th><th rowspan="2">组别</th><th colspan="4">各选项选答人数比例 /%</th><th rowspan="2">未作答人数 /%</th><th rowspan="2">正确答案</th><th rowspan="2">难度</th><th rowspan="2">区分度</th></tr>
<tr><th>A</th><th>B</th><th>C</th><th>D</th></tr>
<tr><td rowspan="3">1</td><td>高分组</td><td>3</td><td>2</td><td>93</td><td>2</td><td>0</td><td rowspan="3">C</td><td rowspan="3">0.72</td><td rowspan="3">0.42</td></tr>
<tr><td>低分组</td><td>21</td><td>16</td><td>51</td><td>12</td><td>0</td></tr>
<tr><td>两组平均</td><td>12</td><td>9</td><td>72</td><td>7</td><td>0</td></tr>
<tr><td rowspan="3">2</td><td>高分组</td><td>10</td><td>67</td><td>9</td><td>14</td><td>0</td><td rowspan="3">B</td><td rowspan="3">0.56</td><td rowspan="3">0.22</td></tr>
<tr><td>低分组</td><td>24</td><td>45</td><td>18</td><td>9</td><td>4</td></tr>
<tr><td>两组平均</td><td>17</td><td>56</td><td>13.5</td><td>11.5</td><td>2</td></tr>
<tr><td rowspan="3">3</td><td>高分组</td><td>23</td><td>20</td><td>33</td><td>16</td><td>8</td><td rowspan="3">A</td><td rowspan="3">0.27</td><td rowspan="3">–0.08</td></tr>
<tr><td>低分组</td><td>31</td><td>24</td><td>21</td><td>10</td><td>14</td></tr>
<tr><td>两组平均</td><td>27</td><td>22</td><td>27</td><td>13</td><td>11</td></tr>
<tr><td rowspan="3">4</td><td>高分组</td><td>26</td><td>17</td><td>0</td><td>55</td><td>2</td><td rowspan="3">D</td><td rowspan="3">0.51</td><td rowspan="3">0.09</td></tr>
<tr><td>低分组</td><td>22</td><td>30</td><td>0</td><td>46</td><td>2</td></tr>
<tr><td>两组平均</td><td>24</td><td>23.5</td><td>0</td><td>50.5</td><td>2</td></tr>
</table>

解： 上表中难度和区分度的计算分别采用极端分组法和鉴别指数法。

（1）具体计算过程

第 1 题：$P_1=\dfrac{P_{1_L}+P_{1_H}}{2}=\dfrac{0.93+0.51}{2}=0.72$；

$D_1=P_{1_L}-P_{1_H}=0.93-0.51=0.42$；

同理，可求得　第 2 题：$P_2=0.56$，$D_2=0.22$；

第 3 题：$P_3=0.27$，$D_3=-0.08$；

第 4 题：$P_4\approx 0.51$，$D_4=0.09$。

（2）4 道题的评价

① 题目难度分析：第 1 题偏易；第 2 题和第 4 题难度适中；第 3 题偏难。

② 题目区分度分析：第一题区分度很好，是一个性能优秀的题目；第 2 题区分度尚可，但需要进行修改；第 3 题区分度呈现负值，说明高分组被试的答对比例要低于低分组被试，题目质量很差，应该删除此题；第 4 题区分度较差，原则上建议删除此题。

③ 选项分析：第 1 题，在正确答案和干扰选项上，两组被试的平均选答率都基本正常。在正确答案上，高分组被试中的选择人数要多于低分组被试中选择人数；在非正确选项上，高分组被试中的选择人数少于低分组被试中的选择人数，这符合实际情况，4 个选项的设置均较合理。第 2 题，在选项 A、B、C 上两组被试的平均选答率基本正常，设置比较合理；但在选项 D 上，高分组被试中的选择人数多于低分组被试中的选择人数，说明此项需要进行修改。第 3 题，在正确选项 A 和干扰选项 C 上，两组被试的平均选答率基本一致。在正确答案上，高分组被试中的选择人数要少于低分组被试中的选

择人数；在非正确选项 C 上，高分组被试中的选择人数多于低分组被试中的选择人数，这种情况不合理。同时，选项 C 是高分组被试中选择人数最多的选项，因此，我们要考虑是否有两个正确选项或者正确选项是否设置有误。第 3 题未作答人数占比比较大，该题选项设置较差，因而整体质量较差。第 4 题，选项 B、D 设置合理，选项 A 设置不合理需要修改。在选项 C 上，无论是高分组还是低分组，都没有人选择，说明该选项没有任何干扰作用，可删除该选项，换成其他更有干扰性的选项。

第六节　题目功能差异与测量偏差控制

要提高测验题目的性能，除了关注题目的难度、区分度之外，还要关注题目功能差异。本节在介绍题目功能差异、测量偏差的定义及其侦查方法的基础上，详细介绍在经典测验理论中常用的侦查题目功能差异的 MH 法，讨论控制测量偏差时需要注意的问题。

一、题目功能差异及其侦查方法

（一）题目功能差异

题目功能差异（differential item function, DIF）也称项目功能差异，是指不同群体在同一题目上的答对概率（或得分率）不同，即不同群体在同一题目上的得分存在差异。造成题目功能差异的原因可能是群体间本身存在水平差异，也可能是群体间本身不存在水平差异而由于其他原因（如风俗习惯、性别、种族、地域等）导致的差异。若题目功能差异是由前者引起，则称为良性题目功能差异；若是由后者引起，则称为不良题目功能差异，即存在测量偏差。题目功能差异主要是针对不同群体而言。心理测量学关注较多的群体差异主要有性别差异、地区差异、种族差异、跨文化差异等。

有题目功能差异的题目不一定存在测量偏差，题目功能差异为良性的题目不存在测量偏差，只有存在不良题目功能差异的题目才存在测量偏差。反过来，有测量偏差的题目一定存在题目功能差异。

测量偏差在教育和心理测量中时有发生。如试卷中有一道关于鱼头和鱼尾的作文题就存在测量偏差。该题给出两幅漫画：第一幅是母亲把鱼中段夹给年幼的儿子，自己吃鱼头、鱼尾；第二幅是儿子长大了，把鱼头、鱼尾留给母亲，自己吃鱼中段。题目要求考生被试就此发表观点，写一篇作文。

命题者本意要表扬无私、伟大的母亲，批评不孝的儿子，此题一出却引起了争议。因为在我国南方某些地区确实认为鱼头、鱼尾比鱼中段更好吃，因而此漫画也会被某些考生解读为颂扬儿子孝顺。这就出现了测量偏差，会导致考试评价上的不公平。因此对怀疑有测量偏差的题目应采用一定的方法进行侦查，以免产生不公平的评价。

在题目功能差异研究中还有一对重要概念：一致性题目功能差异和非一致性题目功能差异。有人对它们做出以下区分（Mullenberg，1993）：一致性题目功能差异是指被试的能力水平与其所在的组别之间不存在交互作用，即在所有的能力水平上，一组被试回答某一题目的正确率都大于另一组被试；当被试的能力水平与其所在的组别之间存在交互作用时，则表现为非一致性题目功能差异。例如，检查男生、女生在某测验题目上有无题目功能差异，如果并非在所有能力水平上男生回答该题目的正确率都高于女生，而是在高能力水平段的学生中，男生回答该题目的正确率高于女生的，在低能力水平段的学生中，男生的正确率低于女生的，那么就称该题目存在非一致性题目功能差异。

（二）题目功能差异的侦查方法

侦查题目是否存在测量偏差前，应先侦查题目是否存在题目功能差异。若不存在题目功能差异，则不存在测量偏差；若存在题目功能差异，则应分析是良性题目功能差异还是不良题目功能差异，只有不良题目功能差异才会造成测量偏差。

1．题目功能差异的一般侦查步骤

（1）确定被试群体，准备数据资料

根据测验特征，预测哪两类被试群体可能会存在题目功能差异。然后随机抽取这两类被试群体的测验反应数据。所抽取的被试总量应足够多（一般不少于 1 000 人）。因为数据分析需要考虑匹配的因素，但有些被试数据可能因为缺少匹配数据而不能参与分析，故实际参与分析的被试数往往少于抽取的被试数。

（2）确定目标组和参照组

根据题目特征，预测题目可能对哪类群体有利。若第 1 步预测为男生和女生两个群体且预测题目可能对男生有利，那么一般把男生样本作为参照组，把女生样本作为目标组。

（3）确定匹配变量

一般以测验总分作为匹配变量，将两个群体中相同测验总分的被试一一匹配，采用适当的题目功能差异侦查方法进行分析，找出并剔除存在题目功能差异的题目，从而组成一个不含题目功能差异的子测验。然后以该子测验的总分作为匹配变量，对子测验进行题目功能差异分析，找出并剔除存在题目功能差异的题目。如此反复，直到找到一个不含题目功能差异题目的子测验，并以被试在该子测验上的得分作为最终的匹配变量。

（4）探索性分析题目功能差异

根据第 3 步确定的最终的匹配变量对测验中的所有题目进行正式的题目功能差异分析。

（5）分析题目功能差异成因

成立专家小组，分析题目功能差异的产生原因，并确定哪些题目真正存在偏差，即存在不良题目功能差异。这需要学科专家、研究所测心理特质的专家、测量学专家等多方面人员共同参与。

2．题目功能差异的常用侦查方法

在题目功能差异的一般侦查步骤中，第 3 步和第 4 步都涉及题目功能差异的侦查方法，下面就目前常用的基于经典测验理论的 **MH 法**（Mantel-Haenszel procedure）进行介绍。

MH 法由曼特和汉森尔（Mantel & Haenszel，1959）首先提出，霍兰德等人（Holland，1985；Holland & Thayer，1988）后来把这种方法用于侦查题目功能差异。MH 法是 χ^2 列联表检验方法的推广，基本思想是被试在题目上的得分是否与所来自的群体有连带关系（或是否独立），若有连带关系（即不独立），则认为被试的群体特征会影响被试在题目上的得分，故而存在题目功能差异效应。因此，MH 法下的题目功能差异统计量的计算建立在一张 $S\times2\times2$ 的列联表中。其中，S 是匹配变量（即测验分数）的水平数（一般由研究者根据实际情况自行确定）。对于其中的任一水平 k，可得出一个来自目标组与参照组在题目上答对和答错的 2×2 列联表（如表 4–7），总共能得出 S 个这样的 2×2 列联表。

表 4–7 MH 法 $S\times2\times2$ 列联表

群体	题目得分		总计
	1	0	
参照组	f_{1rk}	f_{0rk}	n_{rk}
目标组	f_{1fk}	f_{0fk}	n_{fk}
总计	n_{1k}	n_{0k}	n_k

根据样本数据完成上述 $S\times2\times2$ 列联表，由表中数据计算可得的统计量为

$$\alpha_{\mathrm{MH}}=\frac{\sum\limits_{k=1}^{S}\dfrac{f_{1rk}\cdot f_{0fk}}{n_k}}{\sum\limits_{k=1}^{S}\dfrac{f_{0rk}\cdot f_{1fk}}{n_k}} \qquad \text{公式 4–8}$$

式中，α_{MH} 指 MH 法下的题目功能差异统计量，S 指测验分数（或能力）的水平总数。f_{1rk}，f_{0rk} 分别是第 k 个测验分数（或能力）水平组中参照组（r）答对和答错题目的人数。f_{1fk}，f_{0fk} 则分别是目标组（f）答对和答错题目的人数。n_k 指属于第 k 个水平的被试的总人数。

α_{MH} 的取值范围为（0，$+\infty$）。$\alpha_{\mathrm{MH}}=1$ 表示检测的题目无题目功能差异；$\alpha_{\mathrm{MH}}<1$ 说明题目对目标组来说更容易，可能有利于目标组；$\alpha_{\mathrm{MH}}>1$ 说明题目对目标组来说更难，可能有利于参照组。

由于上式 α_{MH} 计算的统计量是基于样本统计量，因此对其所来自的总体值是否也为

1 要进行检验。检验统计量为

$$MH_{\chi^2}=\frac{\left[\left|\sum_{k=1}^{S}f_{1rk}-\sum_{k=1}^{S}E\left(f_{1rk}\right)\right|-\frac{1}{2}\right]^2}{\sum_{k=1}^{S}Var\left(f_{1rk}\right)} \quad \text{公式 4–9}$$

其中

$$E\left(f_{1rk}\right)=\frac{n_{1k}\cdot n_{rk}}{n_k}$$

$$Var\left(f_{1rk}\right)=\frac{n_{1k}\cdot n_{0k}\cdot n_{rk}\cdot n_{fk}}{n_k^2\left(n_k-1\right)}$$

MH_{χ^2} 服从自由度为 1 的 χ^2 分布，如果经检验 MH_{χ^2} 值处于显著性水平，则认为所研究题目存在题目功能差异，否则不存在题目功能差异。

二、测量偏差控制

存在不良题目功能差异的题目会引起测量偏差，进而导致测量和评价上的不公平。因此，在实际工作中，我们应尽量控制不良题目功能差异题目的出现，避免测量偏差。

更重要的是，在编制题目时，我们应充分考虑被试中弱势文化群体或某些特殊文化群体的文化、宗教习俗，避免因这些原因而造成群体性的作答差异，从而形成测量偏差。

除此以外，控制测量偏差时还应注意以下几个问题：

① 保证题目所测的心理特质与测验所测的心理特质是一致的，避免题目测量了测验之外的第二种甚至第三种心理特质。

② 题目的语言表述规范、无歧义，避免使用方言、俚语等。

③ 初步编制完成的题目应广泛征求不同群体的意见。

④ 在正式使用某项测验之前，最好能先进行小规模试测，修改或删除存在不良题目功能差异的试题。

本章小结

编制题目的前提是理解并把握测验题目性能，只有深入了解题目性能，才可能编制出高质量的题目。心理测验中的题目类型大体上可分为客观题和主观题，不同类型题目的功能各不相同。题目的难度、区分度及其功能差异是反映测验和测验题目质量的重要测量学指标。在实际工作中，我们应结合题目内容本身和题目的测量学指标来评价、修改甚至删除题目。

复习与思考

1. 测验题目性能分析的目的是什么？如何对测验题目的性能进行分析？

2. 某测验对12名被试施测，结果如表4-8，计算各题的难度、区分度（结果保留两位小数）。

表4-8　12名被试的测试结果

题号	满分	被试编号											
		1	2	3	4	5	6	7	8	9	10	11	12
1	2	1	0	2	1	2	0	1	1	0	2	1	2
2	5	3	1	3	4	5	2	4	3	1	3	2	5
3	8	7	3	5	5	4	0	1	5	8	7	3	6
4	10	6	5	7	6	9	7	8	3	4	10	4	10
5	12	7	5	10	12	10	6	8	6	8	11	6	10
6	15	6	4	14	9	11	15	13	4	5	12	10	13
7	18	15	7	13	11	17	4	6	5	9	16	7	18
总分	70	45	25	54	48	58	34	41	27	35	61	33	64

推荐阅读

戴海琦，张锋. 心理与教育测量［M］. 4版. 广州：暨南大学出版社，2018.

复习与思考参考答案

第五章

常模参照测验的设计与编制

学习目标

- 什么是常模？常模有什么作用？
- 什么是标准化样本？
- 常模的种类有哪些？常模是如何建构的？
- 什么是原始分数？什么是导出分数？
- 不同常模分数之间的关系是怎样的？

知识导图

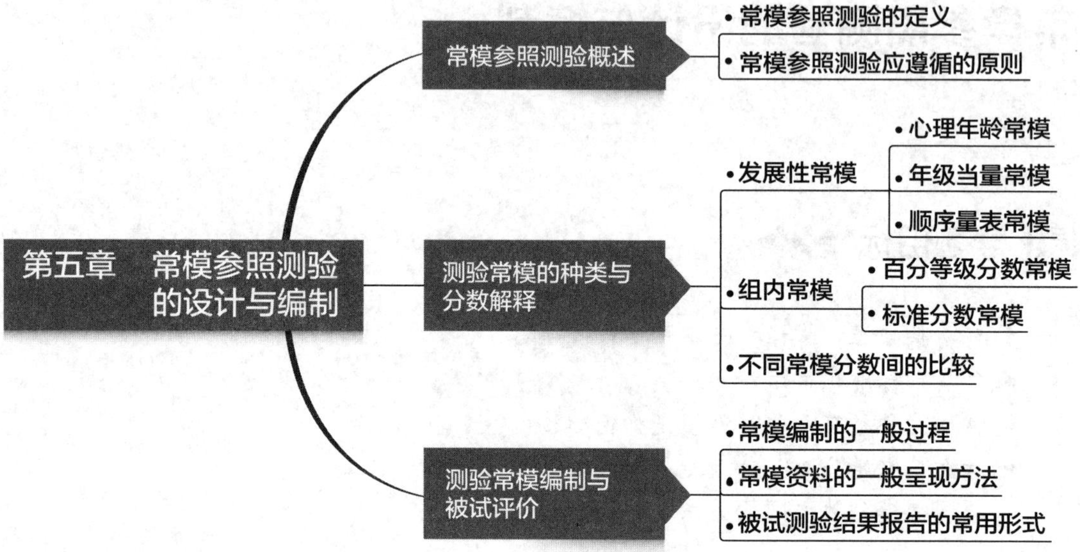
第五章　常模参照测验的设计与编制
常模参照测验概述
常模参照测验的定义
常模参照测验应遵循的原则
测验常模的种类与分数解释
发展性常模
心理年龄常模
年级当量常模
顺序量表常模
组内常模
百分等级分数常模
标准分数常模
不同常模分数间的比较
测验常模编制与被试评价
常模编制的一般过程
常模资料的一般呈现方法
被试测验结果报告的常用形式

心理测量的目的是对被试的心理特质发展水平进行评价，进而做出合适的决策。对测量结果进行解释和评价时，总是需要跟某个标准进行比较，如跟被试过去的水平进行比较，跟某个预先设定的目标进行比较，跟他人的水平进行比较，等等。通过比较，我们才能知道被试目前的状态是否处于某个合理的水平。常模是用于评价被试水平的一种参照标准。本章主要介绍常模参照测验的设计与编制方法，以利于测验使用者对被试的心理特质发展水平做出合适的评价。

虽然本章主要以测验法为例介绍常模的概念、常模的建构方法和常模参照测验的编制过程，但是其他测量工具同样可以按照这些概念和方法体系建立相应的参照常模。

第一节 常模参照测验概述

常模（norm）是为特定测量工具建立的、基于标准化样本的被试水平参照系统。一般来说，为某个测量工具建立常模，首先需要定义一个标准化样本。标准化样本是来自测量目标总体的足够大的有代表性的样本。然后，采集标准化样本在该测量工具上的测试数据，根据这些测试数据的分布形态，在进行一定的统计处理后，建立一套关于被试水平的评价参照标准，这个评价参照标准就叫作常模。因此，常模是根据标准化样本在测量工具上的测试结果，在经过一定的统计技术处理之后建立起来的具有参照点和单位的测量结果评价参照系统。

从理论上来说，我们可以为任何测量工具建立常模，常模通常是标准化测量工具的有机组成部分。常模参照系统是基于群体水平的，即使使用的测量工具相同，群体不同，常模也可能不同。基于常模的个体水平评价会随着常模的不同而不同，即使分数相同，常模不同，评价结果也可能不同。

一、常模参照测验的定义

常模参照测验（norm-referenced test）是通过测验将被试个体的心理特质发展水平与某一特定群体（测试对象总体）的心理特质发展水平进行比较，从而确定被试个体的心理特质发展水平在这一特定群体中相对地位的测验。因此，常模参照测验的主要任务是甄别各个被试的心理特质发展水平，尽量精细地区分不同水平的被试，确定每个被试的心理特质发展水平在总体中的相对位置，从而了解哪个被试的心理特质发展好，哪个被试的心理特质发展差。常模参照测验可以使被试的心理特质发展水平得到最大程度的区分。常模参照测验经常被用于学业成就测验、能力水平测验，也会被用于人格测验。由于它能够对个体相对地位进行更精细的鉴别，因此经常被用于各类选拔性考试。

广泛使用的常模参照测验应该是标准化的。标准化测验的重要指标是标准化的施测过程与计分方法，标准化的结果解释与分数报告模式。建立常模是获得标准化的结果解释和分数报告模式的重要方法。

我们把被试在测验中通过累加题目得分而获得的测验分数叫作**原始分数**（raw score）。如果没有参照数据，被试的原始分数就不能提供有意义的评价信息。比如，某生在一次考试中得了 90 分，如果只有这则信息，我们就无法对该生的此次成绩做出合适的评价。这是因为：首先，我们不知道测验的目的（选拔或简单排序）和测验的难度水平；其次，我们不知道该生过去的水平；最后，我们不知道其他同学的水平。这样，90 分的意义就无从谈起。有了标准化常模，被试在测验中获得的原始分数可以以常模为参照，从而确定该被试在总体水平分布中所处的位置，并据此进行结果解释和分数报告。

二、常模参照测验应遵循的原则

常模参照测验的设计与编制应该遵循以下三个原则：① 常模参照测验要有明确的测试目标领域，编制的题目要具有充分的代表性和典型性，要能够很好地代表测试目标领域的内容、结构或行为特征。常模参照测验的题目均是经过精心编制、筛选而抽取出来的“常态”题目。② 常模参照测验题目的统计指标要求适中。以能力水平测验为例，常模参照测验题目的难度应该是中等的，即大约 50% 的被试能够正确作答的题目是比较理想的。如果对于一个题目，90% 的被试都能答对，说明题目过易，对于常模参照测验来说，这个题目就不能达到测试的目的；同样，90% 的被试都不能答对，说明题目过难，也不能达到测试的目的。因此，在常模参照测验中，过易和过难的题目都应被删除，题目的难度在 0.3～0.7 是比较合适的。另外，题目应该能够在整个被试水平区间上具有较高的区分度。在题目难度适中的基础上，题目的区分度应该高于 0.3。其他类型的常模参照测验，如人格类型测验，也应该遵循这个原则。③ 常模参照测验的施测过程、计分方式和结果解释应该标准化，以保证每次测试的结果之间可以相互比较。常模参照测验通常会有详尽的测验指导手册，如施测程序，需要记录的信息和问题，如何进行计分，如何对原始分数进行转换，如何根据测试结果对被试做出适当的评价等，详细地指导测验使用者。常模参照测验同时还需要提供测验的信度和效度等方面的信息资料，以便使用者判断整个测量工具的质量。

[微课] 常模的意义

第二节 测验常模的种类与分数解释

为了便于确定个体的测验得分在标准化样本群体（实际应该是总体）中所处的地位，被试在测验中得到的原始分数经常会被转换成某种**导出分数**（derived score）。进行这种转换的主要目的有两个：① 可以清晰地表示个体在标准化样本群体中的相对位置，从而可以在与他人比较的基础上，对个体的成绩做出评价。② 可以对个体在不同测验上的作答表现直接进行横向比较。比如，某生在语文考试中得了 85 分，在数学考试中得了 90 分。凭借这些信息，我们既无法知道该生的语文成绩和数学成绩在班上的相对位置，又无法知道他究竟是语文考得好还是数学考得好。但是如果对这些原始分数进行某种转换，这些评价问题就可以得到解决。

有多种原始分数转换方法可以达到以上两个目的，经常使用的分数转换方式有两种：一是纵向转换，即把个体得分与其他不同年龄个体的得分进行比较，并转换成相应的等级水平，发展性常模就是依此建立的参照比较标准；二是横向转换，即把个体得分与同一群体内其他人的分数进行比较，从而确定个体在群体内的等级位置，群体内常模就是依此建立的参照比较标准。

［考纲链接］“心理学专业基础考试大纲”：几种常用的常模

一、发展性常模

评价个体心理特质发展水平的一种常用方法，就是建立一个关于不同年龄阶段心理特质水平正常发展轨迹的参照常模。个体分数可以与此常模进行比较，从而判断该个体所处的发展阶段。

（一）心理年龄常模

比内和西蒙在建构《比内－西蒙智力量表》的过程中，提出了智力水平（mental level，又称心理水平）的概念，这个概念在后来的翻译和测验使用过程中更多地被心理年龄这个概念代替，但比内本人一直坚持使用智力水平的概念。智力水平的提出与量表本身的建构原则是相配合的。量表在建构题目时遵循了以下原则：在标准化样本群体中，大部分 3 岁儿童能答对的题目被放在 3 岁水平组，大部分 4 岁儿童能答对的题目被放在 4 岁水平组，以此类推，建构符合各个年龄水平的分测验。考查某个儿童的智力发展水平，可以根据他能够通过的题目所对应的最高水平组来确定他的心理年龄。不过，在实际测试中极有可能出现这样的情况：儿童可能在低水平分测验上出现部分作答错误，却在更高水平分测验上答对部分题目。针对这种情形，一般会这样进行计分：首先确定一个基础心理年龄，即儿童可以通过该年龄及更低年龄所对应的分测验中的所有题目；然后，能够部分作答的分测验根据作答题目的数量或质量分别以月龄为单位进行计算；最后，儿童的心理年龄，就是基础心理年龄加上所有月龄。这就是心理年龄最初的操作性定义。从一般意义上来说，**心理年龄**（mental age, MA）指的是被试在某个心理测验上的得分所对应的标准化样本群体的年龄，有时需要加上月龄。

斯坦福大学的特曼后来将《比内－西蒙智力量表》修订为《斯坦福－比内智力量表》，并在 1916 年的版本中首次提出了智商的概念。**智商**（intelligence quotient, IQ）指的是心理年龄（MA）与实际生理年龄（chronological age, CA）之比，也叫作**比率智商**（ratio IQ），计算公式为 $IQ = 100 \times MA \div CA$。因此，如果一个儿童的心理年龄等于实际生理年龄，其智商分数就是 100。智商为 100 意味着该儿童智力发育正常，智商低于

100意味着该儿童发育迟缓，显著高于100则意味着该儿童发育超前。

心理年龄常模（mental age norm）就是以年龄为评价指标，通过年龄和心理特质发展水平的对应关系建立起来的分数参照标准。《比内－西蒙智力量表》在建构心理年龄常模时，以年龄为单位把总测验划分为不同水平的分测验，然后根据被试在各个分测验上的作答结果确定其心理特质发展水平。当然，心理年龄常模的建构不一定要把测验按年龄划分为分测验，在这种情形下，评价被试的心理特质发展水平时，首先要获得不同年龄段标准化样本的被试在测验上的总分平均数，并以此作为参照标准，然后，可以根据某被试在该测验上的得分所对应的年龄段平均分数，确定其心理特质发展水平。

（二）年级当量常模

年级当量（grade equivalents）指的是被试在某个心理测验上的得分所对应的标准化样本群体的年级。**年级当量常模**（grade equivalents norm）就是以年级为评价指标，通过年级和心理特质发展水平的对应关系建立起来的分数参照标准。教育成就评价测验会更多地使用年级当量常模。比如，我们可以说五年级的某同学的语文水平已经达到六年级水平，不过数学水平仍然停留在四年级水平，等等。年级当量常模的建构过程是：首先，抽取各个年级的标准化样本；然后，计算各年级标准化样本在测验上的平均分数；最后，以这些平均分数及对应的年级建构常模。某学生在测验上的得分就可以与常模中的各个平均数进行比较，从而确定该生对应的年级当量水平。

经常使用的一个与年级当量常模有关的概念就是教育商数。教育商数指的是教育年龄除以实际生理年龄所得的商数再乘以100后取整。教育年龄可以通过学生的年级当量间接换算：学生的教育年龄就是与其有相同年级当量的学生的生理年龄的众数。如果某学生的实际生理年龄是10岁，而与他有相同年级当量的学生大多数实际生理年龄是12岁，那么他的教育年龄为12岁，他的教育商数就是120。

在使用年级当量常模测验时，我们需要注意以下几个方面：① 不同年级的教学内容和教学目标经常是不一样的，因此，在进行比较时，要注意课程的教学特点；② 虽然某学生可能在测验分数上已经达到更高的年级水平，说明他在该门课程上的学习是非常优秀的，但这并不意味着他在该门功课上的水平与更高年级相应学生的水平是完全一样的，因为他们经历了不同的知识、技能的建构过程，更不能说明他已经具备进入更高年级学习的条件；③ 同一年级不同学生之间的水平很可能相差很大。

（三）顺序量表常模

顺序量表常模（ordinal scale norm）是通过年龄和典型行为特征的对应关系建立起来的评价参照标准，主要用于评价个体，特别是儿童的行为发展特点和水平。儿童心理学家发现，儿童的某些行为特征的发展有着固定的顺序，而且每个阶段的典型行为特征的掌握必须以前一阶段典型行为特征的掌握为前提。

使用顺序量表常模作为评价参照标准的两个典型研究是格塞尔（A. L. Gesell）的研

究和皮亚杰（J. Piaget）的研究。格塞尔和他的同事通过长期观察研究，考查了儿童早期四个方面的行为变化过程：运动、适应性、语言、个人－社会关系。他们发现，婴儿及儿童早期行为变化呈现出一致的发展序列和按顺序发展的过程。他们以此为基础，建构了以月份为时间单位的《格塞尔发育量表》。儿童的行为发展水平可以通过观察其典型行为与量表相应年龄段的典型行为的拟合程度来评价。该量表被称作顺序量表，是因为研究者认为，儿童早期行为发展阶段有着固定的顺序，每个阶段典型行为的掌握必须以前一阶段典型行为的掌握为前提。

皮亚杰的儿童发展理论是发展心理学中最重要的理论之一。皮亚杰关注的是儿童的认知发展过程，主要研究儿童一些具体概念的发展，比如守恒概念，不太关心全面能力的发展。后来一些研究者基于其理论开发了标准化的量表，并以此作为评价儿童概念发展水平的参照标准。

与心理年龄量表的建构过程不一样，建构顺序量表首先要确定各发展阶段的典型（关键）行为特征，然后收集适合相应阶段特征的代表性行为作为测量指标。虽然顺序量表有时也会用报告分数来代表年龄水平，但这并不是最主要的，它更关心的是对典型行为的描述和评价，并可能以此达到诊断的目的。

二、组内常模

现在，几乎所有的标准化测验都提供群体内常模。**组内常模**（within-group norm），也称群体内常模，是把被试的测试成绩与相同性质群体，如相同年龄或相同年级被试的成绩进行比较。建构组内常模比较方便快捷。

（一）百分等级分数常模

百分等级分数常模是基于分数及其百分等级的对应关系建立起来的参照标准。百分等级分数是通过标准化样本中低于某个原始分数的人数百分比来表示的。比如，在一个标准推理测验中，有 32% 的标准化样本个体得分低于 68 分，那么，原始分数 68 分就对应着第 32 百分等级。百分等级表示了个体在标准化样本中的相对地位。百分等级越低，个体的相对地位越低。

百分等级分数有许多优点。首先，它易于计算和理解，绝大部分人都能理解；其次，百分等级几乎全球通用，易于被大家接受；最后，百分等级分数可以被用于成人量表，可以被用于儿童量表，也可以被用于能力倾向类的量表，还可以被用于人格类型量表。百分等级分数最大的缺点，就是分数所标刻的单位不同，特别是分数分布的两端。大多数心理测验分数的分布形态为正态分布，这时，在平均数附近的两个分数之间的百分等级差异，肯定比在任何一端的两个有着与前述两个分数相同距离的分数之间的百分等级差异要大。比如，如果某测验分数服从正态分布，其平均数为 50 分，标准差为 10 分，那么，60 分与 50 分之间的百分等级差异约为 34%，而 70 分与 60 分之间的百分等级差异约为 14%。

百分等级更加适合于对标准化样本个体的相对位置进行排序，但不适合于说明个体分数之间的具体差异。

（二）标准分数常模

现在的心理测验在构建组内常模时，更多用标准分数的形式来表达。标准分数表示的是在一个分布中，个体分数在平均数之上或之下多少个标准差。

标准分数可以通过对原始分数进行线性转换或非线性转换而得到。通过线性转换得到的标准分数不会改变分数原来的特性，因此，原始分数可以进行的运算，标准分数也可以进行，不会因此导致结果的歪曲。

***Z* 分数**（*Z* score）是我们比较熟悉的线性转换标准分数。一提到标准分数，一般就是指 *Z* 分数。*Z* 分数是通过原始分数减去平均数后除以标准差而得到的。*Z* 分数为 0 说明该个体分数正好处于平均水平，*Z* 分数为正说明该个体分数高于平均水平，*Z* 分数为负则说明该个体分数低于平均水平。为了解释方便，实际中更多使用的是以下各种标准分数的线性变换形式，如 *T* 分数、CEEB 分数、离差智商等。

***T* 分数**（*T* score）也是一种常见的标准分数变换形式，它是在 *Z* 分数的基础上乘以 10，再加上 50 转换得到的，即 *T* 分数 $=10Z+50$。表 5–1 是将 *Z* 分数转换成 *T* 分数的范例。

CEEB 分数是美国大学入学考试委员会（College Entrance Examination Board）使用的标准分数，它是在 *Z* 分数的基础上乘以 100，再加上 500 得到的线性转换标准分数，即 CEEB 分数 $=100Z+500$。

表 5–1　将 *Z* 分数转换成 *T* 分数的范例

Z 分数	*T* 分数 $=10Z+50$	*Z* 分数	*T* 分数 $=10Z+50$
$Z=+3.8$	$10\times(+3.8)+50=88$	$Z=-0.9$	$10\times(-0.9)+50=41$
$Z=+1.4$	$10\times(+1.4)+50=64$	$Z=-2.3$	$10\times(-2.3)+50=27$
$Z=0.0$	$10\times(+0.0)+50=50$		

离差智商（deviation intelligence quotient）是另外一种形式的标准分数变式：平均数是 100，标准差为 15 左右。前述的比率智商的定义非常直白明了，然而，研究者逐渐发现比率智商可能存在某些缺陷。一个主要问题就是，除非不同年龄段被试 IQ 分数分布的标准差是一样的，否则，不同年龄段之间的 IQ 分数不能进行直接比较。研究者在实际工作中发现，智力发展随着年龄增加逐渐稳定，个体智力发展水平差异受到各种因素影响的程度也越来越小，因此很难保证不同年龄段被试 IQ 分数分布的标准差是一样的。这时候使用比率智商解释个体智力发展水平就可能存在以下这种情况，即 10 岁组中 IQ 分数为 115 的儿童和 12 岁组中 IQ 分数为 125 的儿童在组

内的相对地位可能是一样的，因为他们的 IQ 分数都高于各自年龄组平均数 1 个标准差；同样，10 岁组中 IQ 分数为 115 的儿童和 12 岁组中 IQ 分数同样为 115 的儿童，其组内相对地位可能不一样。也是因为这种情况，比率智商逐渐被离差智商代替。《韦克斯勒智力量表》（*Wechsler Intelligence Scale*）是最早使用离差智商来报告分数的心理测验之一。其总量表使用的平均数为 100，标准差为 15。许多团体智力测验和第 3 版《斯坦福 – 比内智力量表》均使用了离差智商。这里需要特别指出的是，离差智商中的"商"并不具有与比率智商一样的计算过程，只是借用了它所表达的意义。

正态化标准分数（normalized standard score）是经过正态曲线拟合转换后的标准分数。对原始分数进行线性转换的主要目的是便于对不同个体分数，或不同测验分数进行直接比较。然而，只有当两批分数的分布形态完全一样时才能进行这种比较，因为这样能保证每个分数之间的相对位置代表的意义是一样的。当需要对两批不同分布形态的分数进行比较时，就要对原始分数进行非线性转换。许多时候，研究者更愿意把分数分布转换为正态分布的形式，毕竟很大一部分的心理特质水平都是服从正态分布的，同时，正态分布本身拥有许多实用的数学性质。

正态化标准分数的转换过程如下：首先，计算出标准化样本中处于各原始分数下的人数百分比；然后，将该百分比与正态次数分布表中的百分比进行匹配，并获得对应的标准分数。经过这样转换之后得到的标准分数就可以与线性转换获得的标准分数一样进行解释和比较，同时又不会受到原分数分布形态不同的质疑。与线性转换标准分数一样，为了报告的方便，正态化标准分数也可以进一步转换为 T 分数、CEEB 分数、离差智商等其他合适的表达形式。

正态化标准分数还有一个优点，就是在已知正态化标准分数的前提下，可以通过查正态分布表而得到以人数百分比表示的相对地位值。

标准九分（stanine）是一种著名的分数非线性转换表达形式。与正态化标准分数的转换过程一样，任何一批原始分数均可以从低到高按表 5–2 中的百分比转换为对应的标准九分。

表 5–2　标准九分转换对照表

百分比 /%	4	7	12	17	20	17	12	7	4
标准九分	1	2	3	4	5	6	7	8	9

三、不同常模分数间的比较

[考纲链接]"心理学专业基础考试大纲"：分数转换与合成

测验原始分数本身的意义需要进行比较才能传达出来，要进行比较就必须对原始分数进行某种形式的转换，而且要建构关于标准化样本的分数分布参照系统，即常模。根据心理特质发展水平的比较方式，常模可以分为发展性常模和组内常模。组内常模系统中的分数表达形式有多种，如标准分数、百分等级分数、离差商数等。各种分数表达形式之间存在密切的关联。比如，百分等级分数与正态化标准分数之间关联密切。当分数呈正态分布时，我们可以从图5-1中认识各种分数转换形式之间的关系。

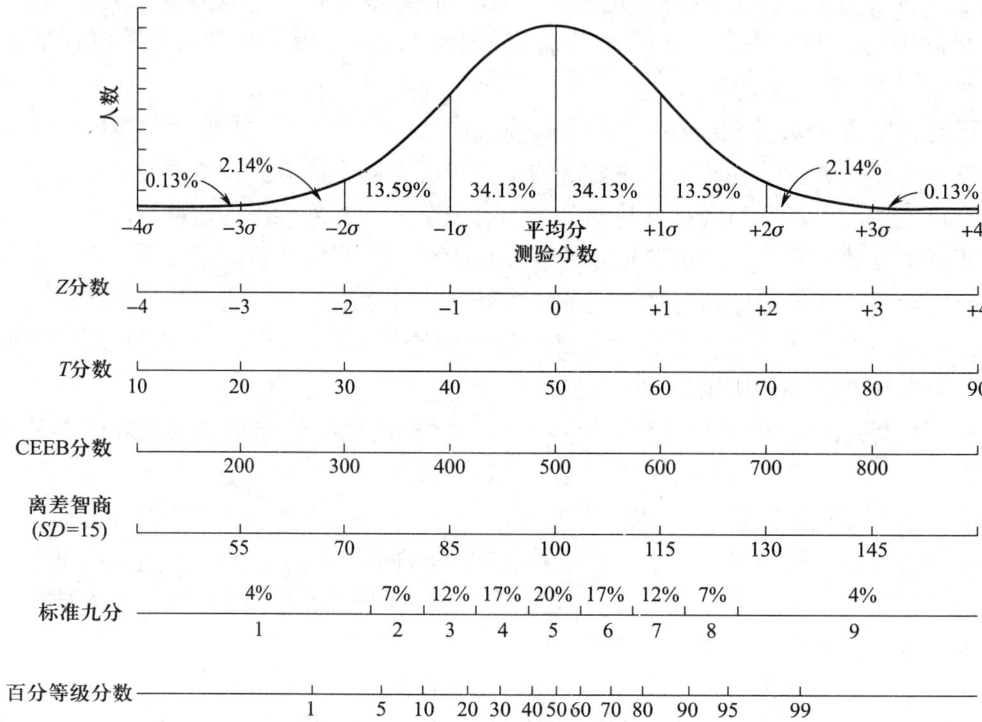

图5-1　正态分布情形下各种分数转换形式之间的关系

第三节　测验常模编制与被试评价

一、常模编制的一般过程

根据心理特质发展水平的比较方式，常模可以分为发展性常模和组内常模。这两类常模在编制方式上存在一些差异。

发展性常模关注的是不同年龄被试心理特质发展水平的典型行为表现及其区分，因此，对描述被试外显行为特征的题目的筛选应格外用心，这些题目应具备一定的完备性、典型性和区分性。在进行结果报告时，也应更加关注诊断性信息的描述。关于各种发展性常模的编制过程，前面的内容已分别进行了介绍，此处不再赘述。

[考纲链接]“心理学专业基础考试大纲”：常模的编制

组内常模更加关注测试结果分数的比较本身，其常模编制的一般过程包括以下几个步骤。① 界定测验测试对象总体。② 通过合理的抽样方法，抽取数量足够大且具有充分代表性的样本群体组成标准化样本。在此强调的数量足够大，一方面要考虑同一抽样分层中需要较多的重复样本个体，另一方面要考虑测试数据的正常流失问题。③ 严格按照测验指导手册的要求，对标准化样本进行测试，获取测试数据。④ 对测试原始数据进行整理，初步分析测验数据的分布形态。⑤ 选择一种合适的原始分数转换形式，将测验分数转换成具有普遍参照作用的导出分数。

在测验常模的编制过程中，标准化样本的抽取是一个至关重要的环节，因为常模就是根据测试结果的分布形态建立的。在抽取标准化样本时，我们需要考虑以下因素：首先，在清晰界定总体的基础上，必须考虑样本的代表性，保证样本有足够广的覆盖面。一般来说，要考虑到样本的年龄、性别、地区、民族、受教育水平、职业等基本特征。因此，取样时不应使用随机抽样的方法，而应根据这些可能影响测试分数的被试基本特征，对测试对象总体进行分层取样。其次，在对总体进行分层取样时，在保证总样本容量足够大的同时，还需要保证每个层的样本容量足够大，而且每个层之间的人数分布比例是合理的，即与总体中各层人数的比例关系保持对应，这样才能保证建立的参照标准是比较稳定的。最后，由于教育改革、职业发展、信息交流等方面的影响，一般需要每隔一定时间对取样总体的基本特征中可能发生的变化进行分析，必要时应该重新取样，对常模进行修订。

二、常模资料的一般呈现方法

为了便于测验使用者理解和使用，常模资料的呈现一般有两种方法：一是转换表法，二是剖面图法。

转换表法是通过常模分数转换表的形式进行呈现的。常模分数转换表是最简单、最基本且最常用的常模资料呈现方式。它有三个要素：原始分数、导出分数、标准化样本的特征描述。几乎所有的标准化心理测验均提供这种形式的常模资料。常模分数转换表包括简单转换表和复杂转换表两种。简单转换表是将一个测验的原始分数转换成一种或多种常模分数表达形式。复杂转换表则包括多个分测验或多个标准化样本的原始分数与转换分数的对应关系。表 5–3 是一个典型的常模分数转换表。

剖面图法是将原始分数与转换分数的对应关系直接以图形的形式加以呈现，这种形式总是把分数转换与结果解释结合在一起。图 5–2 就是《中国修订韦氏成人智力量表》（1981 年版）常模分数的剖面图的呈现方式示例。在图中，两边是转换分数，中间是原始分数，测验使用者只要将被试在各分测验上的原始分数连接起来，与图上平均数（虚线）所处的位置进行比较，就可以直观地对其做出初步评价。

表 5-3 中国大学生（男）的《十六种人格因素问卷》常模（$n=256$）

因素	1	2	3	4	5	6	7	8	9	10	因素	$\overline{X}$	S
A	0—2	3—4	5—6	7—8	9—10	11—12	13—14	15	16—17	18—20	A	10.15	3.56
B	0—4	5	6	7	8	9	10	11	12	13	B	8.96	2.12
C	0—6	7—8	9—10	11—12	13—14	15—17	18—19	20	21—22	23—26	C	15.04	3.70
E	0—5	6—7	8—9	10—11	12—13	14—16	17—18	19—20	21—22	23—26	E	14.09	3.98
F	0—3	4—6	7—8	9—11	12—13	14—16	17—19	20—21	22—23	24—26	F	14.03	4.70
G	0—4	5—6	7—8	9—10	11—12	13—14	15—16	17	18—19	20	G	12.41	3.28
H	0—1	2—3	4—6	7—8	9—11	12—14	15—17	18—19	20—21	22—26	H	11.94	4.80
I	0—3	4	5—6	7—8	9—10	11—12	13—14	15	16—17	18—20	I	10.68	3.08
L	0—2	3	4—5	6—7	8—9	10—12	13	14—15	16—17	18—20	L	10.08	3.35
M	0—5	6—7	8	9—10	11—12	13—14	15	16—17	18	19—26	M	12.25	3.06
N	0—3	4	5	6—7	8—9	10—11	12	13	14	15—20	N	9.48	2.46
O	0—1	2	3	4—5	6—7	8—10	11—12	13—14	15—16	17—26	O	7.96	3.91
Q_1	0—5	6—7	8—9	10	11—12	13—14	15	16	17—18	19—20	Q_1	12.44	2.61
Q_2	0—5	6	7—8	9—10	11—12	13—15	16	17—18	19	20	Q_2	12.96	3.32
Q_3	0—4	5	6—7	8—9	10—11	12—13	14—15	16—17	18	19—20	Q_3	11.76	3.29
Q_4	0—2	3—4	5—6	7—8	9—10	11—13	14—15	16—17	18—19	20—26	Q_4	11.36	4.00

量表分数转换表

量表分数	原始分数											量表分数
	言语量表						操作量表					
	常识	背数	词汇	算术	理解	类同	填图	图片排列	积木	拼图	数字符号	
19	—	28	70	—	32		—	—	51	—	93	19
18	29	27	69	—	31	28	—	—		41	91—92	18
17	—	26	68	19	—	—	20	20	50	—	89—90	17
16	28	25	66—67	—	30	27	—	—	49	40	84—88	16
15	27	24	65	18	29	26	—	19	47—48	39	79—83	15
14	26	22—23	63—64	17	27—28	25	19	—	44—46	38	75—78	14
13	25	20—21	60—62	16	26	24	—	18	42—43	37	70—74	13
12	23—24	18—19	55—59	15	25	23	18	17	38—41	35—36	66—69	12
11	22	17	52—54	13—14	23—24	22	17	15—16	35—37	34	62—65	11
10	19—21	15—16	47—51	12	21—22	20—21	16	14	31—34	32—33	57—61	10
9	17—18	14	43—46	11	19—20	18—19	15	13	27—30	30—31	53—56	9
8	15—16	12—13	37—42	10	17—18	16—17	14	11—12	23—26	28—29	48—52	8
7	13—14	11	29—36	8—9	14—16	14—15	13	8—10	20—22	24—27	44—47	7
6	9—12	9—10	20—28	6—7	11—13	11—13	11—12	5—7	14—19	21—23	37—43	6
5	6—8	8	14—19	5	8—10	7—10	8—10	3—4	8—13	16—20	30—36	5
4	5	7	11—13	4	6—7	5—6	5—7	2	3—7	13—15	23—29	4
3	4	6	9—10	3	4—5	2—4	3—4	—	2	9—12	16—22	3
2	3	3—5	6—8	1—2	2—3	1	2	1	1	6—8	8—15	2
1	0—2	0—2	0—5	0	0—1	0	0—1	0	0	0—5	0—7	1

图 5-2 《中国修订韦氏成人智力量表》（1981 年版）结果记录表示例

三、被试测验结果报告的常用形式

被试经过测试后应该获得一个结果报告，标准化测验结果报告的形式一般有两种：一种是剖析图法，另一种是文字语言解释法。剖析图法经常配合常模分数转换表使用，使分数结果呈现更加直观且易于比较。剖析图法简洁明了，文字语言解释法则更加细致、全面、深入，更加人性化。作为最终的测验结果报告，剖析图应该结合详尽的文字语言解释，这样才能让被试获得更多、更完整的关于测验结果的信息。

图 5-3 是一个以《十六种人格因素问卷》(*Sixteen Personality Factor Questionnaire*, 16PF）为例的用剖析图法报告测验结果的例子。

因素	原始分	标准分	名称	标准分									
				1	2	3	4	5	6	7	8	9	10
A			乐群性	·	·	·	·	· A	·	·	·	·	·
B			聪慧性	·	·	·	·	· B	·	·	·	·	·
C			稳定性	·	·	·	·	· C	·	·	·	·	·
E			恃强性	·	·	·	·	· E	·	·	·	·	·
F			兴奋性	·	·	·	·	· F	·	·	·	·	·
G			有恒性	·	·	·	·	· G	·	·	·	·	·
H			敢为性	·	·	·	·	· H	·	·	·	·	·
I			敏感性	·	·	·	·	· I	·	·	·	·	·
L			怀疑性	·	·	·	·	· L	·	·	·	·	·
M			幻想性	·	·	·	·	· M	·	·	·	·	·
N			世故性	·	·	·	·	· N	·	·	·	·	·
O			忧虑性	·	·	·	·	· O	·	·	·	·	·
Q_1			实验性	·	·	·	·	· Q_1	·	·	·	·	·
Q_2			独立性	·	·	·	·	· Q_2	·	·	·	·	·
Q_3			自律性	·	·	·	·	· Q_3	·	·	·	·	·
Q_4			紧张性	·	·	·	·	· Q_4	·	·	·	·	·

图 5-3 《十六种人格因素问卷》结果报告剖面图

本章小结

常模参照测验的主要目的是甄别被试的心理特质发展水平差异，尽量把每个被试区分开来，从而比较精细地确定每个被试的心理特质发展水平在总体中的相对位置。为了区分并确定每个被试的心理特质发展水平在总体中的相对位置，我们需要精心编制一份心理测验，同时，还需要建构一个合理的关于该测验的心理特质发展水平参照系统，即常模。常模主要有两种：发展性常模与组内常模。常模资料的呈现方法主要有转换表法与剖面图法。

复习与思考

1. 什么是常模参照测验？常模参照测验主要有哪些编制原则？
2. 什么是标准化样本？选取标准化样本时需要注意些什么？
3. 什么是常模？常模有哪些种类？
4. 常模资料的主要呈现方法有哪些？

推荐阅读

1. 罗德，诺维克．心理测验分数的统计理论［M］．叶佩华，主译．福州：福建教育出版社，1992.

2. ANASTASI A, URBINA S. Psychological testing［M］. 7th ed. New Jersey: Prentice-Hall, 1997.

3. 张厚粲，龚耀先．心理测量学［M］．杭州：浙江教育出版社，2012.

第六章

标准参照测验的设计与编制

学习目标

- 为什么使用标准参照测验?
- 如何编制标准参照测验?
- 如何进行标准参照测验的题目分析?
- 如何控制标准参照测验的信度和效度?
- 标准参照测验的划界分数如何设置?

知识导图

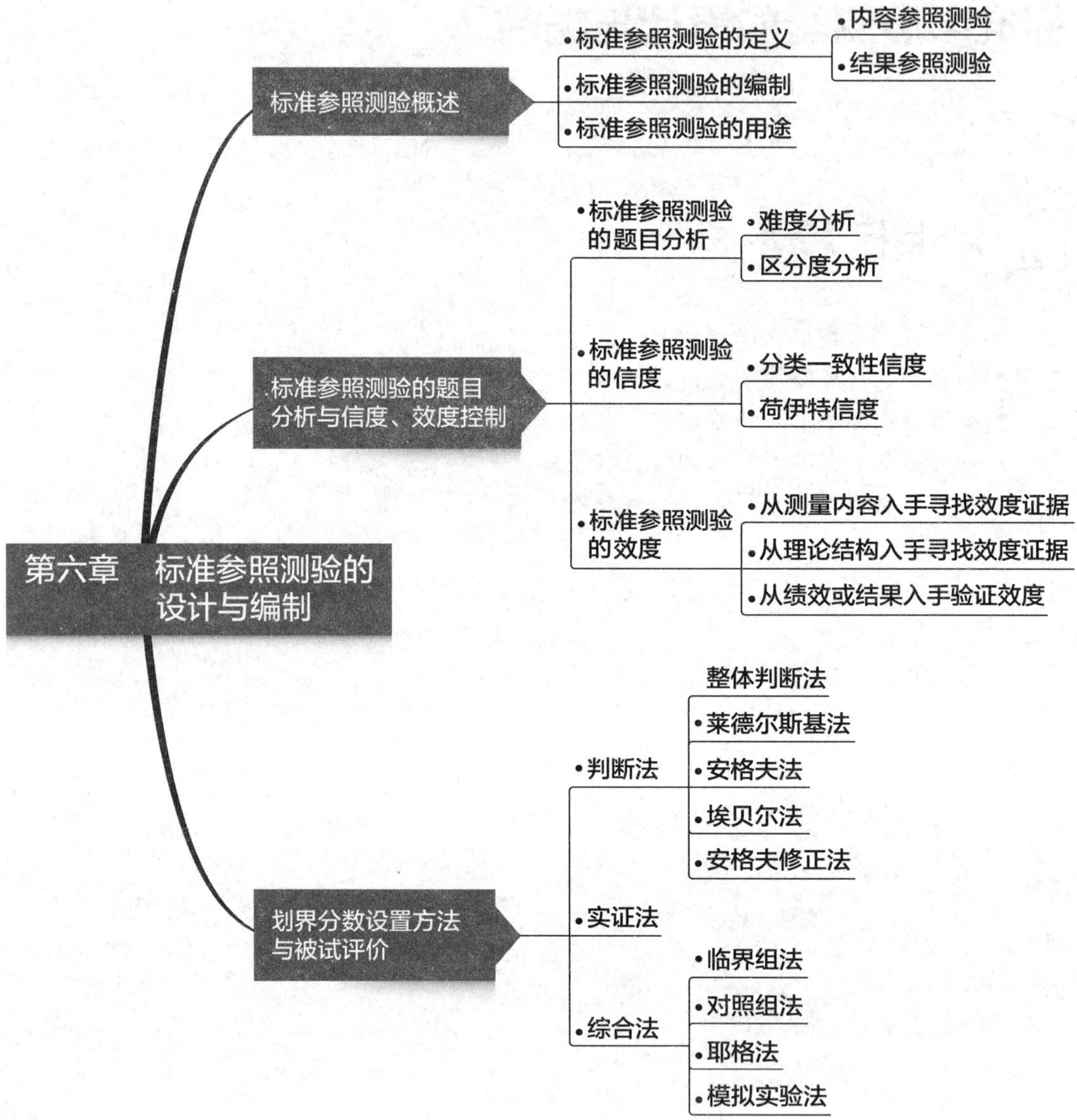
第六章 标准参照测验的设计与编制
标准参照测验概述
标准参照测验的定义
内容参照测验
结果参照测验
标准参照测验的编制
标准参照测验的用途
标准参照测验的题目分析与信度、效度控制
标准参照测验的题目分析
难度分析
区分度分析
标准参照测验的信度
分类一致性信度
荷伊特信度
标准参照测验的效度
从测量内容入手寻找效度证据
从理论结构入手寻找效度证据
从绩效或结果入手验证效度
划界分数设置方法与被试评价
判断法
整体判断法
莱德尔斯基法
安格夫法
埃贝尔法
安格夫修正法
实证法
综合法
临界组法
对照组法
耶格法
模拟实验法

“我通过考试了！”“我通过职业资格认证了！”“啊，我只差一分没过！”……在各种各样的考试、测验公布结果之后，我们经常听到上面几类声音。这些考试、测验可能包括某种外语水平考试、学科能力测验，也可能包括执业医师、教师等职业资格认证考试。心理测量学的一个重要目标是尽可能减少测量过程中的误差，因此我们需要做到“达标的可以通过，不达标的不通过”。但在测量实践中，也有可能出现“不达标的通过了”或者“达标的没通过”等情况。本节要讨论的标准参照测验正是围绕这些问题展开的。

第一节 标准参照测验概述

将个体参加常模参照测验获得的心理特质发展水平与常模的心理特质发展水平进行比较，结果反映了被试的心理特质发展水平在某一群体中所处的相对位置，也就是度量和比较了个体间的差异。但是，我们除了关心个体间的相对差异之外，有时还想知道被试掌握了哪些具体的知识或技能，常模参照测验就无法回答类似问题了。这时候，我们就要用到标准参照测验。

一、标准参照测验的定义

1962 年，格拉泽（R. Glaser）等人首先提出标准参照测验（又称目标参照测验）的概念，而后引起测量学家的极大关注。格拉泽认为，成就测验的分数可以提供两类信息：一类是某一学生的分数在分数分布上的相对位置；另一类是学生达到教学目标的程度。心理测量学学者从不同角度给出了标准参照测验的定义，其中，格拉泽 1971 年提出的界定被广为接受：**标准参照测验**（criterion-referenced test）是根据某一明确界定的内容范围而缜密编制的测验，并且，被试在测验中所得结果，也是根据某一明确界定的行为标准直接进行解释的”（戴海琦，张锋，陈雪枫，2007）。实际上，标准参照测验的发展与美国 20 世纪五六十年代的教育改革运动密切相关（郭庆科，2002）。人们提出了“为掌握而教学”“个别化教学”等主张，对传统的教育测量和评价方法提出了质疑。传统的教育测量和评价方法是竞争性的和相对性的，并不能说明学生到底掌握了多少知识、达到了什么水平，只能依靠名次的相对提高来判断学生是否取得了进步，这一评价体制可能不利于学生的成长。标准参照测验则关注学生的知识掌握情况及达到的水平。这种测验形式先是在教育领域逐渐推广，后又广泛应用到其他领域。

[考纲链接]“心理学专业基础考试大纲”：标准参照测验的意义与作用

对于格拉泽的定义，这里有几个方面需要解释。第一，标准参照测验的“标准”指的是编制测验、解释测验分数时所依据的知识和技能范围，而不是指划界分数。划界分数指的是区分合格不合格、达标不达标的分界线。第二，在发展过程中，标准参照测验有不同的名称，如内容参照测验、结果参照测验。下面将做简要介绍，以帮助读者了解它们的区别和联系。

（一）内容参照测验

当使用的标准是用内容材料定义的，侧重考查被试所掌握知识和技能的范围时，测验就被称为**内容参照测验**（domain-referenced test）。被试在内容参照测验上答对题目数占所有测验题目数的百分比被视为其对整个内容范围的掌握程度。以全国计算机等级考试（National Computer Rank Examination）笔试为例，该考试以计算机的基本知识和基本技能为参照，以 60 分为分数线，其目标是测量考生是否达到了某一级计算机应用水平，在合格的基础上确定学生是否达到优秀水平。在这样的测验中，59 分和 60 分有质的区别，一分之差决定了是否合格，但是 60 分和 79 分没有差异，尽管差了 19 分，但是同样属于及格（全国计算机等级考试的成绩有不及格、及格、良好、优秀四个等级，关于多个划界分数的问题，详见本章第三节）。总之，在这类测验中，被试会得到一个分数，最重要的不是这个分数有多高，而是及格与否，或者是否能够达到优秀水平。

（二）结果参照测验

如果已知测验分数和某个外部效标有关，则可用被试在效标上的表现直接解释测验分数，这种测验被称为**结果参照测验**（result-referenced test）。结果参照测验的目的在于预测，关心的是被试达到某种目标特质的可能性，即不同测验分数的被试在目标行为上的表现。

结果参照测验的解释示例（张厚粲，2005）如表 6-1 所示。表中，ACT 分数是指美国大学入学考试（American College Testing）成绩，GPA 是指平均学分绩点。第三、四、五列数字表示学生获得某种分数的概率。如，ACT 分数为 29 的学生，第一学年的平均 GPA 可能是 2.84，其中，GPA 大于等于 3.0 的概率是 34%，GPA 大于等于 2.0 的概率是 89%，GPA 低于 2.0 的概率是 11%。而 ACT 分数为 32 的学生，GPA 低于 2.0 的概率只有 1%。结果参照测验的最大优点是具有预测性，对于那些希望能够预测未来行为的测验来说，这种测验具有独特的意义。

表 6-1　ACT 分数对大学学年成绩的期望表

ACT 分数	GPA（平均）	大一获相应 GPA 的概率 /%		
		GPA ≥ 3.0	GPA ≥ 2.0	GPA<2.0
32	3.17	93	99	1
31	3.06	58	97	3
30	2.95	58	97	3
29	2.84	34	89	11

二、标准参照测验的编制

标准参照测验的编制过程与本书第一章提到的测验编制过程是基本一致的，但我们在编制标准参照测验的时候，还要考虑它与常模参照测验的不同之处。编制标准参照测验，首先要清晰地界定目标，也就是用陈述句准确说明教学内容、职业水平或预期的具体目标，给出严格的操作性定义。测验题目必须是所依据内容范围的一个代表性样本。在此基础上，被试在测验中的成绩便有理由被推论到测验所欲测的内容范围中，从而对被试在所测内容范围中的掌握水平做出评价。

然后，进行题目编制，由专家组考查测验题目－目标一致性、题目－领域代表性、题目难度与误差，以及题目的其他技术特征。在此基础上，对题目进行修改、删除或增加新题目，将保留下来的题目合成测验，并根据需要制作复本；采用合适的方法确定划界分数，区分被试掌握状态的标准；选取一个有代表性的样本接受试测，根据标准参照测验的要求进行题目分析，并确定测验的信度和效度；对不符合测验要求的题目再次修改、替换，生成最终的测验；将正式测验的各项测量学指标编入测验使用说明书。标准参照测验的编制过程，可用图 6-1 来表示。

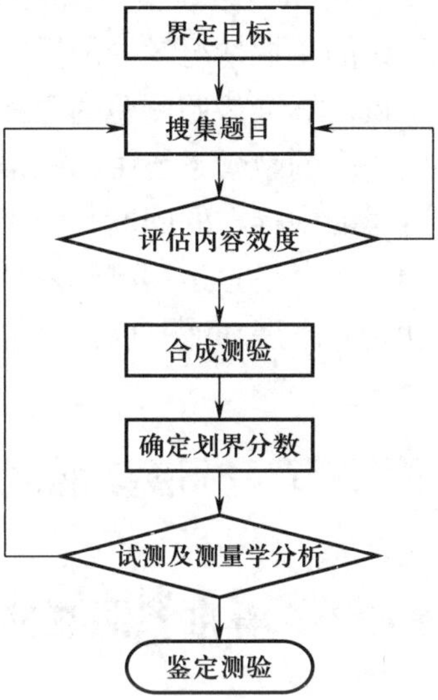

图 6-1　标准参照测验的编制过程

三、标准参照测验的用途

标准参照测验自诞生以来，满足了现代社会对测验的一些具体需求，发挥着相当重要的作用。各类教育水平测试、职业水平测试多采取标准参照测验的编制、施测、计分和解释模式。在内容上，这类测验往往有一个最低要求，达到最低要求的应试人员即通过了某种教育水平测试或达到了某种职业准入的条件。很多国家都在大力推行职业资格准入制度，例如，在我国，获得教师资格证书是从事教师职业的必备条件。2016 年，教师资格统一考试在全国铺开，考试分为笔试和面试两个环节。《中小学教师资格考试暂行办法》第十六条规定："国家确定笔试成绩合格线，省级教育行政部门确定面试成绩合格线。"其中，笔试成绩便是按照标准参照测验的规则进行计算的。

类似地，我国的律师行业也有相应的职业资格考试，即"国家统一法律职业资格考试"。自 2002 年 1 月 1 日起，我国开始推行国家统一司法考试制度。司法考试分为四张试卷，分别考查综合知识，刑事与行政法律制度，民商事法律制度，案例分析的内容。每张试卷分值为 150 分，总分为 600 分，以 360 分作为及格分数。

在国外，标准参照测验同样被用于职业技能的评定，如美国执业医师资格考试（The United States Medical Licensing Examination, USMLE）。考试合格者将获得美国国家医学联合会（Federation of State Medical Boards, FSMB）颁发的行医执照。

职业资格考试的结果决定着测试人员能否从事相关职业，所以参加者众多，社会关注度很高。标准参照测验的研究推动了误差控制技术的发展，成为受教育水平和职业资格考试等顺利实施的保障条件之一。

此外，标准参照测验还被广泛应用于教育教学实践。例如，教师为了考查学生对知识的掌握情况，一般需要自编随堂测验，而教师自编测验的信度、效度一直存在诸多争议，标准参照测验的方法体系恰恰能帮助教师提高随堂测验的质量。又如，在教师自定进度的教学系统中，标准参照测验可被用于考查学生的知识和技能掌握水平，及时发现学习中存在的问题，合理安排后续的教学程序。标准参照测验强调的是测验的诊断目的，或者说是运用测验发现那些应该解决的问题。标准参照测验有助于发挥考试的诊断功能和发展功能，因而对教育评价产生了深刻影响。

第二节　标准参照测验的题目分析与信度、效度控制

一、标准参照测验的题目分析

（一）测验题目的难度分析

［考纲链接］“心理学专业基础考试大纲”：标准参照测验的题目分析

常模参照测验的难度往往以通过率或得分率表示，大多数情况下，对于难度过低或过高的题目，应予修改或删除。但比起题目的难度，标准参照测验更重视题目的代表性。如果题目对要考查的内容有良好的代表性，则即使通过率很高或很低，也应该保留下来；如果题目对要考查的内容不具备很好的代表性，则即使通过率适中，也应修改或删除。所以，有些学者提出，标准参照测验的难度分析并不重要，重要的是考查题目对所测内容的代表性。如果确实需要难度指标，可以使用常模参照测验的计算方法。

（二）测验题目的区分度分析

标准参照测验的区分度分析是为编制测验服务的。标准参照测验区分度分析的方法主要有以下几种。

1. 前测－后测法

图 6–2 是标准参照测验的前测－后测法的流程示意图。

前测－后测法是指同一组被试，在其接受与测验目标有关的教学过程前后各施测一次，得到前测和后测的分数。这里，计算的一个前提是，被试在教学前未掌握规定内容，教学后掌握了教学内容。计算每道题目前后测的通过率之差，可得到每道题目的区分度，即

$$D=p_{\text{后测}}-p_{\text{前测}} \qquad \text{公式 6–1}$$

式中，D 也被称为教学敏感性指数。

除此之外，还可以将“个人获得指数”作为区分度指标。个人获得指数是指在前测

中错误回答某题而在后测中能够正确作答的被试人数比例。该指标介于 0 与 1 之间，其优点是可直接反映教学之后受益者的比例。个人获得指数没有考虑在前测中能够正确作答而在后测中回答错误的被试，所以此值不会出现负值。这一点与一般的区分度指标不同，这也是它的局限之处。

2．控制组法

使用前测 – 后测法时需注意分清前测 – 后测法的效果是教学发生的作用，还是练习发生的作用，有时这两种作用难以分清。为解决这一问题，可以设置控制组：其中一组接受教学，另一组不接受教学，考查二者的通过率之差，如图 6–3 所示。

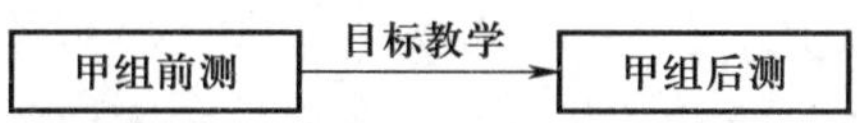

图 6–2　前测 – 后测法的流程示意

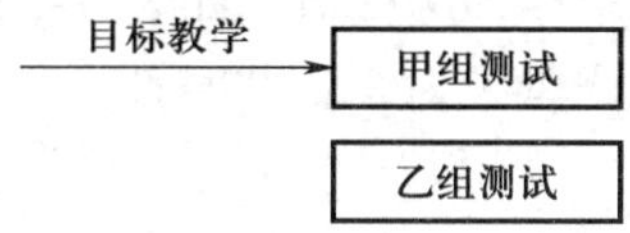

图 6–3　控制组法示意

计算公式在形式上与前测 – 后测法是一致的，即

$$D=p_{甲}-p_{乙}$$ 公式 6–2

3．对照组法

在实际测量中，可能在已接受有关教学的被试中尚存在个别未掌握者，在未接受有关教学的被试中却有个别掌握者，因此上面两种方法便会受到质疑。对照组法可以解决这个弊端，具体方法是：选择两组被试，一组被试被教师评定为掌握组，另一组被试被教师评定为未掌握组，然后求掌握组和未掌握组的通过率之差（如图 6–4 所示）。

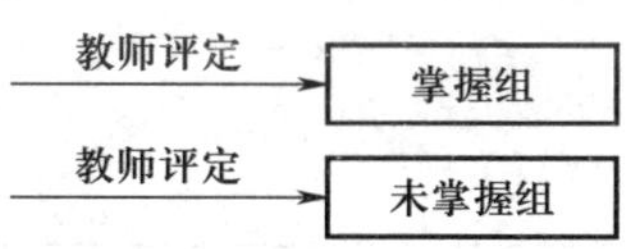

图 6–4　对照组法示意

除上述方法外，题目得分和总分之间的相关系数也常常作为题目区分度的指标，这一点与常模参照测验是一致的。

二、标准参照测验的信度

标准参照测验的目的一般不在于鉴别个体差异，而在于了解个体对所测内容的掌握水平，因而在大多数情况下，被试在标准参照测验上的分数分布比较集中。如果标准参照测验还像常模参照测验一样用相关系数表示信度，那么根据统计学知识，即使标准参照测验本身具有较高的一致性，计算出的信度也会很低。显然，相关系数不适合表示标准参照测验的信度。较为常见的标准参照测验的信度指标包括分类一致性信度和荷伊特信度。

[考纲链接]“心理学专业基础考试大纲”：标准参照测验的信度与效度

（一）分类一致性信度

标准参照测验一般将被试分为“掌握或未掌握”“通过或未通过”等，有学者就从分类决策一致性角度来定义标准参照测验的信度。比如，使用两个平行测验，考量它们将同样的被试划为“掌握”的比率是否相当，划为“未掌握”的比率是否相当。下面，我们具体介绍分类一致性信度的计算方法。

［微课］分类一致性信度

假如 A 和 B 是两个平行的标准参照测验，将同一批被试划分为掌握或未掌握两种情况如表 6–2 所示。表中，b 和 c 代表在两个测验中分类一致的人数，一致性比率记为 p_O，此时计算分类一致性信度的公式为

$$p_O = \frac{b+c}{N} \quad \text{公式 6–3}$$

其中，N 为被试总人数。

表 6–2　两个平行测验划分被试的情况

		平行测验 B		边际比率
		未掌握	掌握	
平行测验 A	掌握	a	b	p_A
	未掌握	c	d	q_A
边际比率		q_B	p_B	—

注：p_A、p_B、q_A、q_B 为边际比率。

假设有 200 名被试参加 A 和 B 两个平行的标准参照测验，有 130 人在两次测验中都被划分为掌握者，30 人在两次测验中都被划分为未掌握者，则分类一致性信度为

$$p_O = \frac{130+30}{200} = 0.80$$

有研究表明，p_O 会高估两个测验的一致性：当两个测验的一致性为零时，二者的机遇一致性可记为 p_E。p_E 不为零，而是等于 $p_A p_B + q_A q_B$。因此，两个测验真正的分类一致性应被定义为 K 系数，即

$$K = \frac{p_O - p_E}{1 - p_E} = \frac{p_O - p_A p_B - q_A q_B}{1 - p_A p_B - q_A q_B} \quad \text{公式 6–4}$$

根据相关研究（克罗克，阿尔吉纳，2004），有四种因素可能会影响分类一致性信度：测验长度，划界分数在分数分布上的位置，测验分数的概化能力，两个测验分数分布的相似性。想了解详情的读者可参考相关文献。

（二）荷伊特信度

荷伊特信度是指从经典测验理论的真分数模型出发，利用方差分析的方法找出个体水平的真正变异在总变异中的比例。荷伊特信度不会随测验划界分数变化而变化，不受测验目的或被试异质性的影响，既能用于常模参照测验的信度评估，也能用于标准参照测验的信度评估。

假设有 N 名被试参加一项有 K 个题目的测试，测验分数的总变异可分解为被试间变异 $SS_{人}$、题目间变异 $SS_{题}$和人与题目的交互作用 $SS_{人\times题}$三部分。荷伊特认为，被试方差可用被试间变异作为估计值，误差方差可用人和题目的交互作用作为估计值，并可用下式作为测验信度的估计值：

$$r_{XX}=1-\frac{MS_{人\times题}}{MS_{人}} \qquad \text{公式 6-5}$$

式中，$MS_{人}$是与被试间变异有关的均方，$MS_{人\times题}$是与人和题目的交互作用有关的均方。

例如，表 6-3 是 6 名被试（j=1，2，…，6）在 5 道题目（i=1，2，…，5）上的得分情况，试求荷伊特信度。

表 6-3　6 名被试（j）在 5 道题目（i）上的得分情况

j	i 1	2	3	4	5	$\sum X_i$	$(\sum X_i)^2$
1	3	5	6	7	5	26	676
2	2	6	7	9	6	30	900
3	1	3	4	2	5	15	225
4	7	6	5	8	9	35	1 225
5	8	5	6	7	9	35	1 225
6	3	5	4	6	7	25	625
						$\sum X_i$=166	$\sum(\sum X_i)^2$=4 876
$\sum X_j$	24	30	32	39	41		
$(\sum X_j)^2$	576	900	1 024	1 521	1 681		$\sum(\sum X_j)^2$=5 702
$\sum X_j^2$	136	156	178	283	297		$\sum(\sum X_j^2)$=1 050

$$SS_{人}=\frac{\sum(\sum X_i)^2}{i}-\frac{(\sum X_i)^2}{ji}=\frac{4\,876}{5}-\frac{(166)^2}{30}=56.67$$

$$SS_{人\times题}=\sum(\sum X_j^2)-\frac{\sum(\sum X_j)^2}{j}-\frac{\sum(\sum X_i)^2}{i}+\frac{(\sum X_i)^2}{ji}$$

$$=1050-\frac{5702}{6}-\frac{4\,876}{5}+\frac{(166)^2}{30}=43$$

$$MS_{人}=\frac{56.67}{6-1}=11.33$$

$$MS_{人\times题}=\frac{43}{(6-1)\times(5-1)}=2.15$$

$$r_{XX}=1-\frac{MS_{人\times题}}{MS_{人}}=1-\frac{2.15}{11.33}=0.81$$

三、标准参照测验的效度

鉴于标准参照测验的效度研究还不够成熟，自身的特色也不够突出，所以目前主要沿用常模参照测验中有关效度的理论体系：一是从测量内容入手寻找效度证据，二是从某种理论结构入手寻找效度证据，三是从绩效或结果入手验证效度。但是，标准参照测验赋予三种证据不同的地位，由于该测验的特殊性质，因此对测量内容的验证自然成了重心。从相关研究来看，结构效度研究是薄弱环节，不过随着验证性因素分析的兴起，情况可能会发生改变。

（一）从测量内容入手寻找效度证据

标准参照测验要求题目与测验目标保持一致，准确测量要测的内容，而且题目应是某一内容范围的代表性取样。从测量内容入手寻找效度证据，可以借助专家判断的方法，也可以通过经验、统计等方法进行分析。使用双向细目表能较好地提高标准参照测验编制的计划性，能对知识种类、题目比例等进行精确描述，从而确保标准参照测验的内容效度保持在较高水平。

（二）从理论结构入手寻找效度证据

从理论结构入手寻找效度证据有几种方法，常见的有聚合效度法、区分效度法和因素分析法，其中，因素分析法最为常用。因素分析法包括探索性因素分析和验证性因素分析。**探索性因素分析**（exploratory factor analysis, EFA）是指通过研究众多变量之间的内部依赖关系，探求观测数据中的基本结构，并且用少数几个潜在变量来表示基本的数据结构。探索性因素分析的基本步骤是收集数据—探索性分析—形成假设。我们会在尚不清楚观测数据的基本结构的情况下使用探索性因素分析。对于标准参照测验而言，更多的是考查测验分数是否与预定知识结构一致，显然，验证性因素分析更符合这一要求。**验证性因素分析**（confirmatory factor analysis, CFA）是根据一定的理论对潜在变量与观测变量间的关系做出合理的假设，并对这种假设进行统计检验的现代统计方法，其基本步骤与探索性因素分析不同，即形成假设—收集数据—验证性分析（侯杰泰，温忠麟，成子娟，2004）。

（三）从绩效或结果入手验证效度

常模参照测验一般用测验与效标之间的相关系数作为从绩效或结果入手验证效度的指标，但相关系数受分数分布的影响，不适用于标准参照测验。下面介绍一种标准参照测验通过绩效或结果来验证效度的评估方法（安娜斯塔西，厄比纳，2001）。

如图 6-5 所示，假设对 100 名应聘人员施测某个标准参照测验，在两个月后记录他们的工作业绩。方格中的数为出现相应分数对的频数。三角形上顶点所指的位置是测验的划界分数（用粗线标示），左边有 55 人，右边有 45 人；菱形的左顶点所指的位置是工作是否成功的标准（用粗线标示），上边有 60 人，下边有 40 人，意味着不使用测验而全部录取被试（录取比例为 100%）的成功比例为 60%，我们称其为基础率。事实上，如果录取测验分数右边的 45 人（录取比例为 0.45），则有 7 人属于“错误接受”，但工作成功的百分比为 84%，高于基础率。这种成功比例的提高可归因于测验的使用，即**增益效度**（incremental validity）。一般而言，“有效接受”和“有效拒绝”的比例越高，说明测验的预测能力越强，两个比例相加所得结果称为**决策效度**（decision validity）。但是，根据实际情况，有时还要考虑“错误拒绝”和“错误接受”的比例。例如，在招收飞行员时，如果提高划界分数，那么可能会降低“错误接受”的比例，从而规避重大损失的风险。这里涉及如何确定划界分数或合格分数的问题，我们将在下节围绕这一问题展开详细讨论。

图 6-5　测验分数与工作成绩的关系

第三节　划界分数设置方法与被试评价

标准参照测验是评价被试对特定知识的掌握水平或达标程度，要判断被试是“掌握”还是“未掌握”，或者是“达标”还是“未达标”，划界分数的设置至关重要。

[考纲链接]“心理学专业基础考试大纲”：标准参照测验的分数解释

一般而言，设置划界分数或划界点的方法主要有：专家根据测验整体内容进行评估或对题目逐个做出判断，即判断法；根据被试的应试表现（实证）设置，即实证法；还可以把这两种方法结合起来，即综合法。本节将重点讨论设置划界分数的方法及其细节。

一、判断法

（一）整体判断法

整体判断法是指请专家进行判断，他们可能是学科专家或者是教学能手。每位专家从整体上对测验和内容范围进行判断，提出达到最低能力水平标准的被试能够正确回答的题目数量，然后将这些数量加和求平均值，该平均值即划界分数。这种方法比较容易实现，因而被广泛应用。但是，由于不同的专家看问题的角度、对测验的熟悉程度存在差异，他们可能给出不同的划界分数。所以有些学者提出，可让专家对题目进行逐一判断，即采用莱德尔斯基法设置划界分数。使用整体判断法时，测验编制者应详细提供专家的人数、资格、选拔标准，给专家的指导语等，以供重复研究或研究推广之用。

（二）莱德尔斯基法

这一方法由莱德尔斯基（L. Nedelsky）于 1954 年提出，适用于由多项选择题组成的测验。第一步，由每位专家针对每道题目判断临界水平的考生能够排除的选项数；第二步，记录剩余选项数的倒数，如一道有四个备选答案的题目，排除两个选项后，记录的倒数应是 1/2；第三步，将此份测验中所有题目的剩余选项数的倒数的和记为 A 值，作为该专家确定的临界水平考生的可能分数；第四步，对所有专家的 A 值进行平均，得到 μ_A，即为最低通过分数。莱德尔斯基提出这种方法之初，曾建议将测验的通过分数设为 $\mu_A+k\sigma_A$，其中，k 值可以任意选择，在 0.5 与 1.0 之间，但这种校正方法并不受欢迎，使用这种技术的人还是倾向于直接使用 μ_A（克罗克，阿尔吉纳，2004）。

（三）安格夫法

此法由安格夫（W. H. Angoff）于 1971 年提出。这一方法是让一些专家估计处于临界水平的被试在每一道题上的答对概率，求出每一道题目的平均答对概率（记为 P_i），乘以各题的满分（记为 F_i）后求和，即为划界分数（记为 λ）。

下面，我们通过一个包括 5 道题目的假设测验来了解安格夫法的计算过程，见表 6–4。在这个测验中，62.55 分以上的考生被评定为掌握者，反之为非掌握者。

表 6–4　安格夫法计算过程

题号	题目满分（F_i）	平均答对概率（P_i）	F_iP_i
1	8	0.8	6.4
2	10	0.65	6.5
3	22	0.7	15.4
4	25	0.6	15
5	35	0.55	19.25
	$\sum F_i=100$		$\lambda=\sum F_iP_i=62.55$

安格夫法中的 P_i 可在 0 与 1 之间任意取值，莱德尔斯基法中的 P_i 则受到选择题选项个数的限制，如五选一的选择题，P_i 只可能为 0.2，0.25，0.33，0.5 和 1.0。因为安格夫法不受题型限制，所以在实际运用中更受欢迎。

人们也曾试图对安格夫法进行限制。比如，一种限制是，让专家仅从 7 种特定的概率（5%、20%、40%、60%、75%、90%、95%）中做出选择；另一种限制是，让专家对临界水平被试在每道题上的正确反应概率进行判断时，对能正确回答者用“1”表示，对不能正确回答者用“–1”表示，对无法确定者用“0”表示。这两种限制实际上都是对安格夫法的简化，但可能不够精确。

（四）埃贝尔法

1972 年，埃贝尔提出一个比安格夫法复杂的方法。首先，请评判者把题目难度分为若干等级（表 6–5 分为“困难”“一般”“容易”三个等级）；然后，依据题目代表性程度将题目分成若干等级（表 6–5 分成“必要的”“重要的”“可用的”“有问题的”四个等级）；最后，由专家估计临界水平被试答对某一代表性程度、某一难度题目的百分比。在表 6–5 中，如必要的、困难等级，临界水平被试答对百分比为 12%，包含 6 道题目。假设表中题目均为 1、0 计分，p 代表每格中划界水平被试正确回答题目的百分比，n 代表该格中的题目数，则某个评估者给出的划界分数 X_r 的计算方法是：

$X_r=\sum pn=12\% \times 6+48\% \times 26+94\% \times 20+22\% \times 10+35\% \times 22+55\% \times 36+11\% \times 14+19\% \times 10+43\% \times 20+3\% \times 10+0\% \times 20+20\% \times 6=75.24$

表 6–5 埃贝尔法示例

题目的代表性程度	题目难度		
	困难	一般	容易
必要的	12% （6）	48% （26）	94% （20）
重要的	22% （10）	35% （22）	55% （36）
可用的	11% （14）	19% （10）	43% （20）
有问题的	3% （10）	0% （20）	20% （6）

如果有多个评估者，则划界分数为所有评估者的 X_r 的平均值。

（五）安格夫修正法

麦克莱恩和哈尔平（MacLean & Halpin，1984）提出了安格夫修正法。这种方法划分了与埃贝尔法不同的两个维度：一个维度为被试完成题目所需要的能力（如记忆和理解等）；另一个维度是每题的测量目标（如词汇、语法和阅读理解等）。安格夫修正法计算划界分数的过程与埃贝尔法相同。

综上，埃贝尔法和安格夫修正法可以较好地控制测验结构，减少信息的损失，从而弥补统计上的欠缺。另外，判断法会受到主观因素的影响，所以使用该方法时，必须让具有测量知识储备、熟悉临界水平被试的相关专家担任评估者，以减弱主观因素的影响。

二、实证法

如果不依赖专家的主观判断，那么我们可以使用已有的实证资料来确定划界分数。也有人采取低于目标总体平均水平一个标准差的方法设置划界分数。布洛克（Block，1972）提出一种“教育效果法”，试图建立测验分数与学习效果的函数关系。他认为，存在一条S形学习曲线，划界分数在曲线的拐点周围，但这种函数关系需要纵向研究才能确定，而且很难确定效果。还有人提出，当通过率与达标比率一致时，可以用通过率来确定及格线（郭庆科，2002）。

另外，还有一种较新的客观化标准设定方法（汪存友，余嘉元，2010）——**聚类分析法**（cluster analysis method）。聚类分析法根据对象自身的特征分布，采用一定的统计方法把对象划分成不同的类，使每一类内部的个体尽可能相似，使不同类间的个体尽可能异质，是一种基于客观的实际测验数据，采用数理统计手段确定划界分数的方法。这种方法的优点在于它回避了对专家主观判断的完全依赖，但存在着将数据强制分类的局限性。

综上，实证法旨在基于测验数据本身，利用统计学的方法设置划界分数，从而减少主观判断带来的弊端，但这种方法可能受到抽样误差的影响。

三、综合法

在确定划界分数时，如果既考虑判断，又考虑实际测试数据，那么这种方法被称为综合法。

（一）临界组法

1982 年，利文斯顿等人（Livingston & Zieky）提出，由专家判断并选择一组正处于临界水平的被试，将测验施测于该组被试，计算他们的平均成绩，以确定测验的内容范围所要求的临界水平。此法的困难之处在于，要选出一定数目的临界水平被试，必须先随机选取大量被试作为候选，而且被试是否处于临界水平很难找到客观统一的标准，这让该方法在实际应用中受到一定的限制。

（二）对照组法

莱德尔斯基于 1954 年提出的对照组法包含以下几个步骤：① 选择熟悉被试的专家；② 让专家判断一组被试为掌握组，另一组被试为未掌握组，不太容易判断的被试一概被剔除；③ 对两组被试进行施测；④ 在同一坐标系上画出两个被试组的分数分布（如图 6-6 所示）；⑤ 将两个组的交叉点设置为划界分数。

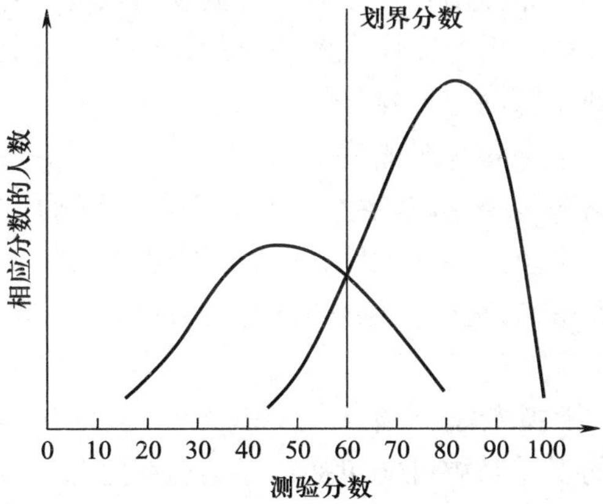

图 6-6 两组被试的分数分布

此法所标定的划界分数在很大程度上会受到所选被试的影响，因此更合适的做法是选取多对对照组，取交叉点分数的平均值作为划界分数。判定被试为掌握组或未掌握组，比判定其是否处于临界水平要容易，因而对照组法应用更广。

（三）耶格法

耶格于1982年提出了综合整体判断、单个题目判断和实证数据三种方法的程序。他选择的专家包括中学教师、学校校长与学校辅导员、当地居民共三组成员（克罗克，阿尔吉纳，2004），然后按照下列步骤确定划界分数：

① 每位专家先完成这份测验。

② 每位专家对问题“当地每个要毕业的中学生都能正确回答这道题吗？”做出“是”或“否”的回答。选“是”计1分，选“否”计0分。

③ 确定每组专家所建议的划界分数分布，计算每组专家中各题目的“是”和“否”的答案数目。如一种分数分布的情况是，假设中学教师组有10人，可能有5人认为划界分数是61分，3人认为是58分，2人认为是57分。中学教师组可能在第21题上回答8个“是”和2个“否”。

④ 告诉每位专家一组8年级的学生（比毕业生9年级低一个年级）在某测验题目上的通过率和组内其他专家对某测验题目的评定。

⑤ 允许专家根据上面的信息修改他们最初的评定。

⑥ 每组专家建议的划界分数的中数作为该组设置的标准。

在步骤②中，耶格认为这种设问方法避开了对最低能力水平的定义。耶格法是一种更“综合”的方法，但在审查测验题目时，教师组和居民组评定的临界水平有很大的差别。

（四）模拟实验法

模拟实验法是利用**蒙特卡罗法**（Moute Carlo method）模拟对及格线设定进行研究的方法（汪存友，余嘉元，2009）。该方法将专家的主观判断视为概率事件，对专家判断过程中的各种误差的概率分布做出合理假设，依据项目反应理论模型模拟得到专家的主观判断，然后采用重复抽样获得专家设定及格线的误差分布，据此衡量及格线的修复能力。模拟实验法按照下列步骤确定划界分数：

1．确定真及格线，计算真答对概率

设定及格线时，专家对边缘组考生的试题表现的判断通常是个概率值，而在项目反应理论中，考生答对试题的概率可以用一条单调递增函数来描述。真及格线和真答对概率是模拟专家主观判断的基础，也是评价及格线设定方法对真及格线修复能力的基准。

2．假设误差模型，模拟专家判断

影响专家主观判断的误差来源可能包括：界定边缘组考生能力误差、判断边缘组考生答对概率误差等。一旦确定误差来源和概率模型，就可以在真及格线和真答对概率的基础上，根据概率模型抽样，模拟得到专家判断的答对概率 p'。

3．重复随机抽样，计算修复能力

模拟得到专家判断的答对概率后，便可以计算专家设定的及格线 C'。对于每次抽样，计算专家设定的及格线与真及格线间的误差。重复抽样多次，则可得到误差的分布。统计该分布的参数，如平均值和标准差，即可衡量该方法对真及格线的修复能力。

4．进行实验设计，分析实验结果

在及格线设定研究中，通常需在不同的实验条件下考查或比较及格线设定方法的修复能力，这就需要进行实验设计。在得到每种实验条件下的修复能力后，研究者可以进行方差分析、回归分析、概化理论分析等，以便更加深入地认识不同的实验条件或水平对及格线设定的影响，从而更好地指导实践。

模拟实验法可以直接模拟真及格线和专家的主观判断数据，验证或比较及格线设定方法的有效性，因此在及格线设定依据中具有较高的应用价值。

无论是判断法还是综合法，专家都扮演了举足轻重的角色。如何尽可能确保专家估计的客观性，一直是一项重要的课题。一般应采取多位专家评定的方法，综合多位专家的结果，提高划界分数的信度和效度。事实上，项目反应理论和概化理论都从各自的角度对此问题进行了探索，感兴趣的读者可以从本书第十四章或相关著作中找到答案。

本章小结

标准参照测验是根据某一明确界定的内容范围而精心编制的测验。被试在测验中所得的结果，也是根据某一明确界定的行为标准直接进行解释的。标准参照测验的编制要经过界定目标、搜集题目、评估内容效度、合成测验、确定划界分数、试测及测量学分析、鉴定测验等步骤。标准参照测验有助于发挥考试的诊断功能和发展功能，因而对教育评价、职业资格认证等产生了深刻影响。标准参照测验的信度包括分类一致性信度、荷伊特信度等；效度可从内容、结构和结果三个方面寻找证据。目前可以通过判断法、实证法和综合法等途径得到质量较高的划界分数。根据划界分数做出的解释可以是常模参照的，也可以是标准参照的。

复习与思考

1. 简述标准参照测验的编制过程。
2. 标准参照测验的区分度分析有几种情况？它们之间有什么关系？
3. 什么是分类一致性信度？如何计算分类一致性信度？
4. 举例说明标准参照测验中几种划界分数的设置方法。

5. 试比较标准参照测验与常模参照测验的效度分析。

推荐阅读

黄锐．标准参照测验语言测试研究［M］．厦门：厦门大学出版社，2012.

第七章

测验等值

学习目标

- 什么是测验等值？
- 测验等值的实质是什么？
- 测验等值包括哪些步骤？
- 有哪些测验等值设计？
- 测验等值的计算方法是什么？

知识导图

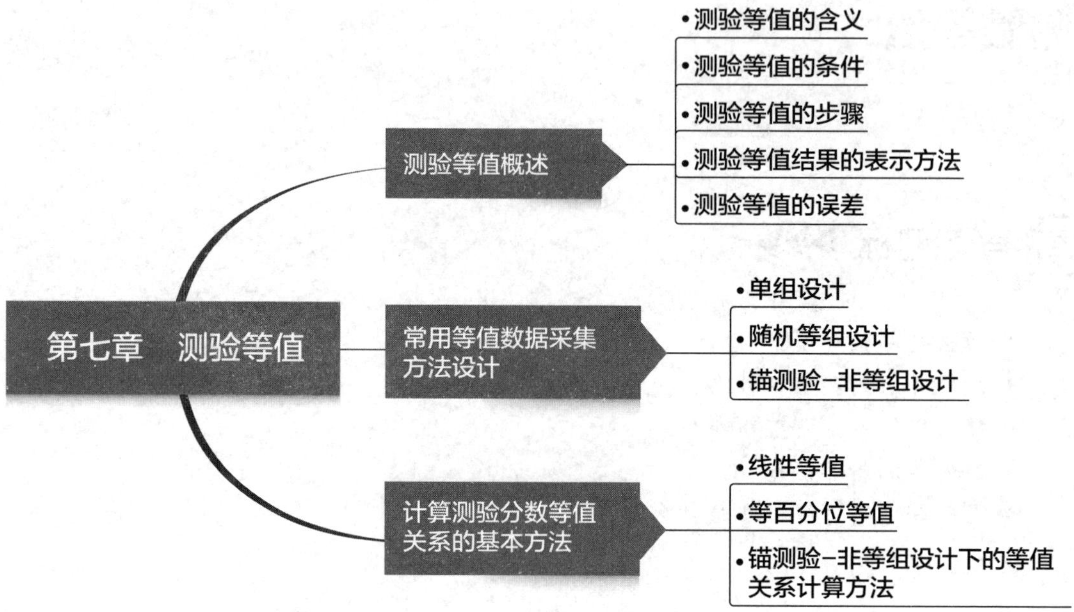
第七章　测验等值
测验等值概述
测验等值的含义
测验等值的条件
测验等值的步骤
测验等值结果的表示方法
测验等值的误差
常用等值数据采集方法设计
单组设计
随机等组设计
锚测验-非等组设计
计算测验分数等值关系的基本方法
线性等值
等百分位等值
锚测验-非等组设计下的等值关系计算方法

在 A 市的中考中，甲生的数学考试成绩为 90 分，在 B 市的中考中，乙生的数学考试成绩为 90 分，这两位考生的成绩是否相等？

2019 年汉语水平考试在某国首都进行，合格线为 170 分，而 2018 年该考试的合格线为 180 分，为何会出现这种情况？应如何向考生解释？

第一节 测验等值概述

本节侧重于理解与应用，主要内容涉及测验等值的含义、条件、步骤，结果的表示方法，误差控制等。

一、测验等值的含义

在物理量测量和现实生活中，对具有不同单位的数据进行比较是很常见的。比如，米与英尺、摄氏温标与华氏温标、人民币与欧元，等等。我们知道，如果要对这些具有不同单位的数据进行比较，首先就要对其进行单位转换，让它们具有相同的单位后进行比较，如把英尺转换为米，把华氏温标转换为摄氏温标，把欧元转换为人民币等。经过转换，数据的原有数值表现为新值，但这仅为表现形式的变化，其客观“价值”或“真实值”并未改变。或者说，在某一单位系统中表现为特定值的事物，在另一单位系统中“等价”地表现成另一特定值了。正因为如此，原处在各自不同单位系统中呈现不同表现形式从而无法比较的事物，现在转换到同一单位系统上就可以直接比较了。

在实践中，我们经常遇到一个测验配备多种不同测验形式的情况。特别是那些测量结果会受到针对性训练影响的测验，在施测之前必须严格保密，施测之后就不能再使用，因此一定要配备测验复本。测验复本可以保证测验的公平性，避免之后参加测验的被试提前获知测验内容。对于同一测验的多种不同测验形式，测验编制者显然希望被试在这些测验中的测量结果应该是“相等”的，是可以相互比较的。为了达到这一目标，测验编制者做出了许多努力，但不同形式测验所得结果的差异依然存在。这种结果给统一的评价带来了困难。

校正这种差异的方法就是找到不同测验形式之间测验分数的转换关系，把所有不同测验形式上的分数都转换到同一个分数量尺上，这样就可以达到统一评价的目的。心理测量学将为达到此目的而发展起来的专门技术称为**测验等值**（test equating）。在我国，测验等值的研究与应用已在高考、全国硕士研究生招生考试中有成功先例。从本质上来说，测验等值就是通过对考核同一种心理特质的多种测验形式进行测量分数系统的转换，进而使得来自不同测验形式的测验分数具有可比性。

心理测验等值比物质度量衡的转换要复杂得多，其根本原因在于所测对象的复杂性和差异性。心理测验测量的是人的心理特质，是看不到摸不着的，结构非常复杂。在物理测量中，不同单位系统的转换关系可以一次完成，而对心理测量来说，这种单位系统间的转换会经常进行，因为心理发展是一个动态过程。

通过同一测验不同复本得到的分数，特别是不同测验在同一科目上得到的分数，要进行比较，就应进行等值转换。比如，某市要对三年里高考语文成绩进行比较，就应该进行等值转换。否则，按统一标准认定资格，公平合理地进行选拔，发现被试整体发展水平的连续变化趋势等，都是不可能实现的。所以，测验等值的作用主要体现在合理使用分数上。

二、测验等值的条件

测验等值就是求取不同测验形式的测验分数或题目参数之间的单位系统转换关系。但是，并非任意两种测验之间都能进行单位系统的转换，测验等值必须满足一定的要求与条件，主要是：

① 同质性。被等值的不同形式的测验测量的必须是同一种心理特质，测验的内容与范围也应该基本相同。不是测同一种心理特质的测验，不能被等值。正如若干厘米不能等值转换为若干克一样，语文测验成绩也不能等值转换为数学测验成绩，因为所测查的对象不具有同质性。

② 等信度。被等值的不同形式的测验必须有相等的测验信度，不能指望一个低信度的测验通过与一个高信度的测验等值而提高自身的信度。信度不等的测验由于测量误差不同，因此不能进行等值转换。

③ 公平性。被试参加被等值的不同形式的任何一个测验，等值后的结果都是一样的，不能出现同一个被试参加不同形式的测验，等值后的结果有高有低的现象。

④ 可递推性。如果测验 X 与测验 Y 之间有等值转换关系 $Y=AX+B$，而测验 Z 与测验 X 之间有等值转换关系 $X=A'Z+B'$，那么一定有测验 Z 与测验 Y 之间的关系存在，即 $Y=AX+B=A(A'Z+B')+B$。这种递推关系还可以推至更多的已等值的测验。

⑤ 对称性。如果两个待等值的测验形式 X 与 Y 之间的等值转换关系已求得，无论等值转换从哪个测验出发，所获得的等值对应关系是相同的，即从测验 X 转换到测验 Y 的关系 $Y=AX+B$ 就等于从 Y 转换到 X 的逆关系 $X=\dfrac{Y-B}{A}$。

⑥ 样本不变性。测验 X 和测验 Y 的等值关系是由 X 与 Y 本身的内在性质决定的，与求取等值关系时所用样本、收集资料的具体办法和施测的具体情境无关。这就好比华氏温标与摄氏温标间的转换关系 $F=1.8C+32$，是不依赖求取时所使用的是气体还是液体这一具体条件的。

在测验等值处理中，如果测验能完全符合上述六个条件，则等值的结果将令人满意。但在实际研究中，同时满足这些条件是比较困难的。尤其是测验等值转换关系的对称性和样本不变性，是经典测验理论的等值方法不容易满足的条件（Lord，1977，1980）。但是个别条件得不到满足，并不意味着能完全否定等值的结果。例如，当测验不满足等信度时，在有些研究测验等值技术的文献中会提供一些补救的方法。

三、测验等值的步骤

两测验之间的等值关系在大多数情况下是隐性的，必须依据等值条件去寻找，并用某种形式让其显现出来。测验等值的步骤包括：

① 确定等值目标。即确定两个待等值的测验 X 与测验 Y。

② 进行等值设计。选择一种数据采集的方法，采集那些能反映不同形式的测验在统计上的差异的数据。

③ 按照设计方案施测测验进行数据采集。

④ 选择一个或多个等值的操作性定义，如是线性等值还是等百分位等值，以确定进行等值的测验之间存在什么关系。这种关系应是客观的，符合实际的，是可以用具体统计方法求取的。

⑤ 选择一种或多种统计估计方法。对于一种确定的等值关系，会有多种具体的估计方法，所以要做出选择。

⑥ 评价等值结果。等值完成之后，必须对等值结果进行评价。评价可以从测验编制、施测、统计方法和依据的等值条件等方面进行。评价等值结果的目的是论证等值关系的可靠性和准确性。

测验等值的过程一般依据以上六步完成，有时个别步骤的顺序可能会有所调整，但总体上不会有很大变化。

四、测验等值结果的表示方法

测验等值结果是两个不同形式的测验分数或项目参数之间的转换关系。它的表示方法有三种。

第一种是列表法。列表法就是将两测验形式对应相等的分数排列成表，如例 7–2 中的等百分位等值对应表。列表法简单明了，查找方便，是应用最普遍的等值结果表示方法。

第二种是公式法。公式法用于一些可由公式直接计算而获得等值结果的情况。常见的等值结果公式形式为 $Y=AX+B$，其中 A 与 B 为等值常数。式中，X 与 Y 是处于平等地位的。用公式表示等值结果简明、方便，等值关系清晰，但并不是所有的等值结果都能用公式表示，而且公式法对于具体分数的配对还需进一步计算。

第三种是图示法。如图 7–1 所示，应用此图可以查找任一对等值的 X 与 Y。等值分数的图示法生动形象地揭示了两测验分数间的等值转换关系，不受等值计算方法的限制。但是，由于图示法表示的对应关系精确度有限，因此多用于对等值关系进行整体分析。

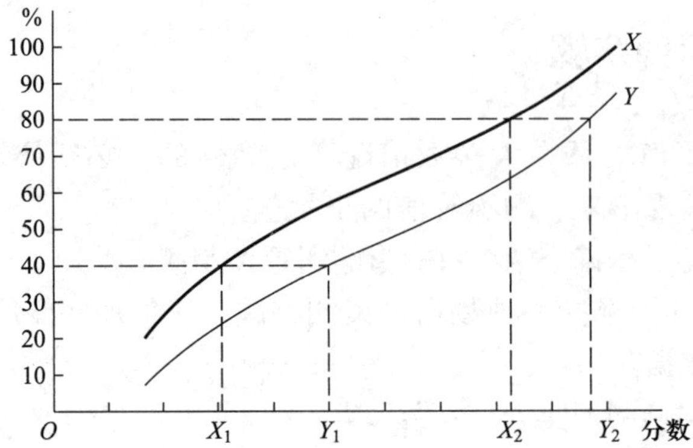

图 7-1　等百分位等值

五、测验等值的误差

等值完成后必须对等值结果进行评价。评价的内容是多方面的，评价的目标是所估等值关系的可靠性与准确性。评价等值关系可靠性与准确性的指标是等值关系中所含等值误差的大小。等值误差有两类：随机等值误差和系统等值误差。

随机等值误差出现的原因是等值数据采集自被试的随机样本，样本的均数、方差、百分等级等都被用来估计等值关系，这样得到的等值结果不可避免地会受到抽样误差的影响，从而造成等值过程中的随机误差。衡量随机等值误差的指标称为等值标准误差。在应用样本数据估计测验形式 X 与 Y 的等值关系时，如果反复抽取相等容量的样本，就可以求得许多个 X 与 Y 的等值关系。由于抽样误差的存在，对于 X 的一个固定值 X_0，会有若干个不等的 Y_0 与之对应，这若干个 Y_0 的标准差就是对应于 $X=X_0$ 的等值标准误差，因此，等值标准误差的大小是会随着被等值的具体分数不同而变化的。但是从总趋势来看，随机等值误差的大小会随着样本容量的增大而减小。

系统等值误差产生的原因比随机等值误差产生的原因要复杂得多。在等值设计和等值关系估计过程中，必须做出若干假设，或者说必须具备若干等值条件。如果这些假设或者条件不能得到充分满足，就会产生系统误差。比如，在随机等组设计中，一个重要的假设就是两个被试组具有相同的能力分布，如果此假设不成立，两组被试能力分布有差异，那么被试能力的差异会包含在所估计的测验等值关系中，从而形成系统误差。

等值的系统误差与随机误差不同，系统误差难以量化、难以发现，系统误差的大小不随样本容量的增大而减小。因此，测验等值中对系统误差的研究和控制比对随机误差的研究和控制要困难得多。等值误差研究是等值研究中一项不可缺少的工作。等值误差的控制是等值研究的一项重要目标。如果不能有效控制等值误差，那么有时所求得的等值结果，其附加的误差比不做等值转换时的误差还要大。

第二节　常用等值数据采集方法设计

测验编制完成之后的一项重要工作就是设计采集等值数据的方法，通常称为等值设计。本节主要介绍了常用的三种等值数据采集设计：单组设计、随机等组设计、锚测验 - 非等组设计。

三种设计方法见表 7-1，表中，X 与 Y 表示测量同一心理特质而形式不同的两个测验，V 表示锚题。

表 7-1　等值数据采集设计方法

设计方法	样本	测验		
		X	V	Y
单组设计	p	√		√
随机等组设计	p_1	√		
	p_2			√
锚测验 - 非等组设计	p_1	√	√	
	p_2		√	√

一、单组设计

单组设计是指把拟进行等值的两个或多个测验同时向同一被试组施测，然后借助同一被试组把拟进行等值的测验联系起来。这时两组或多组测验分数的差异主要是由于两个或多个测验的难度不同而引起的，因此从理论上来说，这种等值设计既简单又无抽样误差。但实际上由于顺序效应（练习效应、疲劳及厌倦）等因素的影响，等值结果会产生误差。

为了消除顺序效应，有学者提出了单组设计的变式——平衡组设计：将同一个被试群体随机分成两个被试组，其中一个组先施测测验 X 再施测测验 Y，另一个组先施测测验 Y 再施测测验 X（戴步云，2011）。

二、随机等组设计

随机等组设计，又称等组设计、随机组设计。从同一总体中随机抽取两组被试，这两组被试被认为在能力分布上是相同或很接近的。让这两组被试分别接受测验 X 或测验 Y，然后估计两测验间的等值关系。这种设计方案可克服顺序效应等因素的不利影响。这种数据采集设计有一个假设，即两个被试样本的总体分布是相同的。由于从同一总体中抽样，因此，不考虑其中的抽样误差。这一假设比较容易得到满足。

三、锚测验－非等组设计

在实际等值工作中还会出现这样的情况：既不可能采集一个被试样本对其施测两个不同形式的测验，又不可能获得两个总体分布相同的样本来分别施测两个测验，如高考。在这种情况下，只有采取锚测验－非等组设计。锚测验－非等组设计是指在编制测验时额外编制一组测验题，这些题目称为锚题。在采集数据时，既对第一组被试施测锚题，又对第二组被试施测锚题。虽然两组被试总体分布不同，但由于施用了一组共同题，两组被试之间能力的差异就可以被定量描述，因此可以排除被试组间的能力差异而估计拟进行等值的测验之间的等值关系。在实际工作中，锚题可以与原测验题混合组编成一份测验施测，也可以独立组成测验单独施测。前者操作比较方便且锚题测试可以相当可靠，但是一旦测验"曝光"，锚题就失去作用。后者可以提高锚题的安全性，但比较复杂，特别是在创设与正式测试相同的情境时比较困难。无论锚题在测验中还是在测验外，锚题部分都应该是原测验的一个平行减缩本，还要保证一定的题量。否则，采用锚测验－非等组设计所进行的测验等值就是不可靠的。

第三节 计算测验分数等值关系的基本方法

［考纲链接］"心理学专业基础综合考试大纲"：测验等值技术

对于测验分数等值关系的求取，经典测验理论和现代测量理论（如项目反应理论）有各自不同的方法。本节主要介绍在经典测验理论的指导下，测验等值计算方法的分类——线性等值、等百分位等值。同一种等值数据采集模式既可以用线性等值方法计算，又可以用等百分位等值方法计算，这两种方法适用于前面介绍的等值数据采集设计中的单组设计和随机等组设计。

一、线性等值

线性等值（linear equating）依据的原理是：在单组设计或随机等组设计中的两个分数，一个来自测验 X，另一个来自测验 Y，如果它们各自的标准分数相等，这两个分数就被认为是等值的。线性等值原理如果用数学公式表示，测验分数 X 等值于测验分数 Y，就有

$$\frac{X-\overline{X}}{S_X}=\frac{Y-\overline{Y}}{S_Y} \qquad \text{公式 7-1}$$

可改写为

$$Y=AX+B \qquad \text{公式 7-2}$$

式中，$A=\dfrac{S_Y}{S_X}$，$B=\overline{Y}-A\overline{X}$。

如果能求出参数 A 与 B，则对于测验 X 中的任一分数均可利用公式 7–2 求得与之等值的测验 Y 中的分数。这里，A 和 B 称为等值常数。如果用图示法来表示线性等值的结果，则两个测验的等值关系为一条直线。其中，A 是该直线的斜率，B 是该直线在纵轴上的截距。所有线性等值的最终形式都是公式 7–2 的形式，只是在不同的等值设计下，A 与 B 的求法不同。这里只列出了最简单的计算 A 与 B 的方法。

对于一个通过公式 7–2 转换得到的 Y 值，为与实测值相区别，常记为$\hat{Y}$。线性等值标准误 $SE_{\hat{Y}}$的求取公式为

$$SE_{\hat{Y}}=\left\{\frac{S_Y^2}{2}\left[2+\left(\frac{X-\overline{X}}{S_X}\right)^2\right]\left(\frac{1}{N_X}+\frac{1}{N_Y}\right)\right\}^{\frac{1}{2}} \quad \text{公式 7–3}$$

式中，S_Y^2 为测验 Y 的方差，X 为原始分，$\overline{X}$为测验 X 的平均数，S_X 为测验 X 的标准差，N_X 与 N_Y 分别是参加测验 X 和测验 Y 的人数。

例 7–1 在某种等值设计下采集得到两测验分数，编制的次数分布表分别为表 7–2、表 7–3。其中，表 7–2 是测验 X 的次数分布，表 7–3 是测验 Y 的次数分布。求：这两个测验的等值分数对应表。

表 7–2 测验 X 的次数分布

分组	f	F
118—120	8	250
115—117	12	242
112—114	9	230
109—111	25	221
106—108	13	196
103—105	15	183
100—102	19	168
97—99	25	149
94—96	29	124
91—93	22	95
88—90	19	73
85—87	18	54
82—84	5	36
79—81	12	31
76—78	7	19
73—75	5	12
70—72	0	7
67—69	0	7
64—66	6	7
61—63	1	1
合计	250	—

表 7–3 测验 Y 的次数分布

分组	f	F
112—114	1	250
109—111	5	249
106—108	11	244
103—105	19	233
100—102	18	214
97—99	20	196
94—96	19	176
91—93	26	157
88—90	25	131
85—87	24	106
82—84	25	82
79—81	15	57
76—78	15	42
73—75	11	27
70—72	0	16
67—69	5	16
64—66	3	11
61—63	3	8
58—60	4	5
55—57	1	1
合计	250	—

解：第一步，求测验 X 次数分布的平均数与标准差，得

$$\overline{X}=96.62,\quad S_X=12.78$$

第二步，求测验 Y 次数分布的平均数与标准差，得

$$\overline{Y}=86.18,\quad S_Y\approx 11.94$$

第三步，求等值常数 A 和 B，得

$$A=\frac{S_Y}{S_X}=\frac{11.94}{12.78}\approx 0.93$$

$$\begin{aligned}B&=\overline{Y}-A\overline{X}\\&=86.18-0.93\times 96.62\\&\approx -3.68\end{aligned}$$

第四步，写出等值转换公式，得

$$Y=0.93X-3.68$$

对于给定的 X，可用转换公式求出与之等值的 Y。这里，我们将部分等值分数列于表 7–4 中。

表 7–4　测验 X 与测验 Y 的部分等值分数

X	65	70	75	80	85	90	95	100	105	110	115	120
Y	56.65	61.32	65.99	70.66	75.33	80.00	84.67	89.34	94.01	98.68	103.35	108.02

二、等百分位等值

[微课] 等百分位等值

等百分位等值（equipercentile equating）依据的原理是：在单组设计或随机等组设计下的两个分数，一个来自测验 X，另一个来自测验 Y，如果这两个分数在各自的群体中有相同的百分等级，这两个分数就被认为是等值的。按照这个原理，寻找与 X 等值的 Y，只要找到与 X 有相等百分等级的 Y 就可以。

等百分位等值的关系寻找，可以通过将两测验的累积百分位曲线描绘在同一个直角坐标系中获得，见图 7–1。图中的 X_1 与 Y_1，X_2 与 Y_2 就是成对的等值分数。显然，这种方法相对粗略。如果需要更精确的结果，则可以在测验分数分布中应用百分等级计算公式求出与 X 对应的等值分数 Y。

对于测验 X 的每一个分数，可根据公式 7–4 在 X 的分数分布中求出与其对应的百分等级 PR，即

$$PR=\frac{F_b+\dfrac{(X-L_b)\cdot f}{i}}{N}\times 100 \qquad \text{公式 7–4}$$

式中，X 为原始分数，L_b 为 X 所在组的精确下限，f 为 X 所在组的频数，F_b 为 X 所在组以下的累积频数，i 为组距，N 为数据总个数（总频数）。

然后根据公式 7–5 求得对应的$\hat{Y}$，即

$$\hat{Y}=L_b+\frac{\frac{PR}{100}\times N-F_b}{f}\cdot i \qquad \text{公式 7–5}$$

其等值标准误差的近似计算公式为

$$SE_{\hat{Y}}=\left[S_Y^2\cdot\frac{p\cdot q}{\gamma^2}\cdot\left(\frac{1}{N_X}+\frac{1}{N_Y}\right)\right]^{\frac{1}{2}} \qquad \text{公式 7–6}$$

式中，p 是测验 X 上某分数对应的百分等级，q=1–p，γ 是标准正态曲线下左尾划分出面积 p 的纵线高度。

综上，我们可以总结出求取等百分位等值的步骤为：

① 编制测验 X 和测验 Y 的次数分布表或向上累积次数分布表。

② 根据测验 X 的次数分布表或向上累积次数分布表，求取测验 X 中的某个观察分数所在的百分等级 PR。

③ 根据测验 Y 的次数分布表或向上累积次数分布表，求取测验 Y 中 PR 所对应的观察分数。

④ 将②和③重复进行，对于任意 X，都可以求出与之等值的 Y。然后，将分数等值结果用表或图表示出来。

需要说明的是，②③可以改成：对于任意百分等级 PR，分别在测验 X 和测验 Y 上求出与这个百分等级对应的一对等值分数。

例 7–2　用等百分位等值法来求取例 7–1 提供的两测验分数分布的等值对应关系。

解：第一步，分别求出两测验分数的向上累计分布，列于表末列。见表 7–2、表 7–3。

第二步，设 X=91，在表 7–2 中求其百分等级。

$$\begin{aligned}PR&=\frac{F_b+\frac{(X-L_b)\cdot f}{i}}{N}\times 100\\&=\frac{73+(91-90.5)\times 22\div 3}{250}\times 100\\&\approx 30.667\end{aligned}$$

第三步，对已求 PR，在表 7–3 中求$\hat{Y}$分数。

$$\hat{Y}=L_b+\frac{\frac{PR}{100}\times N-F_b}{f}\times i$$

$$=81.5+\frac{\frac{30.667}{100}\times 250-57}{25}\times 3$$
$$=83.84$$

重复第二、三步，对所给出的任意 X，都可求出与之等值的$\hat{Y}$，这里将部分等值对应分数列于表 7–5 中。

表 7–5　等百分位等值对应表

X	79	82	85	88	91	94	97	100	103
$\hat{Y}$	73.86	76.47	77.90	81.50	83.84	86.76	90.17	92.74	95.68
PR	8.40	12.73	15.60	22.87	30.67	39.93	51.27	60.87	68.20

三、锚测验 – 非等组设计下的等值关系计算方法

在许多高度保密的测验中，被试随机分组分别接受两个测验时会有许多实施上的困难。我们可以将其修改为锚测验 – 非等组设计，即让两个被试组分别参加两种形式的测验，在两个测验中有部分题目是共同的——锚题，这样两组被试就被锚题锚接在一起。另外，在锚测验 – 非等组设计中，还允许被试分组之间不是随机等组的。这样，即使两组被试的能力有所差异，仍然可以采用线性等值方法来完成等值计算，公式为

$$\left.\begin{aligned}\hat{Y}&=AX+B\\A&=\frac{\hat{S}_{Yt}}{\hat{S}_{Xt}}\\B&=\hat{M}_{Yt}-A\cdot\hat{M}_{Xt}\end{aligned}\right\}\qquad\text{公式 7–7}$$

式中，$\hat{M}_{Xt}$ 与 $\hat{S}_{Xt}$ 是测验 X 向全体被试 t 施测时的平均数和标准差的估计值，$\hat{M}_{Yt}$ 与 $\hat{S}_{Yt}$ 是测验 Y 向全体被试 t 施测时的平均数和标准差的估计值。因为 X 与 Y 均未真正向全体 t 被试施测，因此，这四项都只是估计值。

如果两组被试能力差异不大，这四项估计值为

$$\left.\begin{aligned}\hat{M}_{Xt}&=M_X+b_{XV}\cdot(M_{Vt}-M_{VX})\\\hat{S}_{Xt}^2&=S_X^2+b_{XV}^2\cdot(S_{Vt}^2-S_{VX}^2)\\\hat{M}_{Yt}&=M_Y+b_{YV}\cdot(M_{Vt}-M_{VY})\\\hat{S}_{Yt}^2&=S_Y^2+b_{YV}^2\cdot(S_{Vt}^2-S_{VY}^2)\end{aligned}\right\}\qquad\text{公式 7–8}$$

式中，M_X 与 S_X 是只参加测验 X 的被试的平均数和标准差，M_Y 与 S_Y 是只参加测验 Y 的被试的平均数和标准差，M_{Vt} 与 S_{Vt} 是锚测验 V 向全体被试 t 施测得到的平均数和标

准差，M_{VX} 与 S_{VX} 是既参加测验 X 又参加锚测验 V 的被试的平均数和标准差，M_{VY} 与 S_{VY} 是既参加测验 Y 又参加锚测验 V 的被试的平均数和标准差，b_{XV} 是测验 X 对锚测验 V 的回归系数，b_{YV} 是测验 Y 对锚测验 V 的回归系数。由公式 7–7 估出的与 X 对应的等值分数$\hat{y}$得到等值标准误的平方为

$$SE_{Y^*}^2 = 2\hat{S}_{Yt}^2 \cdot \left(1-\hat{r}^2\right) \cdot \frac{Z_X^2 \cdot \left(1+\hat{r}^2\right)+2}{N_t} \qquad \text{公式 7–9}$$

$\hat{r}$ 理论上可以是测验 X 与锚测验 V 或测验 Y 与锚测验 V 的任意一个相关系数，实际应用中常取两值的平均数。

如果两组被试在能力上有差异，那么公式 7–8 中的$\hat{M}_{Xt}$，$\hat{S}_{Xt}^2$，$\hat{M}_{Yt}$，$\hat{S}_{Yt}^2$ 改由下式估计，即

$$\left.\begin{aligned}
\hat{M}_{Xt} &= M_X + \frac{S_X \cdot \sqrt{r_{XX}}}{S_{VX} \cdot \sqrt{r_{VVX}}} \cdot \left(M_{Vt} - M_{VX}\right) \\
\hat{S}_{Xt}^2 &= S_X^2 + \frac{S_X^2 \cdot r_{XX}}{S_{VX}^2 \cdot r_{VVX}} \cdot \left(S_{Vt}^2 - S_{VX}^2\right) \\
\hat{M}_{Yt} &= M_Y + \frac{S_Y \cdot \sqrt{r_{YY}}}{S_{VY} \cdot \sqrt{r_{VVY}}} \cdot \left(M_{Vt} - M_{VY}\right) \\
\hat{S}_{Yt}^2 &= S_Y^2 + \frac{S_Y^2 \cdot r_{YY}}{S_{VY}^2 \cdot r_{VVY}} \cdot \left(S_{Vt}^2 - S_{VY}^2\right)
\end{aligned}\right\} \qquad \text{公式 7–10}$$

式中，r_{XX}，r_{VVX}，r_{YY} 与 r_{VVY} 均为测验的信度。其中，r_{XX} 是测验 X 的信度，r_{VVX} 是 X 测验与锚测验 V 合在一起的信度，r_{YY} 是测验 Y 的信度，r_{VVY} 是 Y 测验与锚测验 V 合在一起的信度。

本章小结

本章介绍了测验等值的含义、条件、步骤，测验等值结果的表示方法，误差控制，等值数据采集方法和测验分数等值关系的计算方法。

要注意的是，本书介绍的线性等值和等百分位等值是较简单的情况。在等百分位等值计算中，如果两个测验分数的分布形态相同，那么两测验的分数等值关系是线性的，此时的等值结果与线性等值的结果一致。在大多数情况下，两测验分数用等百分位等值求得的等值关系是非线性的。在实际应用中，等百分位等值与线性等值的效果哪个更好，则要根据具体等值条件来确定，很难得出绝对的结论。

测验等值是实现测验公平性的保证，其在测验实施、编制与结果分析，不同单位、地区、时间所测学科成绩的比较等方面，都是必要的。如果不进行等值处理，使用不同测验复本，在不同时间举行的考试的成绩之间就不具备可比性，评价标准或证书授予标准就会受到测验难度的影响。这种状况不仅会影响到选拔效率和人员素质，而且对考生来说是很不公平的。

复习与思考

1. 应用例 7-1 的数据使用等百分位等值方法完成下面的等值对应表。

X	80			89
Y		83	86	

2. 如果例 7-1 的数据是采用随机等组设计获得的，请分别求取与 X=91 等值的 Y 测验分数的两种等值标准误（线性等值与等百分位等值两种）。

3. 求取两平行测验之间的回归方程，可以建立两测验分数之间的对应关系。这种对应关系能否称为等值关系，为什么？

4. 尝试进行等值设计并采集数据，对两个测验进行等值计算。

复习与思考参考答案

推荐阅读

焦丽亚．测验等值研究综述［J］．中国考试（研究版），2009（6）:11-17.

第八章

教育成就测验的编制与实施

学习目标 >>>

- 什么是教育成就测验？
- 教育成就测验有哪些分类？
- 如何编制标准化教育成就测验？
- 如何根据需要选用标准化教育成就测验？在使用过程中应注意哪些问题？
- 教师自编测验与标准化教育成就测验有什么区别？
- 什么是题库？如何建设一个高质量的题库？

知识导图

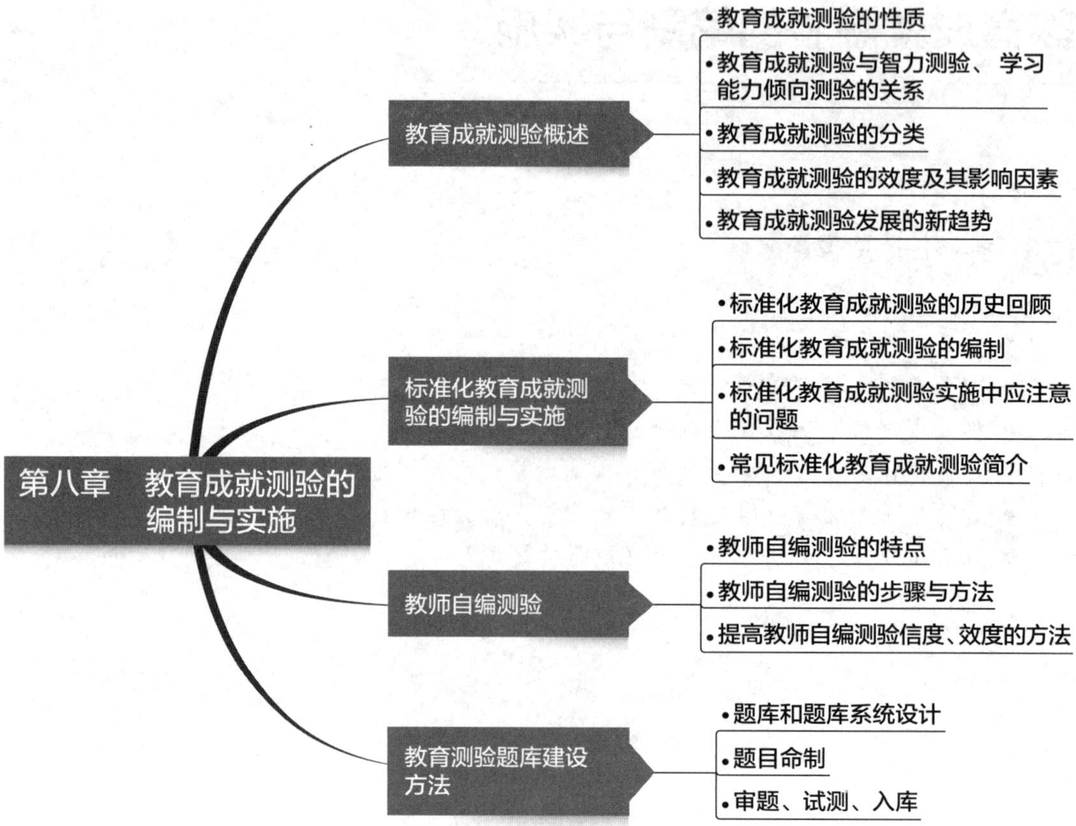
第八章 教育成就测验的编制与实施
教育成就测验概述
教育成就测验的性质
教育成就测验与智力测验、学习能力倾向测验的关系
教育成就测验的分类
教育成就测验的效度及其影响因素
教育成就测验发展的新趋势
标准化教育成就测验的编制与实施
标准化教育成就测验的历史回顾
标准化教育成就测验的编制
标准化教育成就测验实施中应注意的问题
常见标准化教育成就测验简介
教师自编测验
教师自编测验的特点
教师自编测验的步骤与方法
提高教师自编测验信度、效度的方法
教育测验题库建设方法
题库和题库系统设计
题目命制
审题、试测、入库

社会上对教育成就测验的误解和误用造成的负面效应，使得我们必须回答这样的问题：是取消教育成就测验，还是继续使用而不考虑其负面效应？我们应该怎么做才能充分利用教育成就测验？实际上，我们只有更好地理解教育成就测验的性质和真正目的，避免误用和滥用，知道如何根据需要选用合适的教育成就测验，才能充分发挥其作用和价值。

第一节　教育成就测验概述

成就，是指个人通过学习和训练所获得的知识、学识和技能。教育成就测验又称教育测验、学科测验，它是在个体经过一个阶段的学习或训练之后，对其知识、学识和技能的发展水平所进行的测定，是一种专门为教育情境而设计的测验。如果把教师自编的随堂测验、向学校出售的标准化测验都视为教育成就测验，教育成就测验的施测数量就超过所有其他类型的心理测验了（艾肯，2006）。因而，教育成就测验在当今世界上应该是应用最广泛、最频繁的心理测验。

[考纲链接]“心理学专业基础综合考试大纲”：成就测验

一、教育成就测验的性质

教育成就测验与一般的心理测验不同。一般的心理测验测量的往往是个体各种经验累积以后的一般发展水平，有的甚至要排除那些“专门”的学习或训练的影响而测量个体“稳定不变”的心理特质。教育成就测验则相反，它更希望测量个体通过一次或一段时间的学习或训练之后获得的专门的知识和技能的发展水平。

根据测验的不同要求，心理测验可分为最佳行为测验和典型行为测验两种。典型行为测验要求被试按照通常的习惯方式做出反应，没有正确答案。一般来说，各种人格测验均属于典型行为测验（郭念锋，2015）。教育成就测验属于最佳行为测验。与典型行为测验不一样，教育成就测验不用担心被试在测验上故意掩饰自己的行为水平，相反，却担心所编测验达不到诱发被试发挥出最高水平的目的。当然，教育成就测验也要防止被试用猜题、押题等“针对性”学习和训练获取“好”成绩的现象。

教育成就测验测量的是认知性心理特质。认知性心理特质的优劣表现在两个方面——认知内容的多寡和认知能力的高低，也就是我们通常所说的知识和能力两个方面。但是，教育成就测验与一般能力测验不同。一般能力测验往往更强调所测为“一般能力”而排除知识，特别是“专门”知识的影响。尽管一般能力测验实际上也要通过测量被试对知识的理解、应用等操作行为而实现，但其重心在能力上。教育成就测验却是知识与能力并重，即使测量能力，也是测对所学专门知识的理解和应用等能力。

但是，我们必须认识到上述的区别不是固定的。某些一般能力测验可能在相当程度上依靠特定连贯的学习经验，某些教育成就测验也可以用来预测将来的学业水平，并且预测能力有时会优于某些能力测验（郑日昌等，1999）。实际上，许多心理学家认为一般能力测验和教育成就测验的相似性多于区别，二者都是测量发展后的能力。如安娜斯塔西（A. Anastasi）提出了一个测验的连续谱：课程取向的教育成就测验—广泛取向的教育成就测验—言语型智力测验—“文化公平”测验。这个连续谱充分展示了一般能力测验与教育成就测验的部分重叠。也就是说，每种测验受特殊知识经验影响的程度只有大小之分，不存在明显的界限，各种测验联结形成一个连续体。

二、教育成就测验与智力测验、学习能力倾向测验的关系

能力倾向（aptitude）是指某一个体在某一特定情境中完成某项任务的潜力或可能性（Brown，1976）。学习能力倾向测验用于对学生在不同的学习能力上的表现进行评估，也可以对学生在不同学习情境中的成功概率进行预测。该测验反映的是在一定教育环境的基础上，不同个体在学习能力和他们可能达到的学习成效这两个方面上的差异（郭靖等，2004）。

智力测验又称普通能力测验，传统智力测验的目的是测量人的基本认知技能（一帆，2010），即智力二因素理论中的G因素。目前比较常用的个人智力测验有《斯坦福－比内智力量表》《韦克斯勒智力量表》。

教育成就测验、智力测验和学习能力倾向测验之间既相互区别又相互联系。它们之间的区别主要表现在以下几个方面（陈方，2015）：首先，正如各自的定义一样，教育成就测验是在个体经过学习或训练之后对其知识、学识、技能等进行的评定，与后天所获得的特定经验有紧密的关系；智力测验和学习能力倾向测验测量更多关注基于个体的先天素质而形成的能力，这类能力主要受先天因素的影响。换言之，教育成就测验的结果不稳定，易受环境等的影响，智力测验和学习能力倾向测验的结果则较为稳定，不易受短期环境变化的影响。其次，施测时机不同。教育成就测验主要是个体在经过学习或训练之后给予的测验，主要测量的是个体在学习或训练阶段之后所达到的成就，具有回顾性和总结性的特点；学习能力倾向测验主要是在个体还没有学习某一经验知识之前进行施测，考查的是其在某一方面可能达到的成就，具有前瞻性和分析性等特点；智力测验则没有太多要求。再者，三者的测验内容不同。教育成就测验是测量个体的知识和技能，个体是否掌握了特定经验；智力测验主要是评估个体的总体智力水平；学习能力倾向测验主要是预测个体的学业成就。与智力测验相比，学习能力倾向测验更接近学校教学，更贴近学生生活实际，测量的行为范围比传统的智力测验更广（张恺郎，2010）。最后，三者的目的不尽相同。教育成就测验主要用于评价，后两者主要用于预测、分析，但智力测验往往只能给出一个测验总分数，不如学习能力倾向测验更有针对性。

教育成就测验、智力测验和学习能力倾向测验之间的相互联系主要表现在以下几个方面：智力测验和学习能力倾向测验可以对教育成就测验起预测作用，在对学生进行正

式教育之前，我们可以对其先施以学习能力倾向测验，了解每个人的智力发育状况和其在教育学习中的潜力，帮助教师大体了解各个学生在教育成就测验中可能达到的成就，并将此成就作为学生学习后续知识的基础。

三、教育成就测验的分类

按照不同分类方式，教育成就测验可以分成不同的种类。

（一）按测验编制方法分类

按测验编制方法，教育成就测验可以分为教师自编测验和标准化教育成就测验两类。教师自编测验通常因教师、课程、班级或教学单元的不同而有所不同，其内容可多可少，测试时间可长可短，形式灵活多样，但应用范围小，随意性较大。标准化教育成就测验测量的是在大多数学校普遍设置的课程中学生的学习程度。它是由测量学家和科任教师按测量学基本原理编制的，在统一的条件下进行施测和评分，可以将学生个体的成就水平与常模组或参照组或某个标准进行比较。相比而言，标准化教育成就测验只代表了学校使用测验的一小部分，而学生接受教师自编测验的情况远远多于标准化教育成就测验。

（二）按测验内容分类

教育成就测验按测验内容分类通常是指以材料内容所涉及的学科来分类（戴海琦，张锋，陈雪枫，2007）。有单科测验（如语文测验、数学测验等），也有成套成就测验。成套成就测验是包括不同内容范围的一套测验，每个分测验包括某种学科的知识。成套成就测验用以评价学生的总体水平。另外，也可以按内容量的多少分类，如可分为单元测验和总测验等。

（三）按测验用途分类

按测验用途，教育成就测验可以分为考查性测验和诊断性测验两类。考查性测验主要用于对学生学习结果的鉴定。学校的单元测验、期中测验、学科结业测验，社会的招生考试、招聘考试、提职晋级考试等都是考查性测验（戴海琦，张锋，陈雪枫，2007）。

诊断性测验主要是测量学生在某学科方面的优点和缺点，用以判定其学习困难所在，从而为改进和调整教学策略提供依据。诊断性测验多以单科内容为测验材料，编制时都是从非常细微的地方入手以获取详细的信息，其施测时间一般是课程、学期、学年的开始或教学过程中。诊断性测验的作用主要有两方面：一是确定学生的学习准备程度；二是适当安置学生。例如，《Keymath 诊断性算术测验》（*Keymath Diagnostic Arithmetic Test*）、《Woodcock 阅读掌握测验》（*Woodcock Reading Mastery Test*）等，都属于诊断性测验。

（四）按测验评分的参照系统分类

按测验评分的参照系统，教育成就测验可以分为常模参照测验和标准参照测验两类。尽管常模参照测验和标准参照测验的目标和设计存在差异，但特定的成就测验可以同时具有两方面的功能。学生学到了多少材料和与其他学生相比他的表现如何，常常能够通过相同的工具来确定（艾肯，2006）。

（五）按测验的施测时间节点分类

按测验的施测时间节点，教育成就测验可以分为终结性测验和形成性测验两类。终结性测验就是一般的传统教育成就测验，发生在一段教学活动完成之后，关注的是一段时间的教学成果。对阶段教学效果的检验，是一种结果导向的测验。形成性测验是教育测量的新发展，是一种过程导向的测验。也就是说，形成性测验是在教学活动的过程中获取学生的表现，然后通过分析数据，推断学生潜在的心理特征或心智活动的过程（袁建林，刘红云，2020）。

（六）按测验题型分类

教育成就测验可使用的题型大致可分为客观型题目和论文式题目，因而也就可以把成就测验分为客观型测验和论文式测验两类。在我国，更多的是两大类题型混合使用的测验。

另外，教育成就测验按照被试的人数还可以分为团体测验和个体测验。

四、教育成就测验的效度及其影响因素

成就测验的目的是测量个体对所学知识、学识或技能的掌握情况。那么，能否真实有效地测出了个体的掌握情况就涉及测量的效度问题。在学校教育中，教师通过考试等方式来检测学生的知识掌握情况，从而推断其知识掌握的水平和能力。考试成绩反映出的水平与学生的实际水平越接近，测验的效度越高，反之则越低。

那些影响其他测验效度的因素，同样会影响教育成就测验的效度，如测验的信度、难度、区分度，学生的主观因素（作弊或故意答错），评分者的主观因素（错误计分）等。这些内容在其他章节已有介绍，此处不再赘述。

五、教育成就测验发展的新趋势

中共中央、国务院印发的《深化新时代教育评价改革总体方案》指出，教育评价事关教育发展方向……要全面贯彻党的教育方针，坚持社会主义办学方向，落实立德树人根本任务，遵循教育规律……改进结果评价，强化过程评价，探索增值评价，健全综合评价。

我们要落实结果评价、过程评价、增值评价和综合评价在教育成就测验实践中的应用。以高考为例，要丰富考试内容，增加考试维度。在评价理念上，高考应从考查学生知识的单一维度向价值观引领、学生素养、知识能力等多维度转变。改进结果评价，强化过程评价意味着不应以一次考试结果对学生进行评价（关丹丹，韩宁，章建石，2021）。目前正在推进的高考综合改革实行"两依据、一参考"招生录取模式，已经将过程评价纳入其中。另外，教师也应做到不再仅仅横向比较学生的成绩，而是对其发展状态进行横向和纵向的综合比较，关注学生核心素养的发展。

第二节　标准化教育成就测验的编制与实施

一、标准化教育成就测验的历史回顾

今天，在世界各地广泛应用的标准化教育成就测验发源于美国，始创者是赖斯（J. M. Rice），另一位早期的奠基人是桑代克。

1845 年，教育家曼（H. Mann）指出，在一定条件下施测和记分的书面考试可以比口头考试更好地测量成就（艾肯，2006）。在曼的影响下，美国波士顿的学校开始每年对小学生进行书面考试。

第一套可靠记分的客观性成就测验是 1864 年英国人费舍尔（G. Fisher）编制的《书写量表》（*Writing Scale*）。后来的《书法量表》《作文量表》的编制方法与费舍尔使用的方法大体相同。19 世纪末 20 世纪初，美国兴起了教育改革运动，其宗旨是反对当时形式主义占统治地位的传统学校教育，主张改革学制、课程、教学方法和教学组织（郑日昌，蔡永红，周益群，1999）。1897 年，赖斯关于学龄儿童拼写能力的研究，是教育成就测验中的一个重要进步。他向 33 000 名儿童施测了由 50 个单词组成的拼写测验。研究结果表明，儿童在每天进行的 15 分钟的拼写指导中学到的内容，和在 40 分钟的拼写指导中学到的内容一样（艾肯，2006）。在后来的研究中，赖斯还设计了客观性测验以评估儿童的言语技能和算术成就。

20 世纪早期，被誉为"教育测验运动之父"的桑代克指导出版了几套标准化成就测验。如他在 1908 年指导斯通（C. W. Stone）编制的《基础运算和算术推理测验》（*Arithmetic Test for Fundamental Operations and Arithmetic Reasoning Test*）被认为是最早的标准化测验，他在 1909 年编制的《儿童书写量表》（*Scale of Handwriting for Children*）是世界上第一个用科学方法编制的教育测量工具。到 20 世纪 20 年代末，社会上已出现大量的标准化成就测验，其中包括《斯坦福成就测验小学版》（*Stanford Achievement Test for Elementary School Pupils*）、《艾奥瓦高中学科考试》（*Iowa High School Content Examination*）等成套测验。1926 年，多选题形式的学业能力倾向测验代替了美国大学入学考试委员会之前使用的作文测验。随着自动计分机器的发明，标准化测验在教育成就测量领域的应用日益广泛。

我国标准化成就测验始于20世纪初，如俞子夷的《小学算术应用题测验》，廖世承的《读法测验》《中学国文常识测验》，陈鹤琴的《小学默字测验》《小学文法测验》《小学常识测验》，陈杰夫的《化学测验》《物理测验》等。20世纪80年代后，综合性的成就测验开始发展，如马惠霞、龚耀先（2003）编制的《多重成就测验》，范晓玲、龚耀先（2004）编制的《4—6年级多重成就测验》等。

二、标准化教育成就测验的编制

测验编制的策略（或方法）有三种（马惠霞，龚耀先，2003b）：① 理论法，即根据某一理论建构，编制测验题目。如人格测验中的《艾森克人格问卷》（*Eysenck Personality Questionaire*, EPQ），瑟斯顿编制的《芝加哥基本心理能力测验》（*Chicago Tests of Primary Mental Abilities*, PMA）。② 经验法，即根据实际工作经验编制题目。如人格测验中的《明尼苏达多相人格调查表》就是按经验性效标答题方法编制的，即题目的选择和回答计分是通过效标组与对照组（正常人）的比较进行的。③ 理论与经验相结合的方法。教育成就测验的效标主要是学校所教的知识和技能，但也不能完全排除学校以外所获得的知识和技能，因而，教育成就测验的编制主要有两种取向，即**课程取向**（course-oriented curriculum-based）和**广泛取向**（broadly oriented）。如《Woodcock-Johnson 心理教育成套测验》的第一部分认知能力“标准”测验，就是根据认知心理学中针对晶体和流体心理能力的信息加工理论编制的；其第二部分成就测验就是课程取向的。《韦克斯勒个人成就测验》（*Wechsler Individual Achievement Test*, WIAT）的取材既有课程的内容，又有课程以外的内容，可被视为广泛取向的成就测验。

标准化教育成就测验的编制工作是由学科专家与测验编制专家共同完成的，其步骤与一般心理测验的编制程序是相同的：确定测量目的，选定测验编制的方法；分析测量目标，拟订测验编制计划；编题与选题组卷；调查测验质量参数，编制测验常模；编写测验指导书，正式出版发行等。这些步骤在第一章已经有详细的论述。

必须指出的是，相对于一般成就测验，尽管编制步骤相同，但是标准化教育成就测验在实施中的要求都更严格。所编测验最终需满足四个方面的标准化要求：测验编制过程标准化，测验实施标准化，测验评分标准化，测验分数解释标准化。每一个“标准化”都包括很多具体的要求和指标，如测验的信度不能低于0.8甚至0.9，测验的预测效度不能低于0.4，同时效度不能低于0.6，等等。下面以世界公认最好的标准化教育成就测验之一——《斯坦福成就测验》（*Stanford Achievement Test*, SAT）的编制为例，具体探讨标准化教育成就测验编制过程中的一些细节问题。

[考纲链接]“心理学专业基础综合考试大纲”：测验标准化

（一）确定测量的目的

测验编制的第一步就是确定测量的目的，包括测验的水平数、每个水平包含的分测验和每个水平要求的题目数。为此，SAT首先确定它的测量目的是测定美国小学生和中学生在阅读、数学、语言、自然科学、社会科学和听力理解等方面的基本学习水平，测量内容是“公认的中小学生课程应达到的结果”，即那些重要的知识和技能。SAT 于 1923 年第一次出版，随后由特曼和拉什（M. Rush）进行了一些修订。由于测量目的明确，SAT 出版后获广泛好评，之后不断修订。修订版中对测验的实施、计分、量表常模和抽样等方面陆续进行了改进：1990 年版（第 8 版）SAT 的目的是更新常模，使测验内容适应课程变化的需求，实现对不同年级水平的连续性评估；2014 年，SAT 新一轮改革的目标是更好地实现所有学生为大学学习和职业生涯做好准备（周云，徐梦杰，张民选，2020）。

（二）准备和编写题目

测验题目编制要充分反映课程目标。在 SAT 编制过程中，编制者对各种教科书、学习课程，关于儿童学习和发展的研究进行了考查，向各个领域的专家请教，并在此基础上制订与测量目的一致的双向细目表。每个参与测验编制的人都承担一定的任务，与各个领域的专家合作编写题目。在编制者和专家对题目的适宜性和难度水平做出初步判断以后，他们将这些题目施测于学生。此外，编制者要向某个学科的专家、测验编制专家、精通题目用词与语法的专家咨询。同时，还要向不同种族的人进行咨询，以判断测验是否有文化和性别偏见，并要求教师对这些题目提出批评意见。随着时代的不断变更，编制者需要不断更新、加入符合新时代要求的题目：既要考查知识，又要考查学生终身学习的能力；既要有测试题，又要有考查问卷；应注重过程化与现实情境化的考查（张吉，2018）。

[考纲链接]“心理学专业基础综合考试大纲”：题目编制技术

（三）在全国范围内试测

这一阶段的主要工作是选择有代表性的试测样本，确定最终测验中包含的题目。在选择学校和学生时，最重要的是使所选样本与全国人口调查中得到的相关特征相匹配。要考虑社区的规模、地域、家庭收入、受教育水平以及其他信息。在 SAT 的试测中，被试是选自美国各类学校的 100 000 名学生。试测完成后，编制者关注的是题目的难度、测量目的与题目内容的一致性、指导语与题目的明确性、题目区分度、学生与教师对测验的反应等。题目分析可以用经典测验理论的方法，也可以用项目反应理论的方法。因为 SAT 需要用《奥蒂斯 – 伦农学校能力测验》（*the Otis-Lennon School Ability Test*, OLSAT）提供可对比的常模，所以除 SAT 外，编制者还施测了部分 OLSAT 测验。

（四）确定最终的测验

最终的测验要能最好地体现出测量目标和双向细目表。保留的题目必须具有最好的区分度，测验编制者要再次对题目可能存在的性别和种族偏见做出评估，要对名称、隐含的社会经济地位、图片与代词的恰当性等进行审查。目前，SAT 主要通过收集基于内容的证据，新SAT和旧SAT的分数之间的一致性证据，SAT分数与大学一年级特定科目的平均成绩，课程成绩之间关系的证据等，论证SAT的效度（周云，徐梦杰，张民选，2020）。

（五）最终测验的标准化

这一步的任务是提供秋季、春季常模数据和信效度资料。SAT（第7版）复本E和复本F的秋季版在1981年9月28日—10月16日进行了标准化。春季版则在1982年3月26日—4月14日进行了标准化。学生在接受适宜水平的教育成就测验时还进行了OLSAT测验。编制者根据区域和种族，在公立学校和私立学校的各个年级选择学生建立常模。

（六）确定测验代表的水平

教师和编制者都希望教育成就测验的分数由低到高呈现增长趋势。在SAT上，这一点可以通过给学生施测接近其实际年级水平的分测验来实现。

（七）测验分数的解释

分数报告是教育问责的依据，也是标准化教育成就测验的重要部分。一方面，分数报告应紧扣测量目标和用户使用需求，反映测验的内容领域和考查能力。另一方面，良好的分数报告需要教育测量理论和技术的支持，如使用分数量表、项目反应理论和等值理论等。SAT是通过将原始分数转换为量表分数，对分数进行合成并呈现考生的排名情况，从而对考试结果做出更有意义的解释（周云，徐梦杰，2020）。标准化教育成就测验属于常模参照测验中的一种，故其测验分数的解释与常模参照测验的分数解释相同，具体的分数解释部分请看第五章的相关内容。

三、标准化教育成就测验实施中应注意的问题

测验的实施在第一章已经有所论述，这里不再赘述，仅专门针对标准化教育成就测验，介绍其实施中应注意的一些问题。

（一）测验选择的一般原则

选择标准化教育成就测验，主要是寻找与特定组织、班级、学校或学校系统的教学目标匹配的内容和难度适宜的测验。也就是说，在确定测验之前，应当先确定被试的知识或能力水平，确立课程内容和目标。另外，应该考虑测验的目的和分数使用的形式。具体来说，要从两个方面考虑：一是目的和实用性；二是测验的信度、效度和常模。

1. 目的和实用性

使用教育成就测验的目的主要有：对学生进行评估、安置，诊断学习困难、安排学习计划、评估教学进展等。在选用测验前，我们应该先阅读测验手册，查看测验的目的

是否符合自己的要求，施测条件能否满足。选择测验时还要考虑学校或其他组织在施测和解释结果时的预期合作程度。认真考虑与分析施测、计分和结果分析的成本、时间等实际问题。

2．信度、效度和常模

在选用成就测验时，信度、效度和常模是必须要考虑的。对于教育成就测验而言，信度应该在 0.80 以上，最好在 0.90 以上，复本信度比再测信度或内部一致性信度更高。在效度方面，首先要考虑的是所测内容是否符合测验目的，因此必须就测验内容与课程目标进行比较。此外，如果测验目的是预测日后的成就，就必须获得有关预测效度的资料。除考查信度和效度资料以外，还应当查看常模是否合适、常模资料是否满足测验的目的。

3．乌比冈湖效应对测验选择的启示

乌比冈湖效应（Lake Wobegon effect）指的是某些地区使用标准化教育成就测验时，会出现测验分数高于常模水平的现象。这种现象有可能并不说明该地区学生的成就水平真正高于常模，仅仅是一种虚假现象。

产生乌比冈湖效应的一个原因是测验内容过时，或一些测验年复一年地使用已经不再具有保密性。重复使用这样的测验，甚至将其施测于同一批学生时，测验分数会有提高的趋势，就显得学生的表现超出了常模水平。

产生乌比冈湖效应的另一个原因是，选择测验的人会购买那些与本地区的课程目标较接近、较匹配的测验，而常模编制时标准化样本中的许多学校并没有开设与测验目标相匹配的课程，因此，选用与课程目标较接近、较匹配测验的地区的得分就可能高于常模组（萨克斯，2002）。实际上，当该地区采用其他测验时，平均分有可能下降。

乌比冈湖效应的存在提醒我们，在选择教育成就测验时：要考虑到测验编制的时间、社会制度和地域的制约性问题，如果课程和教材的内容有了相应变化，就不应该再使用陈旧的测验；要考虑到被试的经验，不要重复使用同一个测验。对测验编制者来说，应该注意适时更新测验常模。

[微课] 标准化教育成就测验实施中应注意的问题

（二）在多种信息背景下对学业成就的评估

心理测量的目标是用数量化的方式对测量对象的心理进行客观描述。它是一种有用的研究手段和测量工具，不是唯一的办法，更不是万能的方法。测验结果只是一个信息源，如果我们仅凭这个信息源就对学生做出判断，那么这种结论是不谨慎的，也是不完整的。要全面评估一个学生的成就，就要有其他的信息源，如过去的成绩、智力测验、教师报告、父母报告等。国际学生评估项目在着重评估学生阅读、数学与科学素养的同时，以背景问卷的方式对学生的家庭背景、早餐情况、睡眠时间、学习投入时间等信息进行收集。丰富的背景数据能够用于研究各因素与教育成就之间的关系，诊断、分析影响教育成就的原因，揭示教育成就差异与变化背后的潜在规律（袁建林，刘红云，

2017）。也就是说，我们要对心理测验的结果与其他非测验得来的信息加以整合，才能对学生的心理做出完整的、公正的评价。

（三）将核心素养纳入教育成就评估

近十几年来，21世纪核心素养的教育与测评日益引起广泛关注，对未来人才培养的方向起着引领性的作用。教育部于2014年发布的《教育部关于全面深化课程改革 落实立德树人根本任务的意见》指出，研究制订学生发展核心素养体系和学业质量标准是今后一段时期着力推进的关键领域和主要环节改革之一。因此，在对学生学业成就进行评估时，对其核心素养的考量显得至关重要。核心素养代表了一系列知识、技能和态度的集合，它们是可迁移的、多功能的，这些素养是每个人发展自我、融入社会及胜任工作所必需的（褚宏启，2016）。相较于学业成绩，核心素养更加关注如何培养未来公民，使其能够适应21世纪的工作和生活。它不仅是对学生教育成就评估的补充，更是引导教育政策制定与教育改革的基础。

2016年，21世纪学习联盟（the Partnership for 21st Century Learning）提出了21世纪核心素养4C模型。该模型包含**审辨思维**（critical thinking）素养、**创新**（creativity）素养、**沟通**（communication）素养、**合作**（collaboration）素养四个维度。审辨思维素养、创新素养侧重体现认知能力：审辨强调理性、有条理、符合逻辑；创新强调突破边界、打破常规。沟通素养、合作素养侧重体现个体的社会技能：沟通强调尊重、理解、共情；合作强调在实现共同目标的前提下进行必要的坚持与妥协（魏锐等，2020）。

2020年，北京师范大学中国教育创新研究院在原有的4C模型基础上，增加了**文化理解与传承**（cultural competency）素养这一维度，构建了5C模型。文化理解与传承是5C素养的核心，既包括对本民族传统文化的认同、扬弃与传承，也包括对他民族文化的包容、理解与尊重，为其他素养提供了价值指引。这5个素养既有各自侧重点，又相互关联，构成了21世纪人才的必备品质，也是未来教育过程中应着重关注的核心素养。

（四）标准化教育成就测验的性别差异

标准化教育成就测验中的性别差异是一个值得重视的问题。目前，多数标准化教育成就测验在某些分测验上存在性别差异，如国际学生评估项目的结果表明，女生在阅读素养方面要高于男生，而在数学素养方面则相对较弱。问题在于，测验的使用或编制者要清楚，这些测验在多大程度上显示了正常的性别差异，在多大程度上沿袭了不公正或者具有歧视性的差异。因此，根据测验反馈的结果，在教学上，教师需要认识到男性和女性擅长的一些技能，并且帮助“弱势”性别群体提高这些技能。

（五）科学合理地使用标准化教育成就测验的结果

标准化教育成就测验不仅可以作为学生学业成就的衡量标准，更重要的是可以通过对测验结果的合理解释和分析，推动教师教学行为的改进，促进学生更高效的学习。在收集和整理测验数据的过程中，要更加精细，如可以对学生的答题结果采用分级分类的编码方法，以便了解学生解答过程中的具体错误，从而更准确地分析和评价学生在知识、能力、思维、素养方面的表现。

四、常见标准化教育成就测验简介

（一）《斯坦福成就系列测验》

《斯坦福成就系列测验》（*Stanford Achievement Series*, SAS）是最早的综合成就测验，是一种供团体使用的常模参照测验，初版发布于1923年，适合于幼儿园至13年级的学生，主要测量学生在阅读、语言、数学等领域的基本技能。该测验系列包括《斯坦福早期学校成就测验》（SESAT）、《斯坦福成就测验》（SAT）、《斯坦福学业技能测验》（TASK）。

2003年，编制者对《斯坦福成就测验》进行了比较大的改革，推出了该测验的第10版。修订后的《斯坦福成就测验》分为阅读、Lexile阅读、数学、语言、拼写、听力、科学、社会科学8个部分（武世兴，2007）。对学生成绩的报告包括4种形式的导出分数——百分等级、标准九分数、年级当量和**正态曲线当量**（Normal Curve Equivalent, NCE）。正态曲线当量是经过正态化后的标准分数，其平均数为50，标准差为21.06。除了这些指标之外，编制者还会在结果单附上一则简单的评语，告诉家长孩子的成绩与往年相比的变化情况。这样，家长和教师就可以根据这些内容给予学生更多个性化的指导。

（二）《4—6年级多重成就测验》

范晓玲、龚耀先于2003年编制了《4—6年级多重成就测验》（*The Multiple Achievement Tests of the 4—6 Grades*, MATs）。该测验以晶体智力理论为理论框架，采用课程取向与广泛取向并重的策略，目的是评价小学生学习的相对水平，监控其学力水平及开展教育咨询服务。MATs有两个分量表：语文分量表（YU），包括注音注字（Y1）、词汇（Y2）、阅读（Y3）、语法（Y4）、文学常识（Y5）五个分测验；数学分量表（SHU），包括数概念（S1）、数运算（S2）、数应用（S3）、几何（S4）、数推理（S5）五个分测验。

该测验根据双向细目表、重复率、学科专家的评定与选择、试测结果等筛选题目。根据学校类型、年级、性别等因素，采取分层整群抽样的方法，在湖南省长沙市某区的城市示范、城市一般、城乡结合和农村中小学的3—7年级中，共抽取40个班，2002例被试（A本1 004例，B本998例）。另外抽取了城市示范和城市一般学校中7年级13个班作为信度、效度样本，于2003年年底进行了团体施测，测试时间为45 min。

基于经典测验理论和概化理论的信度检验表明（范晓玲，龚耀先，2006，2008）：MATs各种信度和效度考验结果基本符合心理测量学的计量标准。

范晓玲等人（2018）以此为基础编制的《4～5年级阅读障碍儿童汉语词汇的认知诊断测验》能够有效地对阅读障碍儿童进行合理分类。该测验初步构建了8种认知属性——视觉词汇、错词辨别、颠倒词、整体词音、词素词音、感情色彩理解、整词理解和语素理解，通过访谈教师，分析学生错误作品，综合考虑阅读障碍儿童的临床表现，从而确定阅读诊断测验的属性层级关系，最终形成4、5年级各66题、71题的测验。测验的信度、效度良好。词汇阅读障碍划界分数根据ROC曲线确定为66分和75分，以此来筛查词汇阅读障碍儿童。

（三）《Woodcock阅读掌握测验》

《Woodcock阅读掌握测验》（*Woodcock Reading Mastery Tests*, WRMT）是由美国心理学家伍德科克（R. Woodcock）编制的一个成套阅读诊断测验，主要用于测查儿童阅读能力的发展水平和存在的阅读问题，也可用于高中毕业生或成人的阅读诊断，属于个体测验。1987年修订版的常模年龄范围是从幼儿园到12年级，有G型和H型两个复本。共有6个分测验，包括：视听学习测验，测查阅读学习中形成视觉符号和口语表达联想的能力；字母识别测验，测查对26个英文大、小写字母的再认能力；字词识别测验，测查对单个常用词的再认能力；词语辨析测验，测查对无意义词语或低频词语的语音分析和结构分析能力；字词理解测验，分析比较近义词、同义词和反义词；语段理解测验，测查对短文及其关键词的理解能力。测验的原始分数可转换成年龄当量、年级当量、百分位数和标准分数、聚类分数、教学水平剖面图、百分等级剖面图和诊断剖面图。该测验的信度较好，效度虽不太理想，但由于其诊断功能强，因此很受欢迎。1998年，修订版（*Woodcock Reading Mastery Test-Revised / Normative Update*, WRMT-R/NU）对常模进行了更新，适用年龄扩展到从出生到75岁，常模分数包括百分等级、标准分数、*T*分数、年龄当量、年级当量、相关表现索引（RPI）等，6个分测验的信度系数为0.80～0.90，它们与《Woodcock心理教育成套测验》的相关系数为0.85～0.91。

第三节　教师自编测验

从前面的介绍可知，标准化教育成就测验是由专门机构编制的，从施测条件到记分手段都有严格而明确的规定，因而标准化教育成就测验的质量高、误差小，能在大规模测验中客观准确地完成对被试的测定和评价，是很理想的测验形式。但标准化教育成就测验编制所需的时间比较长，花费的人力、财力也比较多，且灵活性较差，难以反映学生的成长过程。2020年，《深化新时代教育评价改革总体方案》明确提出改进结果评价，强化过程评价，探索增值评价，健全综合评价，这表明教育评价从结果导向开始向过程导向、表现性导向转变，使过程评价与结果评价相统一。要想实现这一过程的转变，就需要从最贴近学生生活实际的教师自编测验入手。

教师自编测验是指在平时教学中或教学后根据具体的课程标准、教学目的、教学内容等自编的一种非标准化测验。相比较而言，它容易编制，测验内容丰富而且使用起来灵活方便，是学生和教师间反馈信息的重要途径。

一、教师自编测验的特点

（一）测验形式灵活多变，与测验目的完全一致

教师自编测验完全由教师根据教学目的，确定测验的时间、地点、内容和形式。测验时间可长可短；可随堂测试，也可课后测试；测验内容可以是一门课程、一册教材、一个单元、一篇课文，也可以是学生的思维水平、能力结构等；测验形式可以是纸笔、口试，也可以是实验操作。使用多种测验形式可提高学生参与的兴趣，减轻了单纯的纸笔测验给学生带来的学业负担、情绪困扰。不论采取何种形式，都要符合教学要求，不能偏离测验目的。

（二）测验内容来源于教材内容，完全符合课程标准

教师自编测验完全依据课程标准和教师自己所用的教材编写，以此对学生的阶段性学习结果、能力发展水平进行测试。这可以体现所选教材的特点，展现教师的教学特色，贴近教学实际，测试并提高教学效果。教师自编测验的编制前提是教师能准确把握课程标准，已经深入研究过教材，可将教材内容融会贯通，掌握一定的命题技术。对学生而言，这样的测验才是有价值的测验。

（三）测验难度契合学生的实际水平

标准化教育成就测验的对象分布范围广，是以全体被试的平均水平作为难度的参考水平。当它被施测于某一具体学校或班级时，可能会显得过难或者过易，因而不能对学生的知识和能力做出准确的判断。教师自编测验由于是严格依照学科教学目标编制的，并且教师平时就对学生的学习情况有较深入的了解，因此难易程度恰当。同时，针对某一班级内学生的个体差异，教师可以编制不同难度的测验并施测于不同的学生，这样既能使测验难度符合每一类学生的实际水平，经过长期测试，又能呈现出学生动态的发展过程，有利于对学生进行过程评价。

（四）测验编制简单快速

教师自编测验是教师在对学生、教材和教学要求都非常熟悉的情况下进行的，如果教师平时注意积累以往的教学和命题经验，精确把控教学目标，选择合适的测验内容，则编制一份测验是一件容易的事情。况且教师自编测验属于非标准化测验，测验结果不需要与常模进行比较，测验的结构设计，信度、效度的把握，施测的程序等方面并非极其严格，因此从编制到施测十分快速。这是任何标准化教育成就测验都无法做到的。

（五）测验适用于多种评价方式

教师自编测验适用于学业结果评价、增值评价、过程评价，或者是基于活动过程的

观察评价等多种测评方式中。不同的评价方式适用于不同性质的测评内容，且应用中有不同的注意事项。如在增值评价中，以学业成就的增加值作为评价内容，体现了发展的理念，但要注意"天花板效应"与"地板效应"（辛涛，2020）。过程评价指向学生在真实任务情境中的问题解决过程（袁建林，刘红云，2020），其中的过程性数据就是学生潜在心智活动过程的外在表现。教师使用过程性测量时，不仅需掌握编程技术、测量学知识，而且分析过程费时费力。此时，学校可以向教师提供有关过程性测量的程序、系统，以方便教学，方便将测评结果反馈给学生。虽然结果评价存在一些弊端，但作为教育评价的重要组成部分，它不可或缺（朱立明，宋乃庆，罗琳，等，2020）。在实际工作中，教师可以综合运用多种评价方式，从而对学生进行全面评价。

二、教师自编测验的步骤与方法

尽管教师自编测验相对来说比较简单便捷，但教师要编制一份好的测验，就必须深入了解课程标准或教学大纲，了解教学目标和教学内容，具有一定的教育学、心理学和测量学知识。在测验的编制过程中，教师还必须遵守一定的程序，采取相应的方法。

（一）审查测验目的和测验要达到的目标

教师在自编测验时，首先要确定测验目的，明确测验对象的学习水平和特点；其次要明确测验内容、教学要求和目标；最后，要明确测验的用途，是用于诊断、反馈，为过程评价提供数据，还是用于了解学生学业能力的表现性测试。明确上述相关方面后，必须把这些方面关联起来。如在考查学生对某门课程的知识掌握情况时，测验目的就不能偏离此门课程的教学目标，测验内容要有全面性和代表性，要注意减小不同教师在编制题目上的主观性、随意性的影响（卫欣，2019）。

（二）制订测验编制计划

[考纲链接]"心理学专业基础综合考试大纲"：测验目标与命题双向细目表

制订测验编制计划主要包括制订双向细目表，确定能够达到测验目的的题型。首先，为保证测验材料的代表性和覆盖范围，教师可根据教学目标和教材内容设计一个包括知识和能力两个维度的双向细目表，将测验的内容分类与目标分类列于其中，确定各分类组合在测验中的占分比例，确定总测验的难度分布。确定目标分类时，可依据布卢姆的教育目标分类理论——教育目标可分为两个维度：一是纵轴的知识维度，按照具体到抽象的程度可细分为事实知识、概念知识、程序知识和元认知知识；二是横轴的认知过程维度，依次分为记忆、理解、分析、评价和创造。在这种分类中，知识分类明确，认知过程明确，故在制订教学目标和教学计划时应用性很强（吴树芳，朱杰，王梓懿，2018）。

其次，在选择测验题型方面，教师要根据各种题型的特征和侧重考查的能力特质进行合理选择，在注意题型的多样性和各种题型有机结合的基础上，确定使用题型的种类及各种题型的比例，但不可简单模仿以往学习或使用过的测验题型结构（Ort，2015）。另外，题目是否容易编制、实施，是否容易评分和结果解释，也是不能忽视的问题。只有精心制订双向细目表，确定测验的题型结构，才有利于考查学生的知识、能力。

（三）编制题目与合成测验

编制题目与合成测验的首要问题是，教师应该严格按照测验编制计划进行，特别是要严格按照测验双向细目表规定的教学目标编制出符合要求的题目。具体来说，这一步骤包括编制题目，确定答案、评分标准、测验指导语（如时间限制和答题纸格式），确定呈现题目的顺序和方式。在编制题目时，就各种题型的题目本身而言，要体现出本学科的教学水平和学科的特点，题干描述应简洁清晰且符合学生的认知特点和思维习惯（田莉，杨亚敏，2009）。教材中的例习题是欲编制题目的重要参考，例习题具有典型性，可利用改造变形、深化演绎等方法对其进行变式，以此引导学生探究问题的本质，可达到触类旁通的效果（曾松林，2015）。对于题目呈现的顺序，教师要根据学生答题时的心理规律编排题目顺序以组成完整的测验。一般来说，客观性题目在先，主观性题目在后，从易到难循序渐进。在题量方面，题量受学生的年龄能力水平，测验时间，题型目的，测验所要达到的信度等因素制约，教师在合成测验时应综合这些因素确定适当的题量。

三、提高教师自编测验的信度、效度的方法

由于教师自编测验的编制程序没有标准化教育成就测验那么规范，因此，如何提高教师自编测验的信效度非常重要。具体而言，教师可以从以下几个方面着手。

（一）深入研究教材，深入研究学生

教师在自编测验时，应该深入研究教材，深入了解学生，包括知、情、意、行各个方面。同时还要注意，在命题时以所测教材的基本原理和基础知识为主，内容不宜太琐碎。此外，要贯彻既测知识又测能力的原则，不能把测验变成纯知识测验。

（二）明确测验结构，合理使用各种题型

现有许多证据表明，各种类型的教育成就测验已非重点测试记忆的知识，而更多指向学生相应的学科素养和学业能力。由于中、高考命题越来越指向考查关键能力与核心素养，因此教师自编测验同样要基于一定的素养导向，这就要求教师要客观评价自己的命题技术，精心设置测验结构，合理使用各种题型，优化设问方式，加强学科关键能力和观念的考查，使学生答题时不仅基于背过的知识点，还要基于已获得的核心素养。

（三）注意总结命题经验，提高命题技术

教师应该充分利用测验的反馈信息，认真总结自己的命题经验，以便提高自己的命题技术。要在多次命题实践之后，通过不断总结经验、吸取教训，逐渐掌握命题的各种技巧，推陈出新。总结命题经验也包括不断积累优秀题目，不断充实个人的”题库”，在日后编制测验时，不至于出现严重的质量问题。同时还可以参考相关书籍中的命题技术，将其中的内容与自身的方法、思路有机结合，从而命制出高质量的题目。

（四）尽量控制评分误差

教师在自编测验时应该防止评分简单粗暴、草率了事。评分时，教师应该详细分析学生的作答过程，评价他们的思维方式和思维水平，要根据学生实际掌握的知识内容和思维能力综合评分。这些要求教师在测验前准备好参考答案和评分标准，严格按照评分标准评阅试卷。如为主观题准备答案要点，并尽量制订客观细化的评分规则：答对每一要点给多少分，有阐述或阐述详细、准确时给多少分，有独创性时给多少分，等等。这些都需要规定清楚，以保证不同教师评分的一致性。需要指出的是，对主观题来说，“标准答案”的标准并非完全固定，它往往只是提供了一个评分的相对标准，切忌教条主义。此外，要注意防止会带来评分误差的光环效应、对比效应、趋中效应等各种心理效应的影响，还要防止出现因被学生的文字组织和卷面书写风格干扰而评分不公的现象。

（五）精心分析测验质量，改进测验题目

在施测以后，除了要根据答案和评分标准进行评分以外，教师还应该分析测验的质量，如进行题目分析以识别题目的难度水平、鉴别指数，进行信度和效度分析以评价测验的总体质量等。完成整体分析后，再对导致信、效度较差的个别题目进行针对性地探讨、修订。测验质量分析是总结命题经验、提高命题技术、改进教学的有效措施。

（六）学习教育测量知识，合理解释测验结果

教师对教育测量的认知与应用易出现过度测试与滥用数据结果的现象（刘香东，王一波，2021），这将直接导致教师对教育测量评价中的思想、技术了解甚微，测量学素养较低。为解决这个问题，首先要在师范教育中重视相关测量学素养的培养；其次，教育政策制定者、各学校应在选拔教师时设定有关测量学素养、测评能力的考核；同时，在教师任职期间，通过专家引领、典型带动、案例分析等方式定期为其提供培训；最后，教师个人在掌握一定测量学知识的基础后，报告测验结果时，除了报告分数以外，还可报告与学生的学业技能有关的各种表现性评价。

教师是对学生进行学业评价的中坚质量，除了大规模的标准化教育成就测验，主要还是通过自编测验对学生进行各种评价。教师应主动提高自身的测评技术、素养，编制出高质量的测验并对测验结果进行合理解释，从而有利于引导学生更好地认识自我，有利于学生的自身成长。

第四节　教育测验题库建设方法

当今，大规模教育成就测验发展的一个重要方向是建设题库。对于题库建设的探索不曾止步，比如国家题库。国家题库经过不断研究和实践已经发展成为具有征集试题、研磨审校、组卷和统计分析等多功能、全流程的信息化系统，为服务保障国家考试命题等各项任务发挥着重要作用（王蕾等，2021）。建设题库的目的在于提高测验质量，保证测验的公正和公平。题库由许多适用于不同目的、技能或任务需要的题目组成，供命题人员根据预定的考试目标出题。若题库包括了覆盖学科中所有内容的质量较高的题目，命题人员的工作就会变得简单且卓有成效。

《深化新时代教育评价改革总体方案》提出，要改进结果评价，强化过程评价，探索增值评价，健全综合评价。其中，探索增值评价的关键是试卷的垂直等值设计。实现试卷的垂直等值设计需要相当数量的经过试测的试题，因此唯有开发试题库才能满足增值评价试卷设计的要求（雷新勇，2020）。题库建设的必要性还体现在：题库建设不仅是实现考试规范化、科学化的重要环节，同时也是实现教考分离的关键和基础。所谓“教考分离”是将教学实施过程与教学效果评价过程分离的一种现代教学管理手段，其核心是公平、公开、公正和客观。题库建设有利于增强考试的规范性与客观性（魏首柳，柯小玲，2021）。

题库一词有狭义和广义两重含义：狭义的题库特指测验性能明确的若干题目的有序集合，也是传统意义上题库的全部内容；广义的题库是指以狭义题库为中心建起的一个带有若干附加功能的计算机系统，我们将其称为题库系统。本书使用的是广义的题库。建设题库所需的人、财、物的投入很大，如果所建题库质量不高，适用性不强，那不仅是人、财、物的浪费，还可能造成测验质量下降，影响被试，失信于社会。我们必须重视建设题库所用方法与技术的科学性。

一、题库和题库系统设计

（一）题库设计

1．题库指导理论设计

建设题库离不开测量理论的指导，在不同的测量理论下，建设题库的方法不一样，建成的题库的性能也不一样，所以要重视对题库指导理论的设计。设计题库时，要根据建设题库的目的，测量的精度要求，技术水平和人、财、物的投入能力等方面综合考虑，选定指导理论。题库建设的理论有经典测验理论、项目反应理论、认知诊断理论等。这里主要介绍经典测验理论下的题库建设方法。经典测验理论为人们所熟知，模型相对比较简单，以其为指导理论建设题库，投入相对较小，适用于开发各种常规测验。

2. 题库指标体系设计

设计题库指标体系的目的有两个：一是标明题目性能，二是规定题目存储和调用规则。题库中的题目是用来组卷的。如果要使所组试卷合乎测量要求，则对每一道入选题目的性能必须有明确的规定。要让计算机“明白”组卷人对题目性能的要求，就必须给题目设计指标，组卷时就可以由计算机按组卷人指定性能调用题目。只有这样，才能组出合乎要求的试卷。题库是存放题目的“仓库”，题目在题库中存放必须有一定的规则，才能使题目的存储和调用快捷准确。设计题库指标体系同时也是设计题库中题目的存放规则和题目的调用方式。

题库指标体系的设计关系到整个题库质量的高低，关系到所组试卷的质量高低，同时也关系到题库的管理和使用是否方便和高效。一般来说，题库指标体系设计应该遵循以下五条原则。

① 科学性原则。这一原则的含义体现在三个方面。首先，整个指标体系要准确反映题目的各项测量性能。其次，指标的名称要规范，意义要确切。最后，指标的分层（分类）意义要明确，不同层次（类别）的题目之间在测量性能上的差异要明显。

② 完备性原则。这一原则是指指标体系要尽可能覆盖题目的各种测量性能，不要遗漏重要的测量性能。

③ 简易性原则。应做到以尽量少的指标完成对测量性能的覆盖，使每一个指标都能反映一种重要的测量性能。

④ 独立性原则。为题库设计的每一个指标都独立地反映某一种测量性能，互相之间尽可能不要交叉重叠。

⑤ 可操作性原则。在所设计的指标体系下，组卷人能很容易地确定每一道题目的层次（分类）的代码值。

设计题库指标体系的主要步骤如下：

第一步，初拟指标。根据科学性原则和完备性原则，我们要从两个角度罗列各种可能的测量指标。第一个角度是从分析学科性质出发，罗列出评价学生优劣的各种指标，如认知目标层次等。第二个角度是从分析本学科题目的各种测量性能出发，罗列出评价题目性能的各种指标，如题型、难度等。

第二步，精选指标。根据简易性原则和独立性原则，我们要进一步分析初拟的各种指标的性能，剔除重复的和次要的指标，合并交叉重叠的指标，根据合并后指标的共性给新指标命名。

第三步，精炼指标。根据科学性原则和可操作性原则，我们要精炼所选指标。指标名称表述要明确、规范，指标定义要确切、可操作。

第四步，指标细分层（类）。对于分类、分层变量，我们需要将每一指标细分为若干层（类），并给出确切的定义。确定指标分层后，我们应该对每一层指标按顺序进行编码。

教育成就测验题库常用指标如下：

① 认知目标层次。认知目标是指与智力活动有关的学科教学目标，是题库常用的

测量性能指标，也称能力。设计学科的认知目标层次必须根据学科教学目标，深入分析本学科的性质，分析本学科教与学中学生智力活动的类型，并区分它们的层次，然后加以界定。

② 难度。难度是题库最常用的指标。试题难度指标的确定直接影响到题库的质量。因此，难度系数的确定是题库管理的核心，是科学、合理地组卷的基础（马江山，2006）。难度指标最理想的设置方法是通过求取常模在题目上的通过率或得分率进行估计。在实际工作中，由于测试的困难，难度有时也可由人工评定。人工评定难度要依据影响本学科题目难度的各种因素，各因素对难度的影响方式和程度。

③ 内容。内容指标用来标示题目所涉及的知识内容之间的区别。题库设置内容指标的主要目的是控制题库题目知识内容的分布。由于大多数课程的知识内容体系庞杂，因此内容指标常采用多级制，使内容的分类可以更精细，在形式上也更易于标示和识别。

④ 内容地位。根据题目所考查的知识内容在学科知识体系中的地位不同，我们可将相应的考核知识点区别为主干内容、分支内容和细节内容三类。设置内容地位指标是为了在命题和组卷时控制好三类内容的题目占比。

⑤ 题型。题型是大部分题库都必须设置的指标，因为各种题型的测量性能不一样。一个题库往往配有多种题型，有些特殊课程可能还要用一些特殊题目类型。一个题库到底用多少种题型，用哪些题型，必须结合课程特性而定。

3．题库题量分布设计

题库题量分布设计是指在一些重要指标上确定题量的分配比例。包括要分配好每一种题型的题量比例，每一难度的题量比例。题库题量分布设计的指标除题型、难度之外，还有内容、内容地位、认知目标层次等。内容的题量分配可以只涉及一级指标，如果能分配到二级指标当然更理想。

题库题量分布设计是题库指标体系设计完成后一项非常重要的工作。设计题量分布的目的，一是明确命题任务，二是使整个题库中的题目有一个合理的分布结构，以便能顺利地调用题目，组成我们所希望的试卷。题库题量分布设计的总原则是科学合理。科学合理的标准包括：能组成本题库各种适用对象使用的、各方面测量性能均符合要求的试卷；一次能组成尽量多的同规格的平行试卷；保证题库中大多数题目有较高利用率。要使所建的题库达到上述标准，在设计题量分布时，我们就要对本课程考试中符合考试要求的各种试卷的组成结构有较全面的认识和了解。

（二）题库系统设计

现代题库应该是一个动态的智能化系统。题库系统的动态性和智能性是依靠系统所配备的各种计算机功能模块实现的。题库系统设计一般为用户管理模块、题库管理模块、组卷模块和试卷分析四大模块（任建平，赵春辉，赵美虹，等，2021）。目前，国内许多研究学者对在线试题管理系统进行了研究与设计，如戴超等人（2018）利用Django Web 框架并采用 Postgre SQL 数据库设计了具有试卷管理与题库管理的智能题库系统；卜明磊以 HUSTOJ 平台设计了试题与组卷管理等多功能为一体的高级语言考试系统以及应用 Hadoop 的题库管理系统设计（余战秋，文晶晶，2019）。通常一个题库系统配备的功能有：系统管理功能，题目管理功能，数据分析功能，组卷、测试功能等。

1．系统管理功能设计

系统管理功能是指对整个题库系统实现有效管理所需要设置的各种功能，主要包括：① 用户管理，包括用户增删、用户身份验证、用户出入记录、用户权限认定等；② 命题人员信息管理，用于记录、查询、修改题库命题人员的各项有关信息，包括命题数量、命题内容、命题时间等；③ 考生信息管理，用于管理考生身份、考试时间、作答记录及得分等；④ 数据文件管理，负责管理整个题库系统固有数据文件及运行中新增的各种数据文件。

2．题目管理功能设计

设计题目管理功能时应该考虑的内容主要有：① 题目的录入，包括题目代号、题目编码、参数、题目文字内容、答案或选项、评分标准等的录入；② 题目的修改与删除，题目录入后可以随时修改甚至删除该题目；③ 题目的查询，包括对单个题目的内容查询和对整个题库结构的查询；④ 题目的使用记录查询与记录撤销；⑤ 电子命题卡设计，指供命题人员专用的、相对独立的命题软件，含有录入、修改、删除等功能。

3．数据分析功能设计

数据分析是指对经过施测的题目和试卷进行分析，从而获得题目相应参数和试卷质量信息的工作，有时也包括对被试水平的分析。数据分析功能并不是题库必备的功能，因为有许多商业软件可供选用，但现在新建的题库一般都在系统内设有数据分析程序。具体的分析内容必须在所选定的测量理论的指导下，结合具体题目来设计。

4．组卷、测试功能设计

人工智能赋能大规模教育考试的题库建设是目前的研究重点。题库不仅是试题的存储库，更重要的是要实现智能化组卷功能（蒋培杰，熊斌，2020）。随着人工智能和计算机技术的快速发展，无纸化考试已成为信息技术发展的必然趋势。自动组卷不仅能够保证考试的客观性和公正性，而且可以减少教师在考试过程中编制试题、批阅试卷的工作量，同时还能节约大量的人力和物力资源（税靖，2018）。这一部分的设计首先应该考虑如何从题库中调题组卷。现在题库系统的组卷功能设计更多是从宏观上设计一张组卷蓝图，规定各指标上各类题目的比例，由计算机按蓝图自动组卷。这种方法减少了人力劳动，能组成多份平行试卷，优点比较明显，但这种组卷程序的质量依赖较好的算法模型。关于智能组卷的算法已有很多。例如，随机抽取法、回溯试探法、遗传算法和粒子群算法等。还有一些基于这些算法的优化算法，如层次分析法、人工鱼群算法，以及根据蚂蚁觅食等群体行为提出的蚁群算法等（蒋培杰，熊斌，2020）。

不过，通过再好的算法组出的试卷也要有人工审核环节。如果组卷后直接在计算机上测试，就必须编写计算机测试程序。一般的计算机测试程序要考虑被试管理、题目呈现方式与方法、作答记录、评分方法等功能的设计和实现。如果是组卷后打印成纸笔试卷，则该部分可能还需设计排版和输出打印功能。

二、题目命制

（一）命题组织

题库建设者应该聘请专业水平高、熟悉教材和考试大纲、有较丰富命题经验的教师担任命题人员。每一位命题人员都应明确题库建设的目的、意义和方法，明确本题库的指标体系及各指标的意义、各指标分类的意义、界定方法及编码方法，明确自己的命题任务，明确命题要求和纸质或电子命题卡的使用方法。

命题工作开始时，题库建设者必须向命题人员分配命题任务。分配命题任务应从总体上统筹考虑，结合个人特长合理分配。一般情况下，分配命题任务以内容章节为依据，便于命题人员深入钻研教材内容，熟悉考试大纲，统筹考虑所分章节内题量的各种分配比例。所分配的命题任务应该形成文字，指定命题内容在哪章、哪节，总题量多少，在各种指标上的分配比例分别为多少。

命题的组织形式没有一定限制，可以相对集中，也可以分散进行。在命题过程中，题库建设者要加强对命题人员的指导与检查。

（二）个人命题

1. 制订个人命题计划

个人为题库命题，无论在形式上还是内容上，要求都比较严格。每个命题人员在具体命制题目前都必须认真制订个人命题计划。

制订个人命题计划应以认真研读各方面资料为基础。首先要研读的是本课程的教材和考试大纲。命题人员要对课程开设的目的，希望达到的要求，教材的内容范围、逻辑体系，考核目标与考核范围都非常熟悉。其次要认真研读本题库指标体系设计材料。题库指标数、指标名称与定义、指标分类与定义都是命题人员应该了解和掌握的内容，也是在设计命题计划时应该遵照执行的内容。最后要研读的材料是个人领取的命题任务资料。命题任务是个人编制命题计划的直接依据。

制订个人命题计划，重要的是将命题任务具体化。落实命题任务可自上而下地进行。首先将整个任务依据各部分内容特性分配到每章每节，其中必须要确定题型比例多少、认知目标比例多少、难度比例多少等内容。每章每节的题量主要依据其所含知识内容的多少来决定。其次是依据该章、节在整个知识体系中的重要性来命题。题量分配到章、节之后，还需进一步落实到各个考核的知识点上。每一个知识点上应出几道题，各是什么题型，分别考核哪层认知目标，都应该仔细考虑。制订个人命题计划时还应注意内容上跨知识点甚至跨节、跨章的综合性题目要占一定比例。

2．命题技术要求

制订个人命题计划后，就可以着手命题。完整的命题过程包括编制题目、给出参考答案和评分规则、填写指标编码这三步。命题时要注意以下几个方面：第一，要注意内容的科学性，不应编写出内容有科学性错误的题目。第二，要注意用词和用语的准确性，不能模棱两可、含糊不清。第三，要保证题目有公认的正确答案，不能出尚有争议的题目。第四，要在大纲要求的层次和范围内出题，不能超越大纲。第五，要符合测量性能指标的要求，特别是在认知目标层次和难度等级上不要错位。除此之外，编制题目还要符合题库对题型的一些特殊要求，比如选择题的选项统一为几个，填空题一题留几个空，等等。

题目编好后，对于非客观性题目，命题人员应该给出参考答案和评分规则，以供阅卷人员参考。命题人员在为非客观题制订参考答案和评分规则时，要尽量做到"准确"和"客观"。在做参考答案时，要保证所给出的答案是正确的，同时要尽量全面；也要考虑到其他可能产生的作答内容和形式，并区别正误。在制订评分规则时，应尽量采用分步给分的方式。同时应明确给分的标准。

给题库命题还有一项重要任务，就是填写指标编码。编码的质量会影响题库的质量，进而影响所组试卷的测量性能。为使编码准确，命题人员要做到：对本题库指标体系的编码规则非常了解，非常细心。虽然在编题之前就已确定了各个题目在各个指标上的定位，但编好题后还应再次确认，特别是对认知目标层次和难度级别的确定不应有误。

3．复查

命题人员完成命题后应该认真复查。复查的任务有三项：第一项是再次评价每道题的科学性，包括内容应正确、科学，用语要确切，作答要求的指向明确，参考答案正确，评分规则客观、细致、无误；第二项是再次确认所有指标编码的准确性，包括无错数、无错位、无缺位等；第三项是根据实际所编题目的编码，再次统计所编题目在各个指标上的题量分布，确保其不偏离任务书所规定的要求。

三、审题、试测、入库

（一）审题

为题库审题，审题人员要认真审核以下八个方面的内容：

① 题目内容是否科学、健康，是否适应时代发展要求。

② 题目语言是否规范、确切，设问指向是否明确，是否会引起误解。

③ 选择题的迷惑性选项是否有效，选项用词有无暗示。

④ 答案是否正确。

⑤ 非客观题的评分规则是否客观、细致。

⑥ 所用题型是否规范，是否符合本题库对题型的规格要求。

⑦ 所有指标编码是否准确，有无遗漏、错位现象。

⑧ 命题卡的填写是否完整、规范，字迹是否清楚。

审核中最重要也是最困难的，是审核内容的科学性与指标编码的准确性。对内容科学性的审核依赖审题人员的学科专业水平，命题经验和认真、细致的工作态度。对指标编码的审核，由于题目范围广、量大，命题人员对指标分类界定的理解不一定一致，因此审题人员尤其需要在审题时予以统一。

（二）试测与数据分析

题库中有些指标，比如难度、区分度等，最好是通过实际测试获得原始数据，再通过数据分析得到。因此组织试测也是题库建设的一项重要工作。开展试测工作时，首先要完成试测所用试卷的编制。试测试卷从内容到格式一般应与正式试卷相似，差距太大可能导致试测数据不准确。其次，要选好参与试测的被试，试测被试应是未来实测被试的一个有代表性的样本。再次，试测的环境也应与正式测试的环境相似，试测被试的动机水平和状态与实测被试不应有太大差距。最后，试测试卷的评分最好由命题人员亲自阅卷，以保证有较高的评分者信度。获得测试数据之后，就可以使用题库自备的或现有软件进行数据分析。数据分析的主要目的是估计题目的各项统计参数。题目参数齐备之后，应该根据题目参数对每道题的质量再次进行评估，对参数不理想的题目做出修改或淘汰的决策，保证入库题目的质量。

（三）入库

题目入库是一项非常细致的工作。计算机题库的题目入库有两种方法：一种是由录入人员依据书面文字题卡输入计算机，另一种是由电子版题卡导入计算机。第一种方法可委派专业录入人员进行，应该保证文字题卡内容的绝对完整和可靠，包括题目文字、参考答案、评分标准、编码、编号、对应参数以及附属参考资料等都齐备无缺和准确无误。如果有音像资料的话，也必须同时提供，必须一一对应。录入人员录入后应该认真校对。题目校对的工作非常重要，工作量也较大，并且要求校对人员非常仔细。校对工作最好是换人校对，以避免心理定势的作用。

第二种方法是将命题人员在电子命题卡中分别制作的题目一起导入总题库。这项工作应由系统管理员承担。但在导入前应该完成文字的校对工作，确保无误后再导入，否则编码、编号或参数的一点小错误就可能造成导入后资料的混乱。导入工作还包括将计算分析所得的成批参数导入题库。导入时需特别注意编码、编号的对应，不能错位。

无论是由文字题卡输入计算机还是由电子版题卡导入计算机，题库建成后，都必须对整个题库系统进行各方面的功能检验。功能检验应该用题库中的实际题目进行，既检验题库系统各方面的功能，又检验题目的各方面质量，还要检查整个题库题目的分布。

本章小结

教育成就测验是指个体在经过一个阶段的学习或训练之后，对其知识、学识和技能发展水平进行的测定，是一种专门为教育情境而设计的测验。教育成就测验起到评价、反馈、选拔和安置等作用。

标准化教育成就测验是由测量学家和科任教师按测量学基本原理编制的，在统一的条件下进行施测和评分，可以将学生的成就水平与常模组或参照组或某个标准进行比较。测验编制主要有两种取向，即课程取向和广泛取向。

教师自编测验是指在平时教学中教师自编的一种非标准化测验。相比而言，它容易编制而且使用起来灵活方便，是学生和教师间反馈信息的重要途径。一份好的教师自编测验对于诊断学生的学习、评估教学效果起到重要作用。

教育成就测验的题库建设是一项重要的工作。题库建设的目的是提高测验的质量和效率。题库由许多适用于不同目的、技能或任务需要的题目组成，供命题人员根据预定的考试目标出题组卷。若题库包括了覆盖学科中所有内容的质量较高的题目，命题人员的工作就会变得简单且卓有成效。

复习与思考

1. 结合实例，试述教育成就测验的性质和作用。
2. 举例说明标准化教育成就测验的编制过程和注意事项。
3. 选用标准化教育成就测验应注意哪些问题?
4. 比较标准化教育成就测验和教师自编测验，列出各自的优点和缺点。
5. 题库建设的基本要求有哪些？你认为建设题库有什么好处?

推荐阅读

1. 关丹丹，韩宁，章建石．立足“四个评价”、服务“五类主体”进一步深化高考评价改革［J］．中国考试，2021（3）：1-8.

2. 袁建林，刘红云．过程性测量：教育测量的新范式［J］．中国考试，2020（12）：1-9.

第九章

智力测验及其实施

学习目标

- 什么是智力?
- 智力测验有用吗?
- 智力结构理论和智力的认知发展阶段理论、生物学结构理论、信息加工理论有何异同?
- 常用的个体智力测验和团体智力测验有哪些?二者各有什么特点?

知识导图

- 第九章　智力测验及其实施
  - 智力测验概述
    - 智力测验的相关概念
      - 智力的含义
      - 智力测验及其指标
      - 智力的分布和分类标准
    - 智力测验的理论依据
      - 智力结构理论
        - 智力二因素理论
        - 智力三因素理论
        - 智力群因素理论
        - 智力的层次结构模型
        - 智力结构模型
        - 流体智力和晶体智力理论
        - 智力三层级理论
        - 卡特尔-霍恩-卡罗尔智力理论
        - 多元智力理论
      - 智力的认知发展阶段理论
      - 智力的生物学结构理论
      - 智力的信息加工理论
        - 同时加工和继时加工理论
        - 智力PASS理论
        - 三元智力理论
  - 常用个体智力测验及其实施
    - 《斯坦福-比内智力量表》系列
    - 《韦克斯勒智力量表》系列
    - 其他个体智力测验
      - 《考夫曼儿童成套评估测验》
      - 《区分能力量表》
      - 《达斯-纳格利里认知评估系统》
      - 《伍德科克-约翰逊认知能力测验Ⅲ》
  - 常用团体智力测验及其实施
    - 团体智力测验发展简史
      - 军队团体智力测验
      - 学校团体智力测验
    - 常用的团体智力测验
      - 《瑞文推理测验》
      - 其他团体智力测验
        - 《奥蒂斯-伦农学校能力测验》
        - 《翁德里克人事测验》
        - 《认知技能测验》
        - 《认知能力测验》
        - 《文化公平智力测验》

智力测验有用吗？

在你的同学中，有的可能善解数学难题，但语文作业中总是错别字满篇；有的可能外语学得呱呱叫，可是做物理实验时却笨手笨脚；有的可能分析问题时头头是道，可是一到野外就迷路……为什么他们之间会有这些差别？标准化的智力测验能帮助你理解这些个体能力差异吗？本章主要介绍智力测验的原理、方法和应用技术。

第一节　智力测验概述

什么是智力？智力可以测量吗？如何测量智力？智力测验的结果可信吗？本节将对这些问题进行解答。

一、智力测验的相关概念

（一）智力的含义

[考纲链接]“心理学专业基础考试大纲”：智力测验

虽然“智力”这一概念在生活中被广泛运用，多数人也认为可以通过外显的、可观察的行为来识别智力，但是给智力下一个能够被广泛接受的定义十分困难。有代表性的智力的定义有：

① 智力是学习的能力（B. R. Buckingham，J. A. C. Henmon 等）。

② 智力是适应环境的能力（W. Stern，E. L. Thorndike 等）。

③ 智力是抽象思维的能力（A. Binet，L. M. Terman 等）。

④ 智力是加工信息的能力（S. Sternberg）。

⑤ 智力是个体心理能量的总和，此种能量能够使个体有目的地行动，使个体的思想有条理，并且能够有效地适应自身的环境（D. Wechsler）。这是一种对智力的综合理解。

[微课] 如何认识智力

综合以上观点，本书认为：**智力**（intelligence）是指人们认识、理解客观事物，并运用知识、经验等解决问题的一般能力，它包括观察能力、注意能力、记忆能力、思维能力、想象能力、操作能力等。

（二）智力测验及其指标

智力测验是通过测验的方法来衡量人的智力水平的一种科学方法。智力被看作人的各种基本能力的综合，因此智力测验又称普通能力测验。

在心理学中，智力测验的结果通常有三种表示方法：智力年龄、比率智商和离差智商。

1．智力年龄

智力年龄即智龄，是指用一类以某种特殊方法编制的智力量表报告出的、以“年龄”为形式的智力成绩。编制这种智力量表时，首先要编写和筛选出一系列可以区分各年龄被试的题目，并为每一道题目标上“年龄”。比如，某道题目大部分 3 岁儿童做不出，而大部分 4 岁儿童能做出，此题所标“年龄”即为 4。然后将所有题目按“年龄”由低到高排序。被试作答时由低年龄题做起，能正确做到哪个年龄的题，即说明他的智龄是多大。《比内 - 西蒙智力量表》就是这样一种智力量表。

2．比率智商

比率智商即**智力商数**（Intelligence Quotient, IQ），指智力年龄（MA）与实际生理年龄（CA）的比率。这是《斯坦福-比内智力量表》使用的方法。用公式表示为

$$IQ=\frac{MA}{CA}\times 100 \qquad \text{公式 9-1}$$

3．离差智商

离差智商是把测量分数按照正态分布曲线标准化，把原始分数转换为平均数为 100、标准差为 15 的标准分数，用来描述个体的智力相对其同龄人的平均成绩的偏离程度。这是《韦克斯勒智力量表》使用的方法。

（三）智力的分布和分类标准

用智力商数来衡量人的智力水平的高低时，通常把人们的智力水平分为如表 9-1 所示的类别。

表 9-1 韦克斯勒对智力的分类

智商	类别	百分比 /%	
		理论常态曲线	实际样组
130 以上	极优秀	2.2	2.3
120～129	优秀（上智）	6.7	7.4
110～119	中上（聪颖）	16.1	16.5
90～109	中材	50.0	49.4
80～89	中下（迟钝）	16.1	16.2
70～79	低能边缘	6.7	6.0
70 以下	智力缺陷	2.2	2.2

［知识窗］认识天才

大量研究表明，人类的智力水平呈正态分布。特曼认为：智商为 100 左右的人数约占全部人口的 46%，智商 130 以上的人数少于 3%，智商 70 以下的人数少于 3%。

二、智力测验的理论依据

（一）智力结构理论

1. 智力二因素理论

斯皮尔曼（C. E. Spearman）认为，智力可以分为两类：① 一般因素（G 因素），代表个体的普通智力，是一切心智活动的主体和智力的基础，个体间智力的差异取决于 G 因素数量的多寡；② 特殊因素（S 因素），代表个体的特殊智力，只有在某些特殊情况下（特殊工作或特殊活动中）才会表现出来。

2. 智力三因素理论

桑代克提出了智力三因素说，认为智力可分为：① 抽象智力，即处理语言和数学符号的智力；② 具体智力，即处理事物的智力；③ 社会智力，即处理人际交往的智力。

3. 智力群因素理论

瑟斯顿（L. L. Thurstone）提出了智力群因素理论，认为智力可分为语词理解、语词流畅、数字运算、空间关系、联想记忆（即机械记忆能力）、知觉速度、一般推理 7 种因素。

4. 智力的层次结构模型

英国心理学家弗农（P. E. Vernon）把智力结构分为 4 层：顶层，一般因素；第二层，大群因素，分为“语言 – 教育因素”与“实用 – 机械因素”两大群因素；第三层，次群因素；第四层，更细的特殊因素，即各种各样的特殊能力。

5. 智力结构模型

美国著名心理学家吉尔福德（J. P. Guilford）用内容、操作和产品 3 个维度建构了智力结构的立体式模型。其中，内容维度指引起个体心智活动的各种刺激物，操作维度指智力的加工活动，产品维度指智力活动的结果。吉尔福德划分出 6 种操作、5 种内容和 6 种产品，总共有 180 种智力因素。每种操作、内容和产品的组合代表了一个不同的智力因素，如图 9–1 所示。

6. 流体智力和晶体智力理论

美国心理学家卡特尔（R. B. Cattell）认为，智力包括两种成分：流体智力和晶体智力。

（1）流体智力

流体智力（fluid intelligence）是指信息加工和问题解决过程中洞察复杂关系的能力。如：对关系的认识，类比、演绎、推理的能力，形成抽象概念的能力等。后来，霍恩（J. Horn）又增加了一些流体智力因素，包括：视觉加工能力、听觉加工能力、数量加工能力、加工速度、读写能力、短时记忆能力、长时记忆和提取能力。流体智力在不同的环境和条件下都会显示出来，因而是一种普遍性能力，它更多地依赖遗传。卡特尔认为，流体智力在个体发育早期一直呈线性增长，到 14、15 岁开始达到顶峰，22 岁以后开始逐渐衰退。

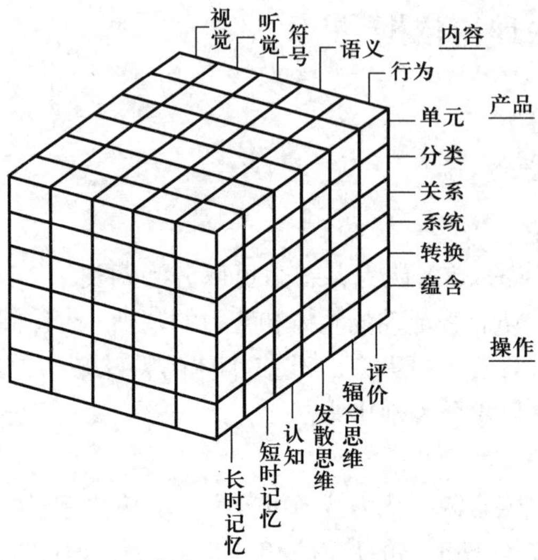

图 9-1　吉尔福德的智力结构立体模型

（2）晶体智力

晶体智力（crystallized intelligence）是指知识与技能有效结合的一种能力，主要用于完成某种固定的任务。晶体智力更多依赖环境的作用，取决于后天的学习，与社会文化有密切的关系。晶体智力在人的一生中都在发展，但到 25—30 岁之后，发展的速度渐趋平缓。

流体智力与晶体智力发展曲线如图 9-2 所示。

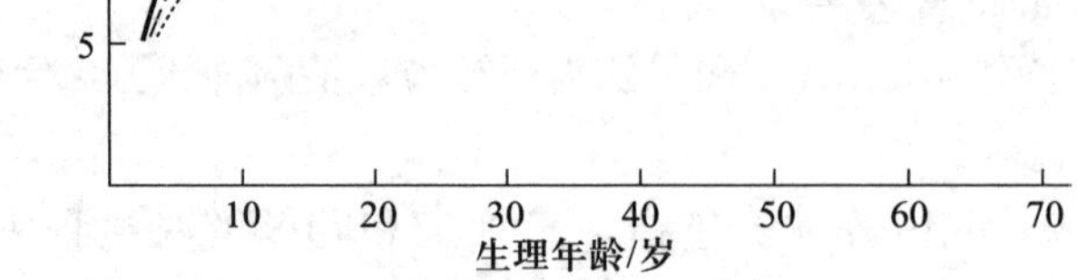

图 9-2　智力发展曲线理论分布

7. 智力三层级理论

卡罗尔（J. B. Carroll）提出了**智力三层级理论**（the three-stratum theory of intelligence）：最上面的一层是一般智力因素；第二层由七种能力组成：流体智力、晶体智力、一般记忆容量、一般流畅性、一般视知觉、一般加工速度和一般听知觉。第三层是一些特殊因素，这些因素因其所关联的第二层因素的不同而不同。

8．卡特尔－霍恩－卡罗尔智力理论

卡特尔－霍恩－卡罗尔智力理论（Cattell-Horn-Carroll, CHC）是一种将 Cattell-Horn 和卡罗尔的理论进行整合的理论，由麦克格兰（McGrew，1997）提出。随后，麦克格兰等人（McGrew & Flanagan, 1998）在因素分析的基础上，对之前的整合理论进行了修改，形成了现在的 McGrew-Flanagan CHC 理论。该模型包含了 10 个“宽层”能力和七十多个“窄层”能力，每个宽层能力包含了两到三个窄层能力。这 10 个宽层能力包括：流体智力、晶体智力、数量知识、读写能力、短时记忆、视觉加工，听觉加工、长时记忆和提取、加工速度、决策 / 反应的时间或速度。

9．多元智力理论

美国心理学家加德纳（H. Gardner）认为，智力是个体用来解决问题和创造物质财富的能力，智力的内涵是多元的。他提出了 7 种不同的智力成分：

① 言语能力：包括说话、阅读、书写能力等。

② 逻辑数学能力：包括数字运算和逻辑思考能力。

③ 空间能力：包括认识环境、辨别方向的能力。

④ 音乐能力：包括对声音的辨识和表达韵律的能力。

⑤ 身体运动能力：包括支配肢体以完成精密作业的能力。

⑥ 人际能力：包括与人交往且和睦相处的能力。

⑦ 内省能力：包括认识自己并选择自己生活方向的能力。

后来他又加入了自然智力、精神智力和关于存在的智力。加德纳大大丰富了智力的内涵，开辟了智力理论发展的新方向。

（二）智力的认知发展阶段理论

瑞士心理学家皮亚杰开创了认知发展阶段理论，这个理论对儿童智力测验的开发具有重要的指导意义（Ginsburg el al.，1988）。他提出了守恒、图式、同化、顺应、平衡等概念，解释儿童的认知发展阶段特征。他认为，图式是具有良好组织的行为模式或心理结构，它能够指导我们如何做事，并且在一个被称为“平衡”的过程中日趋成熟。同化是指将某一图式用于解释某一物体、人或事件。如果这个图式能够被成功地运用，那么个体将会达成一种平衡，反之会产生不平衡。在这种情况下，个体必须通过调整图式来让它发挥正常的功能，这一过程叫作顺应。皮亚杰把儿童的认知发展分为四个阶段：

感觉运动阶段（从出生到 2 岁）：婴儿主要通过感觉和运动能力来获得对世界的经验。当物体不在视线内时，婴儿会认为它们不存在了。在此阶段，婴儿会发展出客体永久性观念，会寻找消失了的物体。

前运算阶段（2—7 岁）：尽管这一阶段的儿童还没有发展出守恒概念，但是，他们能够理解行为的功能。例如，儿童会为了打开窗帘而拉动绳索，他们知道绳索拉动得越长，窗帘被拉开得越大。在大脑中使用词汇和图片来表征事物的能力也会得到发展。

具体运算阶段（7—12 岁）：儿童会发展出守恒概念和有限的逻辑推理能力。例如，儿童明白事物的可逆性，即数字或物体改变后，可以回到原来的状态。

形式运算阶段（12—15 岁）：此阶段的儿童通常会发展出类似成人的系统地解决问题的能力。儿童提出假设、证实假设的能力变强了。

皮亚杰认为，人类的智力发展按照上述顺序依次展开，不受各种文化的影响。因此，就人生发展的整体历程而言，人类智力发展不仅是一个连续的量变过程，也是一个非连续的质变过程。

（三）智力的生物学结构理论

随着神经生理学研究的开展，有一部分心理学工作者认为智力是在人类脑神经结构、生物、化学等先天因素的作用下形成和发展起来的，这就是智力的生物学结构理论。埃特尔（J. P. Ertl）和舍费尔（E. W. P. Schafer）是探究脑电波图案与智力之间关系的第一批研究者。他们发现，高智商个体的平均诱发电位波形比低智商个体的波形有更多峰和谷。享德里克森等人（Hendrickson et al.，1982）注意到平均诱发电位错综复杂的波形的总长度能够作为智力的生物指数。詹森（A. R. Jenson）的智力振荡结构理论认为，在外界智力任务的物理刺激作用下，大脑皮质中会形成许多相应的激活点，这些激活点的激活水平是不断地振荡着的，因此，激活点有一半时间属于不应期，处于激活阈限以下。当对激活点的刺激超过了激活阈限值，激活波会沿着结点链传递下去，直至最后的反应通道。因此，个体对智力任务的刺激做出反应的总时间，应是由激活点的平均振荡周期和激活波在结点链中的传递时间共同决定的。个体之间在这两个方面的时间差异，就决定了个体反应时的差异，也就是个体智力水平的差异。

（四）智力的信息加工理论

1. 同时加工和继时加工理论

俄国神经心理学家鲁利亚（A. R. Luria）侧重探讨智力的信息加工机制——信息如何被加工，而不是什么被加工。他区分出两种基本的信息加工方式：同时加工和继时加工。在**同时或平行**（simultaneous or parallel）加工中，所用的信息在同一时间被整合到一起进行加工。在**继时或系列**（successive or sequential）加工中，所用到的信息按照一定的顺序被分别进行加工。

2. 智力 PASS 理论

受鲁利亚的信息加工观点的影响，加拿大心理学家达斯（J. P. Das）等人进一步提出了智力 PASS 理论。该模型包括以下几部分内容。

① 四种认知成分：计划，注意，同时加工，继时加工。

② 三个系统：注意 – 唤醒系统（第一机能区），其作用是使大脑处于一种适宜的工作状态；同时加工 – 继时加工系统，又称编码系统（第二机能区），负责对外界输入信息的接收、解释、转换、再编码和存储；计划系统（第三机能区），执行计划、监控、评价等高级功能。

③ 测验内容，包括四个分测验。第一分测验（测查计划性功能系统）：视觉搜

索（visual search），计划连接（planned connection），数字匹配（match number）；第二分测验（测查注意－唤醒功能系统）：表现的注意（expressive attention），找数（number finding），听觉选择注意（auditory selective attention）；第三分测验（测查同时加工成分）：图形记忆（figure memory），矩阵问题（matrics），同时的言语加工（simultaneous verbal）；第四分测验（测查继时加工成分）：句子重复（sentence repetition），句子问题（sentence question），字词回忆（word recall）。

3. 三元智力理论

美国心理学家斯滕伯格（R. J. Sternberg）提出了另一种有关智力的信息加工方式。这一理论包括智力的三个亚理论，即智力的情境亚理论、智力的经验亚理论和智力的成分亚理论。

① 智力的**情境亚理论**（contextual subtheory）：认为社会文化大背景对智力的内涵有制约作用，智力主要体现在主体对环境的适应、选择和改造的能动作用方面。

② 智力的**经验亚理论**（experiential subtheory）：智力行为要由产生这个具体行为的任务在主体经验中所处的位置来决定。测量智力的最佳点，不是在加工自动化已经完全实现之后，而是在实现加工自动化的过程之中。

③ 智力的**成分亚理论**（componential subtheory）：操作成分，智力任务实施过程中的具体信息加工过程，如编码、推断、应用、比较、证实等具体操作成分；元成分，在问题解决过程中的计划、监控和决策等高级的意识活动，如选择信息加工成分、选择信息加工成分的组合策略、决定注意资源的分配等；知识习得成分，获得新知识的过程，包括学习成分、保持成分和迁移成分。在成分亚理论中，元成分居于核心位置。

第二节 常用个体智力测验及其实施

常用的标准化个体智力测验主要有《斯坦福－比内智力量表》系列、《韦克斯勒智力量表》系列和其他个体智力测验。本节将分别对这些智力量表的渊源、修订历程、量表的结构、成分、使用方法、解释维度等进行介绍。

一、《斯坦福－比内智力量表》系列

（一）《斯坦福－比内智力量表》的渊源及修订历程

《斯坦福－比内智力量表》来源于1905年的《比内－西蒙智力量表》。《比内－西蒙智力量表》的出版，曾引起美国、英国、德国、比利时、瑞士、意大利等国家心理学家的注意并加以研究和应用，很多人对它进行了修订。其中，尤以斯坦福大学特曼教授主持修订的《斯坦福－比内智力量表》最为著名。

《斯坦福-比内智力量表》发表于 1916 年，该量表共有 90 道题目，其中 51 道为《比内 – 西蒙智力量表》所有，被试的年龄范围为 3—13 岁，并附有普通成人和优秀成人两组测验题。该量表首次采用了智商的概念来表示智力水平。

1937 年,《斯坦福 – 比内智力量表》进行了第 1 次修订，被试的年龄范围扩展到 2—18 岁，编制了测验复本，分别为 L 型和 M 型。

1956 年，特曼去世，但其生前所规划的第 2 次修订工作仍于 1960 年如期完成。第三次修订后的量表共有 100 多道题目，划分为 20 个年龄组。

《斯坦福-比内智力量表》在 1986 年由桑代克、黑根（E. P. Hagen）、萨特勒（J. M. Sattler）进行了第 3 次修订，它不再是一个使用年龄常模的量表，而是一个点量表。量表分为 15 个分量表：词汇、珠子记忆、算术、句子记忆、图形分析、理解、谬误、数字记忆、仿造与仿画、物品记忆、矩阵、数列、折纸与剪纸、语词关系和建立等式，用以评估 4 个领域的认知技能：言语推理、数量推理、抽象 / 视觉推理、短时记忆。

2003 年，罗德（G. H. Roid）对该量表进行了第 4 次修订，施测于 2 岁以上的被试。这一次修订基于卡特尔 – 霍恩 – 卡罗尔（CHC）多层认知理论相对应的 5 个因素：流体推理，知识（相当于晶体知识）、数理推理，工作记忆、空间 – 视觉加工（如表 9–2 所示）。量表包括 10 个分量表，分量表分数都是以 10 为平均数，以 3 为标准差。由分量表产生组合分数：语言 IQ 分数、非语言 IQ 分数和成套 IQ 总分。所有组合分数以 100 为平均数、15 为标准差，并进一步导出全量表的离差智商。由于采用了与其他智力量表相同的标准分数转化方法，因此该版本的 IQ 分数可以和其他智力量表的 IQ 分数直接进行比较。

表 9–2 《斯坦福 – 比内智力量表》第 5 版的结构

因素	内容	
流体推理	语言流体推理	早期推理 语言谬误 语言类推
	非语言流体推理	客体关系 / 矩阵
知识	语言知识	词汇
	非语言知识	程序性知识 图像谬误
数理推理	语言数理推理	
	非语言数理推理	
工作记忆	语言工作记忆	语句记忆 最后的词
	非语言工作记忆	模块记忆
空间 – 视觉加工	语言空间 – 视觉加工	位置和方向
	非语言空间 – 视觉加工	形状板 形状图

1924 年，我国心理学家陆志韦发表了他所修订的《中国比内－西蒙智力测验》。1936 年，陆志韦和吴天敏又对此量表进行修订，命名为《第二次修订中国比内－西蒙智力测验》。1982 年，吴天敏出版了第 3 次修订的《中国比内－西蒙智力测验》，将测试对象的年龄范围扩至 2—18 岁，每岁 3 道题目，共 51 道题目，如表 9–3 所示。在结果解释上，采用了将个人成绩与同龄组平均成绩相比较的离差智商。

表 9–3　第 3 次修订的《中国比内－西蒙智力测验》

1. 比圆形	18. 找寻数目	35. 方形分析（二）
2. 说出物名	19. 找寻图样	36. 记故事
3. 比长短线	20. 对比	37. 说出共同点
4. 拼长方形	21. 造语句	38. 语句重组（一）
5. 辨别图形	22. 正确答案	39. 倒背数目
6. 数纽扣 13 个	23. 对答问句	40. 说反义词（二）
7. 问手指数	24. 描画图样	41. 拼字
8. 上午和下午	25. 剪纸	42. 评判语句
9. 简单迷津	26. 指出谬误	43. 数立方体
10. 解说图画	27. 数学巧术	44. 几何形分析
11. 找寻失物	28. 方形分析（一）	45. 说明含义
12. 从 20 倒数至 1	29. 心算（三）	46. 填数
13. 心算（一）	30. 迷津	47. 语句重组（二）
14. 说反义词（一）	31. 时间计算	48. 校正错数
15. 推断情景	32. 填字	49. 解释成语
16. 指出缺点	33. 盒子计算	50. 明确对比关系
17. 心算（二）	34. 对比关系	51. 区别词义

此外，吴天敏又根据临床的实际需要，编制了《中国比内－西蒙智力测验简编》，由 8 道题目组成，皆选自第 3 次修订的《中国比内－西蒙智力测验》。

（二）《斯坦福－比内智力量表》的施测和评分

我们在使用《斯坦福－比内智力量表》进行施测、计分和解释结果时，需要经过一定的训练。

《斯坦福－比内智力量表》是一个适应性测验，被试只需对适合于自己发展水平的那部分内容进行反应。《斯坦福－比内智力量表》的每个分测验都是由越来越难的题目组成的，被试在进行测验时，只需对每个分测验上的几组题目做出反应。

《斯坦福－比内智力量表》的施测是从稍低于被试实际年龄组开始的，主试要根据被试的实际表现决定每一分测验的基本水平和上限水平。当被试通过两个连续难度水平的四道题目时，这就是他的基本水平。如果在开始施测时，被试无法达到这一要求，便倒退至更低难度水平，直到符合基本水平的表现条件为止。当被试在连续二个难度水平的四道题目中有三个或四个全部都答错时，此时的难度水平就是被试的上限水平，这时便停止进行该分测验。

《斯坦福－比内智力量表》在使用时是一边施测一边计分的，因为之后要施测的题目取决于被试在前一题目上的表现。主试一边施测，一边将分数登记在记录册上。图 9–3 是《斯坦福－比内智力量表》第 4 版的记录册。对大多数题目而言，每题都只有一个正确答案，采用 0、1 计分，得分相加即分测验的原始分数，对照常模得到量表分。

记录册

斯坦福–比内智力量表：第4版

姓名 ____________________

______________ 性别 ______

民族 __________ 其他 __________

	年	月	日
测试日期	___	___	___
出生日期	___	___	___
年龄	___	___	___

学校 ____________________

年级 ____________________

测试人员 ____________________

父亲职业 ____________________

母亲职业 ____________________

影响测验表现的因素

状态的整体评价等级

最佳　　好　　一般　　不利　　非常不利

	原始分数	标准年龄分数
言语推理		
1 词汇	___	___
6 理解	___	___
7 谬误	___	___
14 词语关系	___	___
分测验标准年龄分数之和		___
言语推理标准年龄分数		___
抽象/视觉推理		
5 图形分析	___	___
9 模仿	___	___
11 矩阵	___	___
13 折纸和剪纸	___	___
分测验标准年龄分数之和		___
抽象/视觉推理标准年龄分数		___
数量推理		
3 数量	___	___
12 数列	___	___
15 建立等式	___	___
分测验标准年龄分数之和		___
数量推理标准年龄分数		___
短时记忆		
2 珠子记忆	___	___
4 句子记忆	___	___
8 数字记忆	___	___
10 物品记忆	___	___
分测验标准年龄分数之和		___
短时记忆标准年龄分数		___
领域标准年龄分数之和		___
		合成分数
测验合成…………………………		___
部分合成…………………………		___
部分合成的基础 ______________		

图 9–3 《斯坦福－比内智力量表》第 4 版的记录册

二、《韦克斯勒智力量表》系列

（一）《韦克斯勒智力量表》的发展历程

《韦克斯勒智力量表》是由美国心理学家韦克斯勒（D. Wechsler）编制的一套智力量表，包括《韦克斯勒幼儿智力量表》（WPPSI）、《韦克斯勒儿童智力量表》（WISC）、《韦克斯勒成人智力量表》（WAIS）。

《韦克斯勒幼儿智力量表》初版发表于 1967 年，最新版是 WPPSI-Ⅳ，适用年龄范围为 4—6.5 岁。

《韦克斯勒儿童智力量表》初版发表于 1949 年，适用于 5—15 岁的儿童。修订版发表于 1974 年。1991 年，WISC-Ⅲ 出版。2003 年，WISC-Ⅳ发行，包括 15 个分量表：常识，类同，算数，词汇，理解，数字广度，图画概念，填图，符号检索，物体拼配，译码，语言推理，矩阵推理，字母 - 数字排序，划消。该量表的最新版是 WISC-Ⅴ，适用年龄范围为 6—16 岁。

《韦克斯勒成人智力量表》发表于 1955 年，适用于 16 岁以上的成人。1981 年，《韦克斯勒成人智力量表》修订版 WAIS-R 问世，包括 14 个独立的分量表，其中 11 个分量表用于计算全量表智商分数、言语智商分数和操作智商分数，1997 年再次修订为 WAIS-Ⅲ。2008 年，WAIS-Ⅳ出版。

我国学者对上述三个量表都进行过修订。1981 年，由龚耀先主持、全国 56 个单位协作修订的《中国修订韦氏成人智力量表》（WAIS-RC）出版。1986 年，由龚耀先、林传鼎和张厚粲完成对《韦克斯勒幼儿智力量表》的修订，即《中国韦氏幼儿智力量表》（C-WYCSI）。2008 年，张厚粲主持完成了对《韦克斯勒儿童智力量表》第 4 版（WISC-Ⅳ）中文版的修订工作。

（二）《韦克斯勒儿童智力量表》第 4 版（WISC-Ⅳ）中文版的使用

《韦克斯勒儿童智力量表》第 4 版中文版适用于对 6—16 岁儿童进行认知功能的全面评估和鉴定，可以鉴别儿童认知能力上的强项、弱项和内部差异，也可以鉴别智力超常和智力落后儿童。该量表由 14 个分量表组成，其测量结果提供了一个全量表的总智商，用来说明儿童的总体认知能力，同时也导出了 4 个合成分数，用来说明儿童在不同领域中的认知能力。这 4 个合成分数分别是：

① 言语理解指数。这一领域的分量表主要用于测量学习语言的能力、概念形成、抽象思维、分析概括能力等。言语理解指数有助于教师和家长更好地了解孩子在言语方面的能力，对于有言语发展障碍的孩子能起到较好的筛查作用。

② 知觉推理指数。知觉推理指数的各个分量表主要测量推理能力、空间知觉、视觉组织能力等。和以往的量表相比，知觉推理指数可以更精确地测查被试的非言语推理能力，有助于教师和家长更好地了解孩子的推理能力、空间思维能力等。

③ 工作记忆指数。工作记忆指数主要反映人的记忆能力和对外来信息的理解应用能力。工作记忆是个体学习能力的一个重要测量指标，工作记忆指数可以准确地帮助教师和家长了解孩子的注意能力、记忆能力和推理能力等。

④ 加工速度指数。加工速度指数反映的是个体对外界简单信息的理解速度、记录的速度和准确度、注意能力、书写能力等。日常学习生活往往要求个体既有处理简单信息的能力，也有处理复杂信息的能力。加工速度比较慢的个体往往需要更长的时间来完成日常作业和任务，也更容易出现疲劳。加工速度指数可以更有效地检测出孩子处理信息的能力。

《韦克斯勒儿童智力量表》第 4 版的所有题目都是按难度顺序安排的，测验手册对什么年龄的儿童从哪个题目开始施测、什么时候应该停止测验等进行了完整详细的描述。例如，在算术分量表中，当被试连续 5 道题没有回答出来时，应该停止测验。

被试每答对 1 题得 1 分，起始点之前未施测的题目每题也计为 1 分。如果没答对或在 20 秒钟内没答出来就不得分。

每一个分量表上的原始分数要转换为平均数为 10、标准差为 3 的标准分数，最后可以得到一个平均数为 100、标准差为 15 的全量表智商，以及反映言语理解、知觉推理、工作记忆和加工速度的 4 个合成分数（图 9–4、图 9–5）。

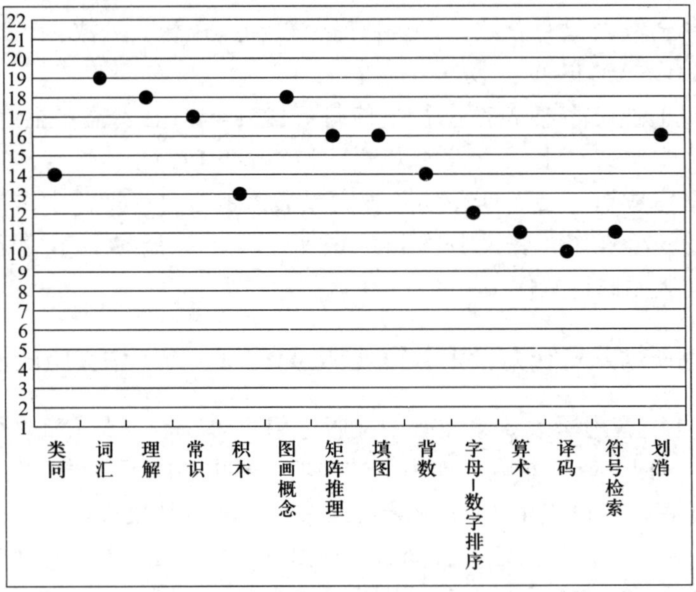

图 9–4 《韦克斯勒儿童智力量表》第 4 版中文版分量表分数报告示例

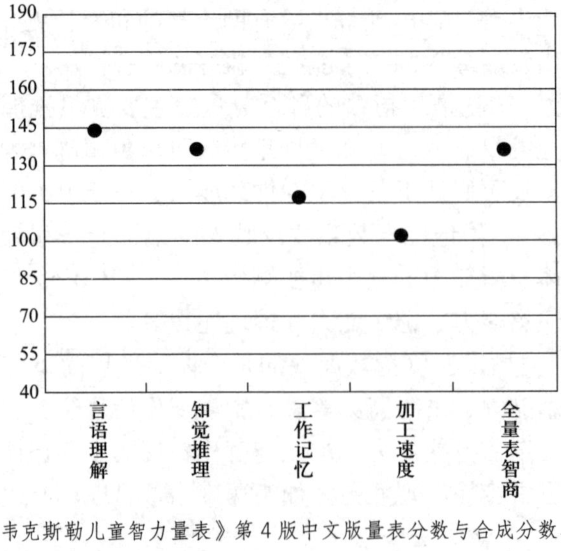

图 9–5 《韦克斯勒儿童智力量表》第 4 版中文版量表分数与合成分数转换表示例

三、其他个体智力测验

（一）《考夫曼儿童成套评估测验》

《考夫曼儿童成套评估测验》（*Kaufman Assessment Battery for Children*, K-ABC）由考夫曼夫妇（Nadeen L. Kaufman & Alan S. Kaufman）于 1983 年编制出版，属于个别施测的儿童智力测验，主要用于测量 2 岁 6 个月到 12 岁 6 个月儿童认知能力的发展水平。K–ABC 以认知心理学和神经心理学的相关研究成果为基础，运用了达斯等人的 PASS 理论，被广泛地应用于心理和临床评定、学习障碍和其他特殊儿童的教育心理诊断、教育的计划和安置、学龄前及学龄儿童的评定、神经心理学的评定和儿童发展水平研究等领域。

K-ABC 由 16 个分测验组成，这 16 个分测验组成了一个心理加工量表和一个成就量表。心理加工量表分为要求继时加工的题目（要求连续安排刺激）和要求同时加工的题目（如组织思想的能力、想象部分与整体关系的能力、学会“同时安排很多刺激”的能力）。下面是 K-ABC 主要包含的测评内容：

① 继时加工量表。包括：手部活动，模仿主试的手部动作；数字回忆，重复主试所说的数字；词语顺序，按顺序指出主试所说的剪影画。

② 同时加工量表。包括：魔术窗口，辨认出一张从一个狭窄的窗口缓慢移过的图画；脸部辨认，从一组照片中选出 1 张或 2 张先前呈现过的照片；整体趋合，说出墨迹画中未画完整的物体或情景的名称；三角图形：将多个三角形组合成已知图形；矩阵类推，选择一幅图画或图案来完成视觉类推；空间记忆，回忆图片在纸上的排列顺序；排列图片，把图片按事件发展的顺序排列。

③ 成就量表。包括：词汇表达，说出照片上物体的名称；人名与地名，说出照片中的名人、小说人物或地方的名字；算术，数数或用数字计算；猜谜，根据物体的特征，猜出物体的名字；阅读 / 译码，辨认字母并读出单词；阅读 / 理解，按照句子中给出的命令去做。

④ 心理加工合成，即继时加工和同时加工的结合。

K-ABC 中各分测验的原始分数可按年龄组换算成单位相等的量表分数（平均数为 10，标准差为 3）；成就量表中各分测验的原始分数可按年龄组换算成单位相等的标准分数（平均数为 100，标准差为 15）。除了在单个分测验上的分数，K-ABC 还可以报告 5 个全量表分数：继时加工量表分数，同时加工量表分数，智力量表分数，成就量表分数，非言语量表分数。每一个全量表分数都是用平均数为 100、标准差为 15 的量表分数（即离差智商）来表示。

由考夫曼夫妇编制的另外两套智力测验是《考夫曼青少年和成人智力测验》（*Kaufman Adolescent and Adult Intelligence Test*, K-AIT）、《考夫曼简短智力测验》（*Kaufman Brief Intelligence Test*, K-BIT）。这两套测验的理论基础都是卡特尔的流体智力和晶体智力理论。K-AIT 适用于 11—85 岁个体，施测需要 60～90 min；K-BIT 适用于

4—90 岁个体，施测需要 15～20 min。

（二）《区分能力量表》

《区分能力量表》（*The Differential Ability Scales*, DAS）是《英国能力量表》（*the British Ability Scales*, BAS）的修订版，适用于 2.5—17 岁的儿童。该量表包括 20 个分量表，按类分成 4 个能力范畴：言语能力范畴、非言语能力范畴、空间能力范畴和诊断能力范畴。在测试时依据给定的年龄水平选择施测其中的 8～12 个分量表。全部量表的施测需要 45～65 min。一些成就测验，如单词阅读、拼写、基础数字技能等，也可作为 DAS 的一部分进行施测。

DAS 分量表的原始分数可转换为能力分数、*T* 分数和百分等级，将分量表分数进行适当组合后可以分别得到有关言语能力、非言语推理能力、空间能力和一般概念能力的各类合成分数（都转化为平均数为 100、标准差为 15 的标准分数）。诊断性分量表的得分也可转换成百分等级和 *T* 分数。该分量表测量的是知觉和记忆能力。成就分量表的分数可转换成年级当量、年级百分量和基于年龄的标准分。由于能力分量表和成就分量表的常模建立在同一样本上，因此很容易对被试所测得的能力与成就水平进行比较，或做出诊断性解释。

（三）《达斯－纳格利里认知评估系统》

《达斯－纳格利里认知评估系统》（*Das-Naglieri Cognitive Assessment System*, CAS）以智力的 PASS 模型为理论基础。CAS 最初是为 5—17 岁 11 个月的少年儿童设计的测验，包括如表 9-4 所示的分测验。

表 9-4 达斯－纳格利里认知评估系统分测验

1. 计划
* 数字匹配：在几行数字中用一定的策略找出两个相同的数字。
* 设计编码：用某种方法尽快地填写与给定字母相匹配的符号。
设计联系：用某种方式把一组数字和字母连接起来。
2. 注意
* 表达性注意：当单词与其印刷时所用的颜色不一致时，说出印刷时所用的颜色名称。
* 数字知觉：找出与示例匹配的特定数字。
感受性注意：识别正确的成对图片或字母。
3. 同时加工
* 非文字推理：从六个选项中选择最恰当的一个完成非文字渐进推理。
* 文字空间关系：从六张图片中选择一个正确答案，回答有关空间关系的文字问题。
图形记忆：在比较复杂的图案中确认嵌入的某个几何图形。
4. 继时加工
* 字词序列：按照主试所讲的次序复述一系列字词。
* 复述句子：复述一些有一定语法但含义简单的句子。
言语速度：快速而准确地把一系列字词复述 19 遍。
句法问题：回答有关语法表述的问题。

注：带 * 的题目包含在基础测验中。

在 13 个分测验中，只有 8 个或 12 个用于施测。前 11 个分测验适用于所有的儿童，言语速度分测验只适用于 5—7 岁儿童，句法问题分测验适用于 8—17 岁儿童。基础测验需要 40 min，标准测验需要 1 小时。

CAS 分测验的分数受 3 个变量——数字准确度、时间、错误检验的影响。用于施测的 8 个或 12 个分测验的得分可以转换成计划、注意、同时加工和继时加工 4 个量表分数，将这 4 个分数相加就得到一个全量表分数。按照测验手册，主试可以把 4 个量表分数、全量表分数转换成标准分数、百分等级和年龄当量（间隔为 4 个月）。

（四）《伍德科克 - 约翰逊认知能力测验Ⅲ》

《伍德科克 - 约翰逊Ⅲ》（*Woodcock-Johnson Ⅲ*）包括两套联合常模的成套测验，测量一般智力能力、特殊智力能力和学业成就。其中，两套测验之一的《伍德科克 - 约翰逊认知能力测验第 3 版》（*Woodcock-Johnson Ⅲ Tests of Cognitive Abilities*）的理论基础是 CHC 理论。标准成套测验包括 10 项测验，扩展成套测验加入另外 10 项测验。这些测验适用的年龄非常广泛（2—90 岁），测验时间也相对较短（每项测验大约 5 min）。

标准成套测验可以确定 6 组分数：言语能力–标准、思维能力–标准、认知效率–标准、音素意识、工作记忆和延迟回忆。施测扩展成套测验可以获得额外 14 组分数。除了独立组的分数，可以结合前 7 项测验的分数计算**一般智力能力**（general intellectual ability, GIA）分数，或者施测 14 项认知测验计算扩展 GIA 分数。结合言语理解、概念形成和视觉匹配测验的分数可以计算**简短智力能力**（brief intellectual ability, BIA）分数，也可以计算以下的广泛 CHC 因素分数：晶体智力、长时记忆和提取、视觉加工、听觉加工、流体推理、加工速度和短时记忆。

第三节 常用团体智力测验及其实施

团体智力测验是同时施测于一个群体的智力测验。从性质上来说，团体智力测验比个体智力测验效率更高。在个体智力测验中，如果有 1 000 个被试，那么一个主试可能需要数百个小时分别对这些人进行施测和评分。在团体智力测验中，施测和评分过程所需的总时间和总费用则少得多。

一、团体智力测验发展简史

（一）军队团体智力测验

1917 年 4 月，美国加入第一次世界大战，时任美国心理学会主席耶基斯（R. M. Yerkes）动员心理学家为战争做出贡献。之后，美国心理学会召开会议，研究开发能快速、方便地对士兵进行智力筛查和评估的工具，先后发表了两个测验：一个是《陆军甲种测验》，用于军队招募有阅读能力的人，测验内容包括常识、类推、重组句子等；另一个是《陆军乙种测验》，适用于文盲和母语不为英语的外籍新兵，测验题目有迷津、立方体分析、图片补缺等。战后，这两个测验转化为民用，出现了许多修订本并得到广泛应用，但由此也出现了一些滥用现象。

20 世纪二三十年代，美国军方对心理测量的兴趣降到了最低点。但第二次世界大战危机隐现后，他们对智力测验的兴趣重现，开发了《军队一般分类测验》（*The Army General Classification Test*, AGCT）。第二次世界大战期间，美国军队采用《军队一般分类测验》测量了 1 200 万名新兵。此外，军方还开发了一些特殊的测量工具，用来选拔在境外工作的间谍和特工。

现在，美国军队还在使用的众多测验包括《空军军官资格测验》《空军能力测验》，以及《军队职业能力倾向成套测验》（*Armed Service Vocational Aptitude Battery*, ASVAB）。ASVAB 包括 9 项能力倾向测验，用于测评新兵的各种军事服务能力，也被应用于在校学生和青年人，以对他们进行教育和职业规划指导。

（二）学校团体智力测验

在美国，几乎 $\frac{2}{3}$ 的学校用团体智力测验测量大约 90% 的学生，其他 10% 的学生接受个体智力测验。很多团体智力测验现在被称为学业能力测验。

团体智力测验也被广泛应用于幼儿园。测验往往针对 10～15 人的小组，事先给幼儿发放一个测验手册，内容包括图片和表格，大量的选项以图片的形式出现在多项选择测验中，幼儿的任务是在所选图片上做出标记。测验要求幼儿采用简单自动的反应形式来回答问题。

学校使用的团体智力测验有《加利福尼亚心理成熟测验》（*The California Test of Mental Maturity*）、《库尔曼－安德森智力测验》（*The Kuhlmann-Anderson Intelligence Tests*）、《海蒙－纳尔逊心理能力测验》（*The Henmon-Nelson Test of Mental Ability*）、《认知能力测验》（*The Cognitive Ability Test*）等。美国学校最早使用的团体智力测验是《奥蒂斯－伦农学习能力测验》（*The Otis-Lennon School Ability Test*）。

二、常用的团体智力测验

（一）《瑞文推理测验》

《瑞文推理测验》是由英国心理学家瑞文（J. C. Raven）于 1938 年设计的一套非文字智力测验。该测验的编制依据为斯皮尔曼的智力二因素理论，主要测量智力的一般因素，尤其与人的问题解决、清晰知觉、思维、发现和利用自己所需信息以及有效地适应社会生活的能力有关。

《瑞文推理测验》包括三个测验：标准型、彩色型和高级型。

《瑞文标准推理测验》（*Raven's Standard Progressive Matrices*, SPM）是瑞文测验的基本型，于1938年问世，适用于8岁以上的被试，由A、B、C、D、E 5个单元构成，每单元包括12道题目，共60题。每道题目由一张抽象的图案或一系列无意义的图形构成一个图阵（2×2或3×3），图阵的右下方缺失一块（即空档），要求被试从呈现在下面的另外6小块（或8小块）供选择的图片中挑选一块符合图阵整体结构的图片填补上去。供选择的图片中只有一块是正确的，它能使图阵成为一个完美的整体，如图9–6所示。

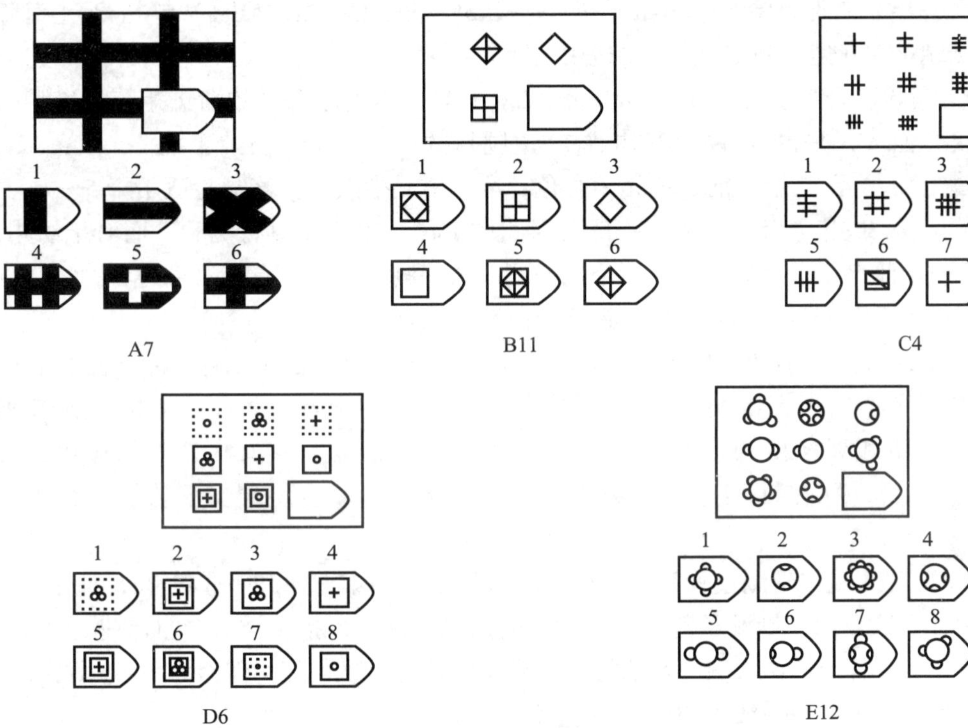

图9–6　瑞文标准型测验图例

题目是按从易到难的原则依次排列的，每单元在智力活动的要求上也各不相同。总的来说，图阵的结构越来越复杂，从一个层次到多个层次演变，其所要求的思维操作也是从直接观察到间接抽象推理的渐进过程。其中A、B单元的测题主要是测量儿童直接观察辨别的能力。A单元是辨认一个完整图形的内部关系的匹配性，B单元则是由4个既独立又有联系的图形构成的，要求儿童既能辨认单个图形的形状，又要将它们看作在空间上有联系的知觉整体。而C、D、E 3个单元主要是测验个体对图阵（3×3）的系列关系进行类比推理的能力，但这3个单元的构图也表现出不同的深度。C单元基本上是单一层次的演变，关系较明显，如C4、C5是数的递增关系，C7、C8是位移关系，C6、C12是组合关系，等等。D单元的图形则是几个层次重叠的结构，要求被试分解出各层次及其演变规则，如D6、D7是由内外两层结合起来变化的，D11、D12则是3种形状的变式。E单元主要是图形套合与互换关系，或是叠加，或是递减。E单元的最后几道题为该测验难度最大的题目，它们不只是一般的套合，还要求被试从中发现正反相消的关系，如E12的关系是同向相加，异向相减。

《瑞文彩色推理测验》（*Raven's Color Progressive Matrices*, CPM）编制于1947年，是为了适应测量幼儿和智力落后者设计的。它是将原来黑白的标准型中的A、B两单元加上彩色以突出图形的鲜明性，并插入一个彩色A_B单元（12题），共3单元36题，适用于5.5—11岁的儿童和智力落后的成人。

《瑞文高级推理测验》（*Raven's Advance Progressive Matrices*, APM）包括渐进矩阵Ⅰ型（12题）和Ⅱ型（36题），主要适用于智力超常者。

《瑞文测验联合型》（*Combined Raven's Test*, CRT）是由原瑞文的渐进矩阵标准型与彩色型联合而成，是由72幅图案构成72道题目的一本图册，分6单元（A、A_B、B、C、D、E），每单元12题。前3单元为彩色，后3单元为黑白。该测验适用于5—75岁的幼儿、儿童、成年人及老年人。一般可对团体（10～50人）进行测验，而对于幼儿、智力落后或不能自行书写的老年人可个别施测。这一测验可用于有言语障碍者的智力测量，亦可作为不同民族、不同语种间跨文化研究的工具。

1985年，由张厚粲和全国27个单位组成的协作组完成了对《瑞文标准测验》的修订，出版了《瑞文标准测验》中国城市修订版；1989年，李丹、王栋等人分别完成了彩色型和标准型的合并本——《联合型瑞文测验》中国修订版的城市、成人、农村三个常模的制订工作；1996年，王栋等人对《联合型瑞文测验》进行了再修订。

《瑞文推理测验》施测过程简单，向每个被试发放一本题册和一张答题纸即可。测试过程中，主试只需用例题示范，被试就能明白测验规则，接着被试会自己进行下去。测验结果须先计算出原始分数，然后按常模资料来确定被试的智力等级，一般用百分位常模来表示。整个测验一般用40分钟左右就可完成。

（二）其他团体智力测验

1.《奥蒂斯－伦农学校能力测验》

《奥蒂斯－伦农学校能力测验》适用于5—18岁的儿童，目前最新版本是第7版（OLSAT–7）。

OLSAT–7有21种类型的题目，共组成了两个言语分测验（言语理解、言语推理）和三个非言语分测验（图形推理、数字推理和数量推理），主要用来测评学习新事物需要的精确知觉、对观察到的事物的再认与回忆、逻辑思维、理解力、抽象力和迁移能力等。随着测验水平的不同，测量所需的时间也有所变化，但不超过75 min。

OLSAT–7的测验结果包括语言、非语言的分数指标和总的学业能力指标，可以用年龄表述，也可以依据年龄和年级表述成百分等级、标准九分和正态曲线当量（NCE）。该测验的现行版本可以测量抽象思考和推理能力，作为学业评估和安置决策的辅助手段。

2.《翁德里克人事测验》

《翁德里克人事测验》（*Wonderlic Personnel Test*, WPT）建立在《奥蒂斯心理能力自测测验》（*Otis Self-Administering Test of Mental Ability*）的基础之上，是最简短、最流行的团体智力测验之一。全套测验共有 50 道选择题，测验时间仅需要 15 min，题目包括分析、定义、逻辑推理、算术、空间关系、单词对比和方向寻找。该测验在商业和工业领域的人事选拔中得到广泛应用。

3.《认知技能测验》和《认知能力测验》

在适用于各个年级学生的测验中，较为流行的团体智力测验是 3 个多水平的测验——《加利福尼亚心理成熟度精简测验》《学习能力倾向精简测验》《洛希 – 桑代克智力测验》。而《认知技能测验》（*the Test of Cognitive Skills*, TCS）是对前两者的继承，《认知能力测验》（*the Cognitive Abilities Test*, CogAT）是对后者的继承。

《认知技能测验》和《认知能力测验》涵盖了从幼儿园至高中三年级整个学龄范围内的被试。其中，《认知能力测验》内容较多，施测需要 90～98 min，而《认知技能测验》只用 50～54 min 即可完成。《认知能力测验》包含言语、数量和非言语 3 个分量表，每个分量表又各自包含 3 个分测验：言语测验包括词语分类、句子完成、词语辨别，数量测验包括数量关系、数字系列、等式建立，非言语测验包括图形分类、图形辨别、图形分析。认知技能测验分为 6 个水平，分别从序列、分析、记忆和言语推理 4 个方面入手，测量了 3 种学习能力倾向：言语、非言语和记忆。

4.《文化公平智力测验》

《文化公平智力测验》（*Culture Fair Intelligence Test*, CFIT）最初由卡特尔提出，其目的是测量人的流体智力，即在抽象和新异条件下的分析、推理能力，这样测验就尽可能不受文化背景影响。

该测验由 3 个量表构成：量表 1 适用于智力落后的成人和 4—8 岁儿童，量表 2 适用于智力水平中等的成人和 8—13 岁儿童，量表 3 适用于智力水平优异的成人和高中生、大学生。每个量表都包含两个等价的模本 A 和模本 B，每个模本实际上本身就是一个小测验。每个模本都包含 4 个分测验：序列测验（从 6 个供选择的图形中选出一个在逻辑上能成为左边图形的后续图形），分类测验（选出每行中与其他不同的图形），迷津和条件测验（从右边选出满足与左图相同条件的图形）。

CFIT 对速度要求很高，每种模本的量表 2 和量表 3 需要花费 30 min。测验的原始分数可以转化为平均数为 100、标准差为 16 的标准 IQ 分数，单一模本的量表 2 和量表 3 的再测信度、复本信度、内在一致性信度大致在 0.70，而完整版的测验信度可以达到 0.85 左右。CFIT 分数与一般智力因素之间的平均相关系数为 0.85，与其他主要的智力测验 WAIS、WISC、《斯坦福 – 比内智力量表》之间的相关系数在 0.70～0.80，可见其效度也令人满意。

本章小结

智力指人们认识、理解客观事物，并运用知识、经验等解决问题的一般能力，包括观察能力、注意能力、记忆能力、思维能力、想象能力、操作能力等。

智力测验是通过测验的方法来衡量人的智力水平的一种科学方法。在心理学中，智力测验的结果通常有 3 种表示方法：智力年龄、比率智商和离差智商。

智力结构理论认为，智力是由各种相互独立的成分构成的，其代表流派有：斯皮尔曼的智力二因素理论、桑代克的智力三因素理论、瑟斯顿的智力群因素理论、弗农的智力的层次结构模型、吉尔福德的智力结构模型、卡特尔的流体智力和晶体智力理论、卡罗尔的智力三层级理论、卡特尔－霍恩－卡罗尔智力理论、加德纳的多元智力理论等。

皮亚杰的认知发展阶段理论把儿童的认知发展分为感觉运动阶段、前运算阶段、具体运算阶段、形式运算阶段四个阶段。

智力的生物学结构理论认为，智力是在人类脑神经结构、生物、化学等先天因素的作用下形成和发展起来的，其代表性理论是詹森的智力振荡结构理论。

智力的信息加工理论侧重探讨信息加工的机制，其代表流派有：鲁利亚的同时加工和继时加工理论，达斯等人的智力 PASS 理论，斯滕伯格的三元智力理论。

1905 年的《比内－西蒙智力量表》是第一个正式的标准化心理学量表，由此不断修订形成的《斯坦福－比内智力量表》是世界上使用最广泛的智力量表之一。

《韦克斯勒智力量表》包括《韦克斯勒幼儿智力量表》《韦克斯勒儿童智力量表》《韦克斯勒成人智力量表》。这几个量表的中文修订版以修订完成时间为序分别为：《中国修订韦氏成人智力量表》（1981 年）、《中国韦氏幼儿智力量表》（1986 年）、《韦克斯勒儿童智力量表》第四版中文版（2008 年）。

其他个体智力测验还有：《考夫曼儿童成套评估测验》《区分能力量表》《达斯－纳格利里认知评估系统》《伍德科克－约翰逊认知能力测验Ⅲ》。

团体智力测验起源于军队，并被广泛用于学校、企业及其他组织。常用的团体智力测验有：《瑞文推理测验》《奥蒂斯－伦农学校能力测验》《翁德里克人事测验》《认知技能测验》《认知能力测验》《文化公平智力测验》。

复习与思考

1. 智力测验是如何保证其科学性的？
2. 试比较斯皮尔曼的智力二因素理论和卡特尔的流体智力与晶体智力理论。
3. 智力的信息加工理论对于我们重新认识智力有何启示？
4. 在智力测验的施测中，需要注意哪些问题？
5. 如何保证智力测验结果的正确应用？

推荐阅读

1. 赵笑梅，陈英和. 智力测验的演变和展望[J]. 北京师范大学学报（社会科学版），2007（3）：33-38.

2. 丁怡，肖非，范中豪，等. 关于美国《韦氏儿童智力量表－第五版》的性能简介[J]. 中国特殊教育，2016（7）：18-25.

第十章

能力测验及其实施

学习目标

- 什么是能力？它与智力、知识、技能、个性、资历有何关系？
- 能力倾向测验有何特点？
- 《一般能力倾向成套测验》是如何对被试进行职业匹配的？
- 《行政职业能力倾向测验》包含哪些内容？
- 什么是创造力？如何测量创造力？

知识导图

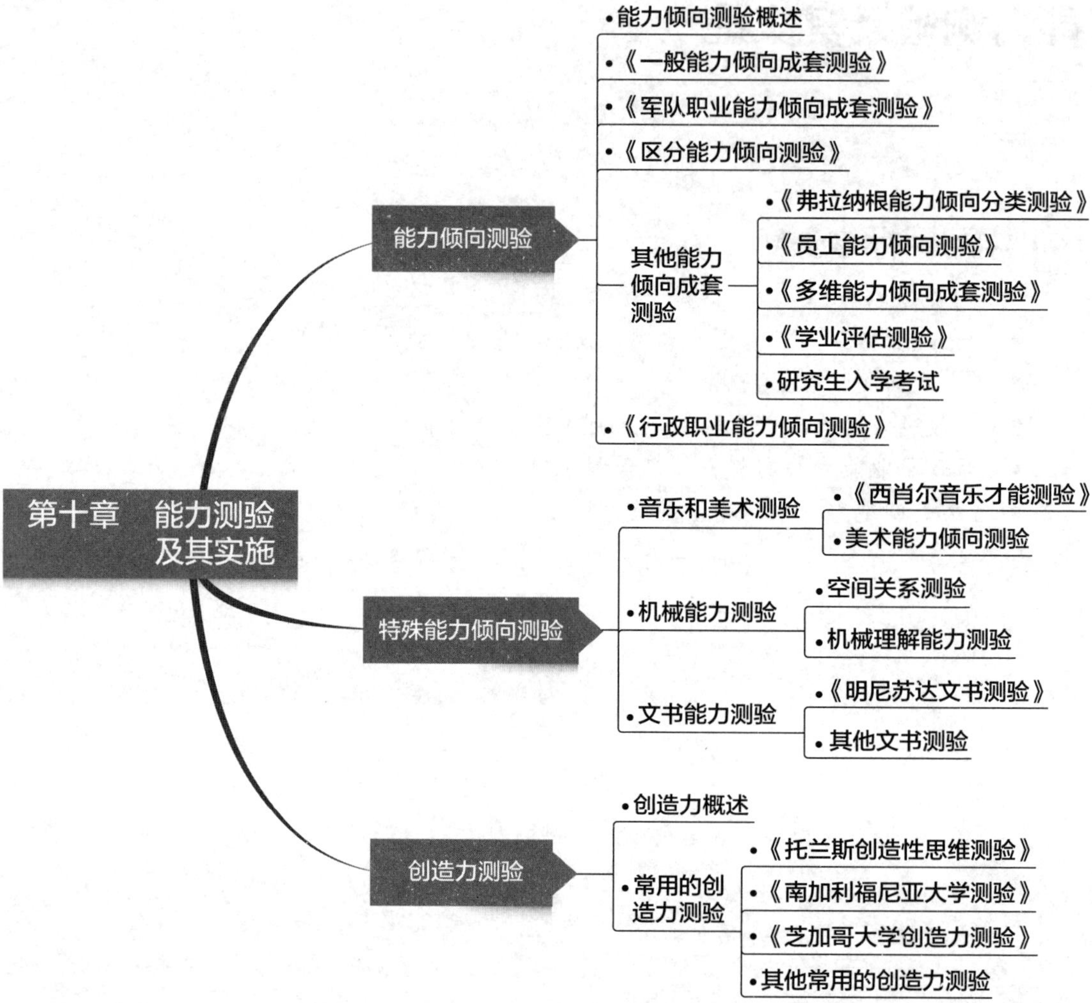
第十章 能力测验及其实施
能力倾向测验
能力倾向测验概述
《一般能力倾向成套测验》
《军队职业能力倾向成套测验》
《区分能力倾向测验》
其他能力倾向成套测验
《弗拉纳根能力倾向分类测验》
《员工能力倾向测验》
《多维能力倾向成套测验》
《学业评估测验》
研究生入学考试
《行政职业能力倾向测验》
特殊能力倾向测验
音乐和美术测验
《西肖尔音乐才能测验》
美术能力倾向测验
机械能力测验
空间关系测验
机械理解能力测验
文书能力测验
《明尼苏达文书测验》
其他文书测验
创造力测验
创造力概述
常用的创造力测验
《托兰斯创造性思维测验》
《南加利福尼亚大学测验》
《芝加哥大学创造力测验》
其他常用的创造力测验

生活中，我们经常会遇到这样的难题：作为个体，我的能力优势是什么？不足是什么？我更胜任什么样的职业岗位？作为企业领导，我如何招聘到一个合格的员工？如何保证我的每一个员工都能人尽其才？如何提高管理人员的能力水平？……回答这类问题，就需要运用能力测验对个体的能力倾向、特殊能力、创造力等进行科学的测评。

第一节　能力倾向测验

能力倾向测验是一种认知测验，施测于个体接受训练、选拔或者安置之前，用于预测个体可能达到的成功水平。本节将概括地介绍一些常用的能力倾向测验。

一、能力倾向测验概述

（一）能力的含义

能力（ability）是指直接影响活动效率，使活动、任务得以完成的个性心理特征。

［考纲链接］"心理学专业基础考试大纲"：能力倾向测验

能力包含两层含义：成就和能力倾向。**成就**（achievement）是指个体在某一领域所具有的知识、技能或者取得成绩的水平，指向已经获得的成果或已经完成的事件。**能力倾向**（aptitude）是指接受必要的培训和实践后获得成功的可能性，是一种潜在的、特殊的能力。个体在某项任务或活动上的能力，不仅取决于其现有的成就水平，还取决于其所具有的潜力和可能性。

（二）与能力相关的概念

1．能力与智力

人们通常把智力与能力这两个概念等同使用，但能力与智力在严格意义上是有区别的。能力一般分为认知能力和操作能力。认知能力是指完成某种活动最基本的心理条件，在各种活动中都不能缺少它。比如，不能感知外界声响的聋哑人很难成为音乐家，不能辨别颜色和失去空间知觉的人很难成为画家，等等。操作能力是指身心并用去完成实际工作的能力，如从事各项体育活动的能力都属于操作能力。智力一般是指人在认知过程中所表现出来的能力，包括注意力、感受力、观察力、记忆力、思维力、想象力和创造力等，可以说，智力体现的是认知活动中的综合能力。

2．能力与知识、技能

能力与知识、技能之间的关系表现为：① 能力是掌握知识、技能的必要前提，能力水平直接影响着掌握知识、技能的难度，速度和程度，也决定着对知识、技能的运用和解决问题的程度。② 知识、技能是形成能力的基础。个体若掌握一定的知识、技能，则往往会促进其能力的提高。③ 具有同等水平的知识、技能的人，不一定具有同等水平的能力。受教育水平只反映一个人具备了一定的一般知识、技能或某种专业知识、技能，并不反映其具备从事特定专业的特殊能力。所以在人才测评中，不能把受教育水平和能力等同，否则就混淆了知识、技能和能力的界限。

3．能力与个性

人的能力绝不只有一般的认知特点或操作特点，不单纯是由固定的理智方面的因素所组成的，它和每个人所具有的个性相联系。个性把能力的各个特征有机地整合在一起，在每个人身上表现出自己独特的风格，表现出个体差异。因此，在考查能力时，既要注意能力本身的特点，又要把能力放在个性结构之中和个性联系起来考查。

4．能力与资历

[微课] 能力与职业选择

资历是指个体接受某种专业教育以及从事某项工作（社会实践）的时间经历。由于教育和实践是形成能力的前提条件，所以资历的深浅和能力的大小有一定的关联。一般而言，接受教育和从事实践活动的时间越长，人的能力就越强。但是，资历并不能等同于能力，这表现为：具有相同资历的人，有的人能力强，有的人能力弱，甚至有些资历较浅的人，其能力却比资历较深的人强。所以，在人才测评和选拔实践中，论资排辈、以资历取人是不可取的。

（三）能力倾向测验的特点

能力倾向测验和成就测验存在许多相似之处，有时很难区别。一般而言，成就测验更侧重考查个体从特定的学科所学的特殊知识，而能力倾向测验侧重考查一般性、非正规的、经验性的才能。

为了便于理解，如果我们把测验看成从一般到特殊的连续体，那么像认知能力或非习得反应、非言语、操作和文化公平等测验，靠近该连续体的“一般”一端，而学习或工作取向的成就测验，则靠近“特殊”的一端。这两端之间包含的就是广义的成就测验、文字形式的智力测验、能力倾向测验。

一般而言，学业能力倾向和智力并没有明显的区别。当用智力测验来预测学业成就时，学业能力倾向和智力这两个概念可以等同。

二、《一般能力倾向成套测验》

（一）《一般能力倾向成套测验》简介

《一般能力倾向成套测验》（*General Aptitude Test Battery*, GATB）由美国劳工部编制，一直被广泛用于美国初中三年级至高中三年级学生和成人的职业咨询与工作安置。测验得分对于个体的就业机会有重要影响。这套测验在世界范围内得到广泛应用。

（二）《一般能力倾向成套测验》的内容

GATB 由 15 种测验项目构成，其中 11 种是纸笔测验，4 种是器具操作测验，可以测定 9 种能力倾向。这些测验项目分别为：

工具匹配（tool matching）。用简单的工具之类的图形，让被试判别 4 个图形中哪个与所呈现的图形一样。图形的差异仅仅是黑白的涂法不同。答对的合计得分。

名称比较（name comparison）。比较判定左右一对名词或数字的异同。例如：3569—3596。答对的合计得分。

画纵线（H marking）。在每个 H 字母中的横线上画一条竖线，不要碰到 H 两侧的线，但必须切到 H 的横线。画的 H 字母越多越好，如图 10–1 所示。正确画出的短线数合计得分。

计算（computation）。进行加减乘除的计算，如图 10–2 所示。答对的合计得分。

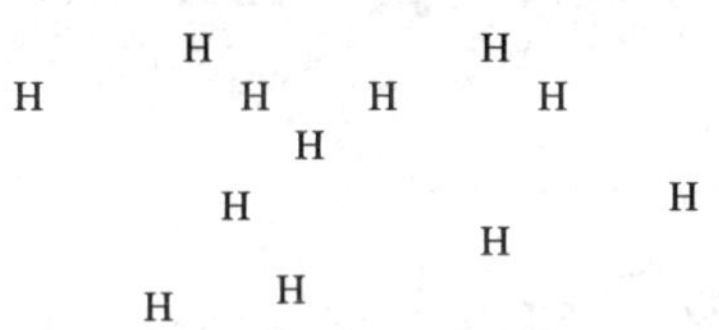

图 10–1　画纵线测验图例

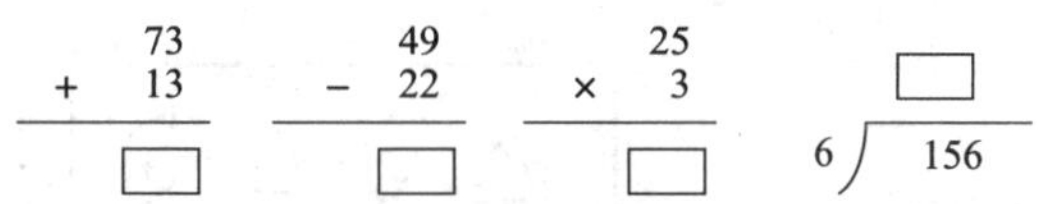

图 10–2　计算测验图例

平面图判断（two-dimensional space）。如图 10–3 所示，让被试判别改变竖线左侧图形的位置，能构成竖线右侧图形中的哪个图形。答对的合计得分。

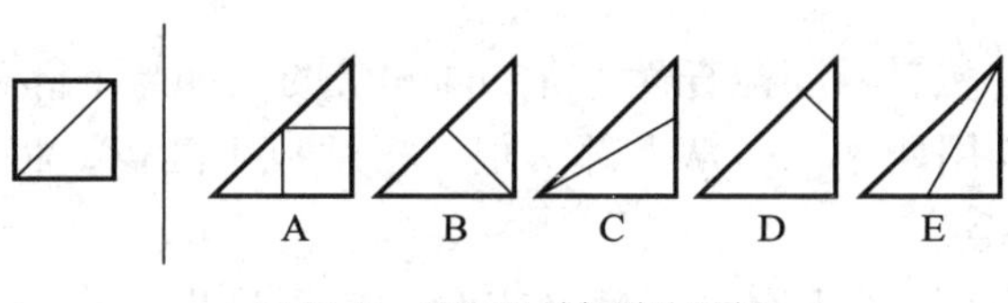

图 10–3　平面图判断测验图例

打点速度（speed）。在连续排列的方框中，用铅笔在每个框内尽可能快地打 3 个点，如图 10–4 所示。所打点数为得分。

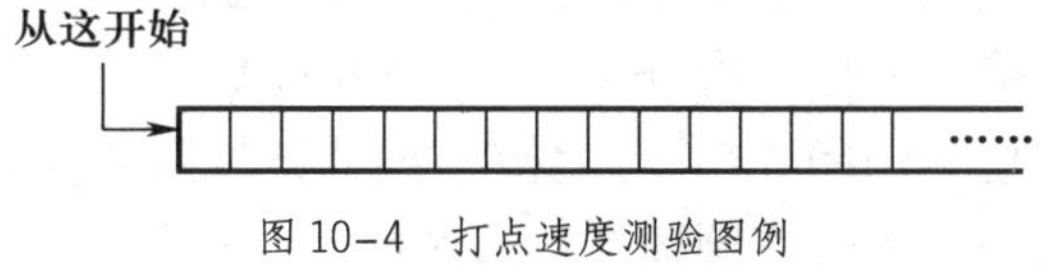

图 10–4　打点速度测验图例

立体图判断（three-dimensional space）。让被试判断将竖线左侧展开的平面图折叠后，能构成竖线右侧图中的哪一个，如图 10–5 所示。答对的合计得分。

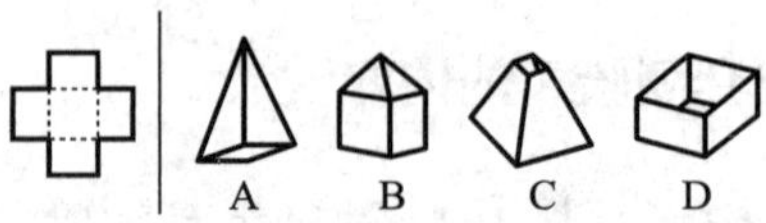

图 10-5 立体图判断图例

算术应用（arithmetic reason）。解算术应用题。答对的合计得分。

词汇（vocabulary）。比如：从下面 4 个词语中选出词义相同或相反的两个词语：粗；广；细；小。答对的合计得分。

打记号（mark marking）。在方框中，尽快地写入与方框中相同的记号，正确地填入记号的方框数合计得分，如图 10-6 所示。

图 10-6 记号图例

形状匹配（form matching）。从图 10-7（b）中，选出形状、大小与图 10-7（a）中图形一样的各个图形。答对的合计得分。

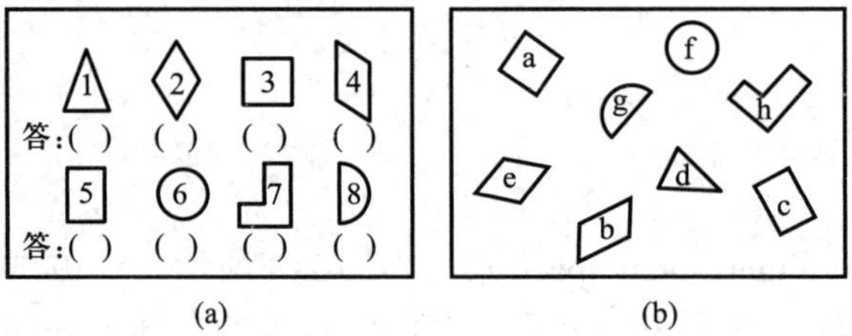

图 10-7 形状匹配图例

插入（place）。手腕灵巧度检查盘（peg board）的上部与下部各有 48 个孔，上部插着 48 根圆棒。被试需用两手同时从上部一根一根地拔出圆棒，将其插在对应的下部的孔中。正确插入数为得分。

调换（turn）。同样使用手腕灵巧度检查盘，单手拔出一根圆棒，用同一只手将拔出的棒上下调换，插入原来的孔中。正确插入数为得分。

组装（assemble）。手指灵巧度检查盘（finger dexterity board）有 50 个孔，孔里附有金属的小铆钉和座圈。被试从检查盘上半部分的孔中，用左手拔出圆形的铆钉，同时用右手从旁边圆柱中拔出座圈，把它安在铆钉上，仍然用左手将其插进与拔出的孔相对应的下半部分的孔中。正确插入数为得分。（左右手可互换。）

拆卸（disassemble）。使用手指灵巧度检查盘，被试从检查盘下半部分的孔中拔出铆钉，将座圈取出，用一只手将座圈插在旁边圆柱上，用另一手将铆钉插在与拔出位置相对应的上半部分的孔中。正确插入数为得分。

（三）《一般能力倾向成套测验》的施测和记分

GATB分为纸笔测验和操作测验。纸笔测验既可以个体方式又可以团体方式实施。在团体测验中，被试人数最好在50人以内。每人一册测验用纸，主试需准备秒表、铅笔。开始时，主试要对被试就测验程序进行全面说明，然后分发写有注意事项的测验用纸，要求被试仔细阅读测验规则。在被试理解测验注意事项后，依次进行测验。

操作测验要求准备特殊的仪器和一位训练有素的主试。主试需事先准备好各种测验器具，包括手腕灵巧度检查盘和手指灵巧度检查盘、桌椅、秒表、测验用纸等，需仔细留意被试的身心状态。检查盘的下端与桌子的边缘对齐，被试面对检查盘。第12和第13项测验，被试站着进行，第14和第15项测验，被试坐在椅子上进行。主试需将被试的成绩记录在测验记录单内。实施团体测验时，可以用特制的记录纸。

GATB有严格的时间要求，各项测验的测试时间限制见表10–1。

表10–1　GATB测验的测试时间限制

	测验	测试时间/s
纸笔测验	工具匹配	90
	名字比较	180
	画纵线	15
	计算	210
	平面图判断	120
	打点速度	30
	立体图判断	90
	算术应用	210
	词汇	120
	打记号	30
	形状匹配	120
操作测验	插入	15×3次
	调换	30×3次
	组装	90
	拆卸	60

在将各项测验的原始分数转换为标准分数（平均数为100，标准差为20）后，便可绘制个人能力倾向剖析图。将其与职业能力倾向类型相对照，被试就可以从测验结果中知道能够充分发挥个人能力的职业领域。

（四）《一般能力倾向成套测验》的解释

GATB 可以测试出 9 种能力倾向：

① 一般学习能力（G）：指理解测验说明、指导语和诸原理的能力，推理判断的能力，迅速适应新环境的能力。

② 言语能力（V）：指理解言语的意义及与它关联的概念，并有效地掌握言语的能力；理解言语间相互关系的能力；理解文章和句子意义的能力；表达信息和自己想法的能力。

③ 数理能力（N）：指在正确、快速地进行计算的同时，能进行推理和解决应用问题的能力。

④ 书写知觉（Q）：指正确知觉词、印刷物、各种票据的细微部分的能力；能直观地比较、辨别词和数字，发现错误的能力。

⑤ 空间判断能力（S）：指理解、判断立体图形，平面图形与立体图形之间关系的能力。

⑥ 形状知觉（P）：指正确知觉实物或图解的细微部分的能力；对图形的形状和阴影部分的细微差异进行比较、辨别的能力。

⑦ 手指灵巧度（F）：指快速而正确地活动手指，用手指准确地操作细小物体的能力。

⑧ 手腕灵巧度（M）：指随心所欲地、灵巧地活动手及手腕的能力，如拿起、放置、调换、翻转物体。

⑨ 动作协调能力（K）：指正确而迅速地协调眼和手，并迅速完成操作的能力；手能跟随着眼能看到的东西正确而迅速地做出反应动作，并进行准确控制的能力。

这 9 种能力可以概括为 3 个一般因素：① 一般学习因素，包括一般学习能力、言语能力和数理能力；② 知觉因素，包括空间判断能力、形状知觉和书写知觉；③ 心理运动因素，包括手指灵巧度、手腕灵巧度和运动协调能力。

根据 GATB 对 9 种能力的测验，可以组合成 15 种职业能力结构，如表 10–2 所示。

表 10–2　GATB 对应的职业能力结构

序号	职业	职业能力倾向类型
1	人文系统的专门职业	G—V—N
2	特别需要言语能力的事务职业	G—V—Q
3	自然科学系统的专门职业	G—N—S
4	需要数学能力的一般事务职业	G—N—Q
5	机械装置的操作运转及警备安保职业	G—Q—M

续表

序号	职业	职业能力倾向类型
6	机械事物的职业	G—Q—K
7	需要一般性判断和注意力的职业	G—Q
8	需要美术作业能力的职业	G—S—P
9	设计、制图作业及电气职业	N—S—M
10	制版、描图的职业	Q—P—F
11	检查分类职业	Q—P
12	造型、手指作业的职业	S—P—F
13	造型、手臂作业的职业	S—P—M
14	手臂作业的职业	P—M
15	视觉作业、身体性作业的职业	F—M—K

GATB 的等值复本的信度为 0.80～0.90。其中，操作测验的信度低于纸笔测验的信度。研究显示，GATB 在多数职业预测上是有效的。

三、《军队职业能力倾向成套测验》

（一）《军队职业能力倾向成套测验》概况

《军队职业能力倾向成套测验》（ASVAB）也称《武装部队职业能力倾向测验》，是当前美国所有军事部门进行人员选拔与分类的统一测验，每年都要用来选拔有潜力的新兵，以及将他们安置到不同的岗位上，为他们安排不同的训练计划和职业领域。这套测验不仅适用于部队的年轻应征人员，还适用于美国的高中生和大学低年级学生，是现有的使用最广泛的测验之一。

（二）《军队职业能力倾向成套测验》的内容

最新版的 ASVAB 包含以下 10 个分测验：

① 一般科学（GS）有 25 道题，测量物理、生物科学知识。

② 算术推理（AR）有 30 道题，测量解决算术应用题的能力。

③ 词语知识（WK）有 35 道题，测量选择上下文中给定单词的正确含义的能力，以及识别给定单词的最佳同义词的能力。

④ 短文理解（PC）有 15 道题，测量从文章段落中获取信息的能力。

⑤ 数字操作（NO）有 50 道题，测量算术计算能力。

⑥ 编码速度（CS）有 84 道题，测量判断并使用某解码工具把编码数字排成语句的能力。

⑦ 汽车与工艺常识（AS）有 25 道题，测量汽车、工具和购物的术语与实践方面的知识。

⑧ 数学知识（MK）有 25 道题，关于代数、几何、分数、小数和指数的题目。

⑨ 机械理解（MC）有 25 道题，测量机械和物理原理知识，以及想象所描述的物体运动方式的能力。

⑩ 电学常识（EI）有 20 道题，测量电学和电子学的知识。

上述 10 个分测验的分数结合在一起，可以产生两种合成分数——学术合成和职业合成。这两种分数相加即为学习能力。

学术合成（academic composites）包括：① 学习能力，算术推理、词语知识、短文理解、数学知识；② 言语能力，即词语知识和短文理解；③ 数学能力，即算术推理和数学知识。职业合成（occupational composites）包括：① 机械和工艺，即算术推理、汽车与工艺常识、机械理解、电学常识；② 商业和文书，即词语知识、短文理解、编码速度、数学知识；③ 电学和电子学，即一般科学、算术推理、数学知识、电学常识；④ 健康、社会和技术，即算术推理、词语知识、短文理解、机械理解。

其他合成分数可以根据不同的服务目的进行计算。这样，不仅能获得关于具体能力倾向的大量信息，而且能获得与军事训练以及各种不同的军事工作中的成就表现相关的一群主要能力倾向。

（三）《军队职业能力倾向成套测验》的施测和计分

ASVAB 分测验中大部分题目都是测量学习能力的。各个分测验在施测中所需的时间也不等，比如数字操作为 3 min，编码速度为 17 min（这两个测验要求速度），而算术推理需要 36 min。整套测验的施测需要 144 min。

ASVAB 的 10 个分测验的原始得分和 3 个合成分数可转换成 T 分数（平均数为 50，标准差为 10）和百分等级。图 10–8 是虚构的某高中生在 ASVAB 各分测验中的得分，这些得分用一系列百分量分数区间表示，该分数带表示该生真实的测验得分可能落入的区间。图中，除了标明同级 / 同性别的百分量分数带之外，也给出了同级 / 同性别和同级 / 不同性别的分数。此外，图中还提供了两个信息，即被试的 ASVAB 编码和军队职业得分。

ASVAB 的信度很高，各个分测验的内部一致性系数为 0.92～0.96，速度类测验（数字操作和编码速度）的复本信度为 0.77～0.85，耐力（难度）类测验的复本信度为 0.71～0.91。

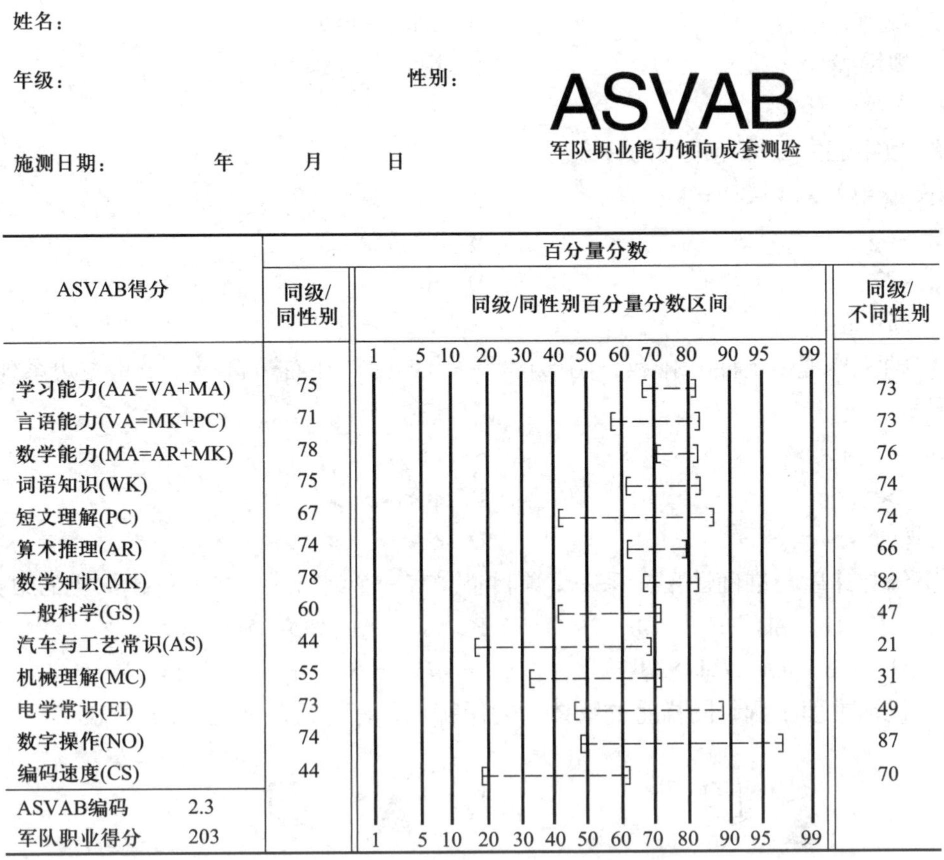

图 10-8 《军队职业能力倾向成套测验》的得分剖析

四、《区分能力倾向测验》

《区分能力倾向测验》（*Differential Aptitude Test*, DAT）最初是为美国的初中生和高中生的学习与职业咨询而设计的，现在也适用于基础成人教育课程和相关的课程、社区大学、职业 / 技术学校与相关机构。DAT 还有一个版本专为人事和职业评价设计，更适用于职业或就业咨询而非学习咨询。该版本通常和职业兴趣问卷一起施测，结合起来帮助学生在学习或就业时做出更加符合实际的选择。

这套测验由 8 个分测验构成：言语推理（VR）、数字能力（NA）、抽象推理（AR）、知觉速度与准确性（PSA）、机械推理（MR）、空间关系（SR）、拼写（SP）和语言应用（LU）。VR+NA 是言语推理和数字能力分测验的合成，通常称为学业能力倾向。整套测验的施测大约需要 3 h。

《区分能力倾向测验》的典型题型如下：

① 言语推理：选择正确的一对词语填在空白处。

________对眼睛如同耳膜对________

A. 视力—声音　　　　B. 虹膜—听见

C. 视网膜—耳朵　　　　D. 视觉—耳蜗

E. 眉毛—耳垂

② 数字能力：选择正确的答案。

4 × （–5）×（–3）=

A. –60　　　　B. 27

C. –27　　　　D. 60

E. 都不正确

③ 抽象推理：下面一排四个图形构成一个系列，在右边选择一个是左边系列的延续答案。

<　　　<> >　　　< <> >　　　< <> > > >

A. <>　　　　B. < < <> >

C. < < <> > > >　　　　D. < < < <> > > > >

④ 知觉速度与准确性：在每一个项目里，有一个组合是斜体，标出同类的组合。

A. AB　Ab　AA　*BA*　Bb　　　　B. 5m　5M　*M5*　Mm　m5

C. Ab　Bb　AA　*BA*　AB　　　　D. *M5*　m5　Mm　5m　5M

⑤ 机械推理：撬起同样重的物体，使用哪一种杠杆将需要更大的力气？

A. 　　　　B. 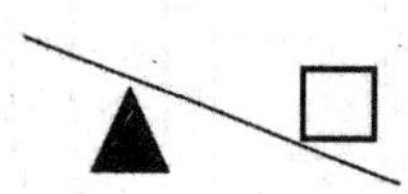

C. 需要相同的力气

⑥ 空间关系：右边的哪一个图形能由最左边的图形折叠而成？图中显示的都是图形的外侧。

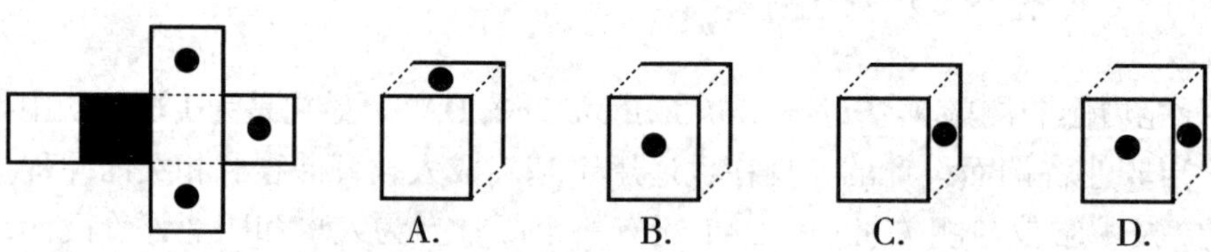

⑦ 拼写：判断下面单词的拼写是对还是错。

A. irelevant　　对　　错

B. parsimonious　　对　　错

C. excellant　　对　　错

⑧ 语言应用：下列句子的哪一部分有错？

In spite of public criticism, / the researcher studied/ the affects of radiation/on plant growth.

A.　　　　B.　　　　C.　　　　D.

《区分能力倾向测验》在美国的第五版（DAT-V）有单性别常模和总体常模，8 个分测验的内部一致性系数为 0.80～0.90，复本信度为 0.73～0.90。总体上，男生在机械推理、空间关系上的得分高于女生，而女生在知觉速度与准确性、语言应用上的得分高于男生。

五、其他能力倾向成套测验

（一）《弗拉纳根能力倾向分类测验》

《弗拉纳根能力倾向分类测验》（*The Flanagan Aptitude Classification Test*, FACT）最初是为测量工业化、机械化水平较低的职位所需的能力倾向而设计的。该测验包括 16 个独立的分测验：算术、装配、编码、组合、协调、表达、巧思、检验、判断与理解、机械、记忆、图样模仿、精确性、推理、量表、表格阅读。施测每个分测验需要 2～40 min。

（二）《员工能力倾向测验》

《员工能力倾向测验》（*The Employee Aptitude Test*, EAT）与 DAT 在内容上十分相似。该测验首次出版是在 20 世纪 80 年代初，旨在辅助选拔销售人员、文秘和工业职员。EAT 有 10 个分测验：言语理解、数字能力、视觉追踪、视觉速度与准确性、空间想象力、数字推理、文字推理、单词流畅性、手部速度与准确性、符号推理。10 个分测验都要求快速作答，分别只有 5 min 的施测时间。EAT 具有较多的言语、数字和推理成分，这使得该测验不仅有益于职业咨询与选拔，还有益于学习咨询。

（三）《多维能力倾向成套测验》

《多维能力倾向成套测验》（*The Multidimensional Aptitude Battery*, MAB）最初出版于 1984 年。与《韦克斯勒成人智力量表》修订版（WAIS-R）一样，MAB 也分为言语和操作两部分：言语包括常识、理解、算术、类同、词汇；操作包括数字符号、图画补缺、空间关系、图片排列、物体匹配。图 10–9 展示了它的两个例题。每部分开始时是练习题，说明 5 个分测验的其中 3 个所使用的题目类型，每个分测验一开始有 1～3 道例题。MAB 会给出每个分测验的一般指导语和具体指导语，每个分测验限时 7 min，在单独的答卷上或在计算机上记录反应。参照常模表，研究者能够把 10 个分测验的原始分数分别转换成量表分数（平均数为 50、标准差为 10 的标准分数）。将 16—74 岁分为 9 个年龄组，使用言语量表、操作量表和全量表上的这些量表分数之和，可以查出每个年龄组的离差智商（平均数为 100，标准差为 15）。也可根据单独的常模表查出每个年龄组的等值的量表分数。使用这些量表分数，能够绘制合适的年龄剖面图。

图画补缺：选择一个字母，用一个以此字母为首字母的单词说明图中缺少的部分。

答案是 Light（灯），应该选 A

空间关系：在竖线右侧选择一个图形，该图形左右翻转后，
就同左侧图形一样，而其他图形则必须旋转才行。

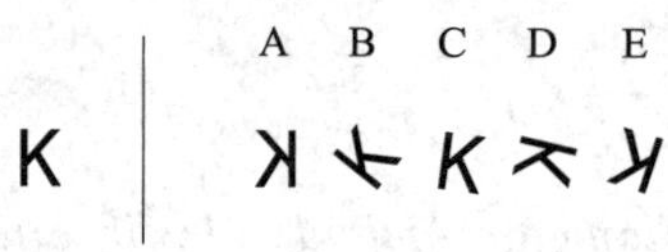

答案是 A

图 10–9 《多维能力倾向成套测验》例题

MAB 的每个分测验的分数、言语量表的分数、操作量表的分数、全量表总分的再测信度都达 0.90 以上，并且它们与 WAIS-R 相应分数的相关性也很高。MAB 适用于青少年和成人，但不适用于智力落后的个体。

（四）《学业评价测验》

《学业评价测验》（*The Scholastic Aptitude Test*, SAT）是由美国教育考试服务中心为高中生进入美国大学组织的标准入学考试。SAT 有两个组成部分——SAT-Ⅰ和 SAT-Ⅱ。

SAT-Ⅰ：推理测验，用来测量语言和数学推理能力。SAT-Ⅰ提供独立的语言和数学分数。测验分数在一个平均数为 500、标准差约为 100 的标准分数量表上报告。这样，如果语言部分得了 600 分，数学部分为 550 分，就表明这个被试的成绩优于常模群体中 80% 的人，在语言和数学部分分别优于常模群体中 65% 的人。SAT 的早期版本表现出了非常好的信度水平（信度系数在 0.90 以上）和效标关联效度（与在大学里的成绩的相关系数在 0.50～0.60）。同样，SAT-Ⅰ的信效度水平也较高。

SAT-Ⅱ：学科测验，测量具体的学科知识以及对这种知识的应用能力。SAT-Ⅱ也是在一个平均数为 500、标准差约为 100 的标准分数量表上进行评分的。

尽管 SAT 每年都开发新版本，但每个新版本上的分数都向 1941 年的标准化群体回溯计分。除了语言和数学推理能力上的标准分，SAT 分数报告也给出了每个分测验的原始分和百分等级，根据测验的测量标准误差得出的分数范围，以及大学四年级学生在美国全国和所在州的等值百分位。多数研究结果指出，SAT-Ⅰ能有效预测大学的表现，特别是第一个学期的平均绩点分数（GPA），也可以有效预测随后的 GPA 以及其他学业考试的表现。

（五）研究生入学考试

研究生入学考试（graduate record examination, GRE）是美国最流行的研究生院和商学院录取考试。它由一般测验和一系列学科测验组成，即普通考试（General Test）和专业考试（Subject Test），前者测量学生的学习能力倾向，后者测量特定学科领域的学业成就。普通考试包括三个部分：言语（verbal）、数量（quantitative）、分析型写作（analytical writting）。普通考试给出单独的言语（GRE-V）、数量（GRE-Q）和分析型写作（GRE-A）分数，其标准分数与 SAT 相同。GRE 专业考试是特定学科领域的考试，时长为 3 小时。

GRE 的题目涉及许多科目，如生物学、计算机科学、历史、数学、政治、心理学，但主要考查学生在言语、数量和分析型写作方面的能力倾向。

GRE-V 和 GRE-Q 是平均数为 500、标准差约为 100 的标准分数，所有的测验结果都与 1952 年接受言语和数量两部分测试的 2095 名标准化样本的测试结果保持一致。但事实上，每年的平均分都有所不同。在过去，GRE 倾向于关注 GRE-V 和 GRE-Q 的合成分数，合成分数超过 1 000 则被认为超过平均分。近年来，GRE 更关注学生的分析型写作能力。

六、《行政职业能力倾向测验》

《行政职业能力倾向测验》是由我国人事部组织心理学、管理学等学科的专家研制而成的，主要用于国家行政机关招考主任科员以下非领导职务的公务员。它既不同于一般的智力测验，也不同于行政职业通用基础知识或具体专业知识、技能的测验，而是专门用来测量与行政职业有关的一系列心理潜能的考试，旨在通过测量一系列心理潜能，预测考生在行政职业领域内的多种职位上取得成功的可能性。

[微课]《行政职业能力倾向测验》

《行政职业能力倾向测验》的内容包含五大部分：言语理解与表达、数量关系、判断推理、常识判断、资料分析。

① 言语理解与表达。考查被试对文字材料的理解、分析与运用能力，包括字词理解能力、句段意义的理解能力、语法的运用能力、字词拼写能力等。题型有：词语替换、选词填空、语句表达、阅读理解。

② 数量关系。主要考查被试解决算术问题的能力，包括数字序列推理和科学计算等。涉及的知识和所用的材料一般不超过高中范围，甚至多数是小学或初中文化程度的，以此为媒介，考查被试对数量关系的理解和计算能力。题型包括：数字推理、数学运算。

③ 判断推理。考查被试的逻辑推理能力，涉及对数字、图形、词语概念、事件关系和文字资料的认知，理解，比较，组合，演绎，归纳，分析，综合判断等能力。测验材料主要是文字和图形，测验特点是从已知的零碎、细微的材料中，整理、推断出完整的结论，或得出正确的判断。测验题型有：事件排序、定义判断、演绎推理、图形推

理、机械推理。

④ 常识判断。主要测查被试的知识面，试题取材广泛，从古至今，从自然到社会，因此不存在专业歧视。大致范围涉及政治、经济、法律、管理、科学技术、历史、国情、国力及公文写作处理等多方面的内容。被试要在短时间内提高常识判断能力是很难的，重要的是平时的观察、思考和积累。

常识判断类题目一般为单选题和多选题，或者两种题型的组合。它要求被试对一些事物间的联系依据常识做出判断，主要考查被试对常见现象或事物产生的原因和引起的后果进行分析、归纳、推理的能力。

⑤ 资料分析。主要考查被试对各种资料（主要是统计资料，包括图表和文字资料）进行准确理解和分析综合的能力。测验方式是：首先提供一组资料，这组资料或是一张统计表，或是一幅统计图，或是一段文字。在资料之后有几个问题，要求被试根据资料中所提供的信息，进行分析、比较、计算、处理，然后从问题后面的备选答案中找出一个符合题意的答案。试题难度一般分为三个等级：第一级是容易题，可以在资料中直接找到答案；第二级是中等难度的题，往往要经过一定的运算或对资料进行一定的分析综合之后，才能得出答案；第三级是较难的题，这类题往往是给出一组判断，要求被试判断正误，问题往往带有一定的综合性，被试要对资料进行比较复杂的分析和综合，甚至要用到资料上没有直接给出的相关背景资料才能得出正确的答案。

第二节 特殊能力倾向测验

特殊能力又称专门能力，指从事某项专门活动（比如美术、音乐、机械和文书活动等）所必须具备的能力。**特殊能力倾向测验**（specific aptitude tests）用来预测个体在特殊领域活动中表现出来的能力倾向，包括音乐、美术、机械和文书等方面。下面介绍几种常见的特殊能力倾向测验。

一、音乐和美术测验

（一）《西肖尔音乐才能测验》

《西肖尔音乐才能测验》（*Seashore Measures of Musical Talents*）是美国心理学家西肖尔（C. E. Seashore）等人于1919—1939年编制的测定音乐能力倾向的工具，适用于小学四年级学生到成人。该测验用唱片和录音磁带呈现听觉刺激，主要测量六个方面：音高、音强、音值、音色、节奏记忆和音调记忆。西肖尔测验中的每一道题目都由一对刺激组成，在音高的测验中，被试必须判断第二个音比第一个音高还是低；在音调记忆测验中，先呈现3～5个音的

［考纲链接］“心理学专业基础考试大纲”：特殊能力测验

系列，然后改变其中的一个音符呈现第 2 次，而被试需要指出改动的是第几个音符。西肖尔认为这些能力是音乐能力全面发展的基础。每个分测验都提供了百分位数常模。

后来，温格（H. D. Wing）等人编制了《温格音乐能力标准化测验》（*The Wing Standardized Tests of Musicial Intelligence*）。该测验从八个方面计分——和弦分析、音高变化、记忆、节奏重音、和声、强度、短句和总体评价，适合于 8 岁以上的儿童。与《西肖尔音乐才能测验》的不同在于，该测验的后面 4 个分测验都要求被试对不同的旋律进行评价。此外，还有戈登（E. Gordon）等人编制的《音乐能力倾向测验》（*Musical Aptitude Profile*），测量三种基本音乐因素：音调表象、节奏表象和音乐感受力。

（二）美术能力倾向测验

美术能力倾向测验有两种：审美判断测验和美术创作测验。前者测量的是美术评论家所需要具备的能力，后者测量的是创作美术家的特征。

最知名的美术判断测验是《梅耶艺术判断测验》（*Meier Art Judgement Test*）。该测验包括 100 对黑白图画，每一对中，有一张是名作，另一张则进行了一些改动，图 10-10 给出了一个样例。被试被告知两幅图不一样，但是并不知道哪一张是名作，被试的任务是指出他偏好哪一张图片。对于参加美术课程的学生来说，《梅耶艺术判断测验》的分半信度系数在 0.70～0.80 变化；测验分数和美术教师给予学生的等级评定之间的相关系数为 0.40～0.70。

图 10-10 《梅耶艺术判断测验》样例

《霍恩艺术能力倾向问卷》（*Horn Art Aptitude Inventory*）是一个用来测量艺术创造力的测验。测验由三个部分组成——素描、随意画和想象画，包含两项任务，一项是速写任务，另一项是想象任务。在速写任务中，要求被试画出他熟悉的 20 个物体的草图，比如树、书和叉子。每幅图都必须在很短的时间内（3～10 秒）完成。想象任务要求被试用 12 个矩形组成一幅有意义的图片。《霍恩艺术能力倾向问卷》的手册举例说明了图画的各个水平（优秀、中等和差），为评分提供了依据。当两个评分者同时评分时，常常可得到相关很高的分数，这说明手册中提供的评分标准是合适的。该问卷的效度系数也比较合理，测验分数和美术教师给予学生的等级评定之间的相关系数为 0.53。

二、机械能力测验

（一）空间关系测验

使用最广的空间关系测验是《明尼苏达书面形状测验》（*Minnesota Paper Formboard Test*）。该测验题目采用多重选择形式，每道题均由被分解了的几块几何图形组成，被试需要从给出的选项中选择出各部分组合以后的正确图形。图 10–11 展示了一个样例。该测验可以用于 9 年级到大学的学生，其优点是常模区分了初学者、申请者和专业人士。它的复本信度系数为 0.80～0.89。

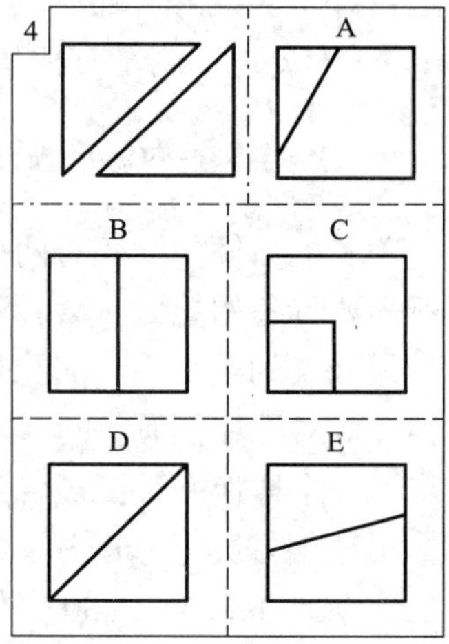

图 10–11 空间关系测验样例

（正确答案是 D）

（二）机械理解能力测验

机械理解能力测验以机械知识、机械推理等为主。机械理解能力是指被试理解现实生活中机械原理的能力。

1．灵活性和装配测验

一些机械理解能力测验要求被试组装部件，被试的得分由给定时间内组装的部件数量决定。一些常用的灵活性和装配测验包括：

①《贝内特手 - 工具灵巧测验》要求被试能够熟练地使用扳手和螺丝刀。

②《克劳福德小部件灵活测验》要求被试使用镊子完成任务，测量他们的手 - 眼协调性。

③《明尼苏达操作速度测验》评估通过多个分测验测量被试放置、翻转和移动圆盘（要求单手或者双手完成翻转、放置）的技能。

④《斯特龙伯格敏捷测验》要求被试尽可能快地将圆盘分类，从中选取指定的圆盘或者移动圆盘。

⑤《明尼苏达机械拼合测验》要求被试在给定的时间内把 33 个部件组装到一起。

灵活性和装配测验的缺陷是前期投入很高，需要单独施测，预测效度不高，因此初、高中教师几乎都不使用这类测验。

2．机械推理测验

使用较广的测验有《贝内特机械理解测验》（*Bennett Mechanical Comprehension*）。该测验主要为 11—12 年级的学生、工业公司的应聘者以及工业公司的职员设计。测验由熟悉的物体照片和图片组成。被试需要回答问题，如指出并说明两把剪刀中哪一把更好用，指出并说明两个家具数量不一样的房间哪一个更容易产生回声，等等。图 10–12 展示了一个样例。

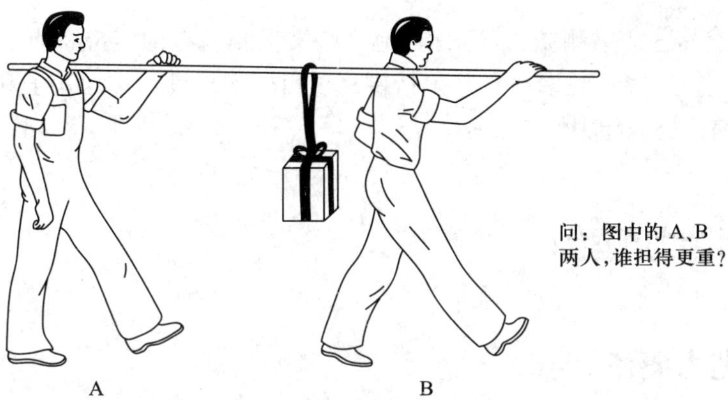

图 10-12 《贝内特机械推理测验》样例

《贝内特机械理解测验》有两个平行复本：复本 S 和复本 T。施测指导语都可以通过录音播放。在用来预测工程学类职业的时候，该测验的效度系数为 0.30～0.60，分半（奇偶分半）信度系数高于 0.80。DAT 中的机械推理测验（MR）是《贝内特机械理解测验》的一种特殊形式。

另一个机械推理测验是《SRA 机械概念测验》（*SRA Test of Mechanical Concept*）。该测验由三个分测验组成：机械关系（推理）、机械工具及使用、空间关系。可以使用事先录制的指导语对高中生和成人施测。各个分测验分数相对独立，能够提供一些独特的信息。该测验内部一致性信度较高，但效标关联系数常低于 0.30。

三、文书能力测验

（一）《明尼苏达文书测验》

《明尼苏达文书测验》（*Minnesota Clerical Test*）由两部分组成：数字比较和名称比较。在每个部分，被试要比较 200 对数字或者名称，并指出比较的两个数字（或名称）是否相同。每个部分单独记分时，可使用猜测校正公式来防止被试随机回答问题。该测验只需要 15 分钟就可以完成。可以通过同时使用《明尼苏达文书测验》和智力测验来筛选公文能力较高的人。

《明尼苏达文书测验》为 8—12 年级的学生设计，同时也为那些从事文书工作的职业人员（比如会计、警官、办公室职员、秘书等）提供常模，针对不同的性别和应聘职位都有各自的百分位数常模。几个月之内稳定性系数相对较高，通常都在 0.70 以上，同时该测验具有良好的效度系数。研究表明，《明尼苏达文书测验》的分数与大学会计课成绩的相关系数达到 0.47，与图书管理员的行为表现之间的相关系数为 0.50，而与管理者评定的相关系数较低，只有 0.28。

（二）其他文书测验

除了《明尼苏达文书测验》，还有其他一些文书测验在内容上各有侧重，并且具有很好的预测效度。这些测验中，有些包括拼写项目、字母表、排列句子和简单计算，有些是用于测量速记员的能力倾向测验。

第三节　创造力测验

一、创造力概述

（一）创造力的含义

［考纲链接］"心理学专业基础考试大纲"：创造力测验

创造力（creativity）也称创造性思维，指以新颖、独创的方法解决问题的思维过程。

创造性力有如下特点：新颖性；发散思维和辐合思维相结合；创造性想象的积极参与；灵感状态。

（二）创造力的指标

衡量创造性力的指标包括：

① 思维的流畅性：是指在限定时间内产生观念数量的多少。吉尔福德把思维流畅性分为用词的流畅性、联想的流畅性、表达的流畅性和观念的流畅性四种形式。

② 思维的变通性：也叫思维的灵活性，是指摒弃旧的习惯思维方法，提出新观点、新方法的能力。

③ 思维的独特性：是指产生不寻常的反应和不落常规的能力，重新定义或按新的方式对所见所闻加以组织的能力。

④ 思维的敏捷性：是指及时把握住独特、新颖观念的能力。

二、常用的创造力测验

创造力测验（creativity test）可用来测量人们的创造性思维水平的高低。常用的创造力测验有以下几种：

（一）《托兰斯创造性思维测验》

《托兰斯创造性思维测验》（*Torrance Tests of Creative Thinking*, TTCT）由美国明尼苏

达大学的托兰斯（E. P. Torrance）等人编制。该测验分为以下 3 套。测验时根据四个标准评分：流利（中肯反应的数目）、灵活（由一种意义转到另一种意义的数目）、独创（反应的罕见性）和精确（反应的详细程度和特殊性）。被试从整个测验中得到一个总的创造力指数，即代表个体的创造性思维的水平。该测验适用于幼儿至成年人，普遍采用团体测试的方法。对于小学四年级以下的个体，一般采用个别口头测试的方式。

1. 语词创造性思维测验

该套测验由七项活动组成，包括：① 提问，询问与图片有关的问题；② 猜测原因，猜测图中事情的起因；③ 猜测结果，列举图中行为可能导致的结果；④ 提出改进意见，列举改进意见，使一个物体更加好玩；⑤ 不寻常的用途，列举出一个或者多个纸箱的不寻常的用途；⑥ 不寻常的问题，提出有关纸箱的有趣问题；⑦ 假设，假设发生了不可能发生的事件以后，将会出现什么样的结果。

2. 图画创造性思维测验

该套测验由三项活动组成，包括：① 构造图画，在曲形彩纸上画一些不寻常的东西；② 补全图画，完成图画并给出图画的名称；③ 平行线，在一对平行线的基础上画出不寻常的物体，并给出图片的名称。

3. 声音语词创造性思维测验

该套测验通过呈现两段录音来测量三年级以上学生的听觉 / 口语创造力。

（二）《南加利福尼亚大学测验》

吉尔福德和他的同事编制了《南加利福尼亚大学测验》。它包括 14 个分测验：语词流畅性、观念流畅性、联想流畅性、表达流畅性、非常用途、解释比喻、效用测验、故事命题、推断结果、职业象征、组成对象、绘图、火柴问题、装饰。前 10 项要求做出言语反应，后 4 项则要求用图形予以反应。该测验适用于初中文化程度以上的人，主要从流畅性、变通性和独特性方面记分（有时也根据精确性记分）。例如，组成对象分测验要求被试用一些简单的图形（如圆形、长方形、三角形、梯形）画出指定的几个物体。在画物体时，可以重复使用任何一种图形，也可以改变其大小，但不能添加其他图形或线条。

（三）《芝加哥大学创造力测验》

美国芝加哥大学的心理学家盖泽尔斯（J. W. Getzels）和杰克逊（P. W. Jackson）等人根据吉尔福德的思想对青少年的创造力进行了深入研究，在 20 世纪 60 年代编制了《芝加哥大学创造力测验》。这套测验包括下列五个项目：词语联想测验、用途测验、隐蔽图形测验、完成寓言测验、组成问题测验。该套测验适用于小学高年级至高中的青少年，可以团体施测，有时间限制。

（四）其他常用的创造力测验

1.《沃森－格拉泽批判性思维评价量表》

《沃森－格拉泽批判性思维评价量表》（*Watson-Glaser Crilical Thinking Appraisal*）是为9—12年级的中学生、大学生和成人编制的。它由五个部分组成：

① 推理：给被试一些经过推理得到的表述，有的是正确的，有的是部分正确的，有的是部分错误的，有的是完全错误的或者没有足够证据证明的，让被试做出判断。

② 判别假设：判断根据表述得出的假设是否符合逻辑。

③ 演绎推理：判断根据表述得出的结论是否符合逻辑。

④ 解释：读完一篇短文后，指出可以从中得到的结论。

⑤ 评价论据：判断论据是支持还是驳斥了观点。

该量表是一个较短的测验，40分钟即可完成。因此，编制者认为只有总分（而不是分测验的分数）才可以用来对个体的行为进行预测，而对团体进行测量时可以用分测验分数。

2.《远隔联想测验》

《远隔联想测验》（*Remote Association Test*）是为大学生和成人编制的创造力测验，需要40分钟完成。给被试呈现三个单词（比如老鼠、蓝色和房子），要求被试找到第四个单词，这个词必须和前面三个单词相关联（比如奶酪）。

该测验手册中提供了理想的信度系数（两组学生的奇偶分半信度系数为0.91和0.92）。就其效度而言，它已经被用于预测哪些科研者能够争取到科研经费。它与专家的评定等级、工厂中的工作水平都具有相关关系。但是有些研究者声称这些测验结果得不到有力的证实。

本章小结

能力是指直接影响活动效率，使活动、任务得以完成的个性心理特征。能力包含成就和能力倾向两层含义。

成就测验更偏重考查个体在特定的学科所学到的特殊知识，而能力倾向测验侧重于考查一般性、非正规的、经验性的才能。

常用的能力倾向成套测验包括《一般能力倾向成套测验》《军队职业能力倾向成套测验》《区分能力倾向测验》《弗拉纳根能力倾向分类测验》《员工能力倾向测验》《多维能力倾向成套测验》《学业评估测验》，研究生入学考试，《行政职业能力倾向测验》等。

常用的特殊能力倾向测验包括《西肖尔音乐才能测验》《梅耶艺术判断测验》《霍恩艺术能力倾向问卷》《明尼苏达书面形状测验》《贝内特机械理解测验》《明尼苏达文书测验》等。

创造性力有如下特点：新颖性；发散思维和辐合思维相结合；创造性想象的积极参

与；灵感状态。衡量创造力的指标有四个：思维的流畅性、思维的变通性、思维的独特性、思维的敏捷性。

常用的创造力测验包括《托兰斯创造性思维测验》《南加利福尼亚大学测验》《芝加哥大学创造力测验》《沃森–格拉泽批判性思维评价量表》《远隔联想测验》。

复习与思考

1. 能力倾向测验与成就测验有何异同？
2. 常用的能力倾向测验有哪些？各有何特点？
3. 常用的特殊能力测验有哪些？各有何特点？
4. 什么是创造力？创造力的衡量指标有哪几个方面？如何测量创造力？

推荐阅读

1. 欧阳湘子，田伟，辛涛，等．IRT 框架下追踪数据的测量不变性分析：以 4 至 5 岁儿童认知能力测验为例 [J]. 心理科学，2016（3）：606–613.

2. 惠铎铎，李晓京，文治洪，等．心理运动能力测评系统的开发应用 [J]. 计算机技术与发展，2014（12）：180–182，187.

第十一章

人格测验的编制与实施

学习目标

- 人格测验和人格理论有什么关系?
- 人格测验有哪些种类?
- 人格测验是如何编制的?
- 怎样对人格测验进行施测和记分?
- 如何解释和评价人格测验的结果?
- 人格测验的可靠性和准确性如何?

知识导图

- 第十一章　人格测验的编制与实施
  - 人格测验概述
    - 人格与人格测验的概念
    - 人格理论与人格测验
    - 人格测验的种类
      - 自陈问卷
      - 评定量表
      - 投射测验
    - 人格评估的其他方法
  - 常见人格自陈问卷的编制与实施
    - 人格自陈问卷的编制方法及呈现形式
    - 采用效标团体法编制的自陈问卷
      - 《明尼苏达多相人格调查表》
      - 《加利福尼亚心理调查表》
    - 采用因素分析法编制的自陈问卷
      - 《十六种人格因素问卷》
      - 《艾森克人格问卷》
      - 《吉尔福德-齐默尔曼气质调查表》
    - 根据逻辑分析或理论推导法编制的问卷
      - 《爱德华兹个人爱好量表》
      - 《迈尔斯-布里格斯人格类型测验》
    - 基于综合法编制的问卷
    - 中国人人格测量工具的研制
      - 《中国人个性测量表》
      - 《中国人人格量表》
    - 对人格自陈问卷的评价
      - 人格自陈问卷的主要优点
      - 人格自陈问卷的局限性
  - 常见投射测验及其实施
    - 投射测验的特点和理论基础
    - 主要的投射测验
      - 《罗夏墨迹测验》
      - 《主题统觉测验》
    - 其他投射测验
      - 字词联想测验
      - 句子完成测验
      - 绘画测验
    - 对投射测验的评价

我国古人对人格测验的探索由来已久，刘劭说："夫圣贤之所美，莫美乎聪明。聪明之所贵，莫贵乎知人。知人诚智，则众材得其序，而庶绩之业兴矣。"(《人物志·自序》) 从这段话可以看出，当时人们对人格考察已经相当重视。与能力测验相比，人格测验的编制、记分、解释和评价可能面临着更大的挑战。诸葛亮对这个问题也有自己的体会，他说："夫知人之性，莫难察焉。美恶既殊，情貌不一，有温良而为诈者，有外恭而内欺者，有外勇而内怯者，有尽力而不忠者。"(《诸葛亮集·知人性》) 本章主要从心理测量学的角度，讨论人格测验的编制与实施等问题，尝试对这一千古难题进行现代诠释。

第一节 人格测验概述

人格（personality）是现代心理学体系中的主要概念之一。人格一词源于拉丁文 persona，其本义是指面具。面具包含着两层意思：一是指个人在生活舞台上表现出的各种行为；二是指个人蕴藏于内部未显露的特点。我国古人对人格的看法也很多，比如有人把人格称为"性"，提出"明仁、义、礼、智、信五者，性也"(《程氏遗书》)。可以看出，人们对人格的理解受到特定历史时期价值观的影响。

一、人格与人格测验的概念

（一）人格的界定

高尔顿·奥尔波特（Gordon W. Allport）搜集了 50 多种不同的人格定义，并对这些定义进行了归类，其中包括：① 罗列式定义，这类定义把个体所有的特质的总和称为人格，其实质是把特质不分大小，一律相加；② 综合性定义，这类定义强调人格是人各方面特征所组成的一个整体；③ 等级性定义，这类定义将人的各方面的特征分为不同的等级层次，最高层次的特征对其他特征具有统合的作用；④ 适应性定义，这类定义强调人格的功能在于适应社会；⑤ 区别性定义，这类定义强调人格是个体独有的特征；⑥ 本质性定义，这类定义认为人格不仅是人与人之间的不同，更是个体具有代表性的典型特征（郭永玉，2005）。其中，综合性定义得到人们越来越多的认同。艾肯（Aiken，2003）认为，人格是品格或特征的有机组合——人的生理、心理、情绪或社会品质的总和。这是一个比较宽泛的人格定义，把人格看成先天和后天的心理能力、气质、态度和其他个体差异的独特结合。国内学者黄希庭（2002）也提出一个较具包容性的定义：人格是个体在行为上的内部倾向，它表现为个体适应环境时在气质、性格、能力、情绪、需要、动机、兴趣、态度、价值观、体质方面的整合，是具有动力一致性和连续性的自我，是个体在社会化过程中形成的给人以特色的心身组织。本书采用这个定义，并以此为基础展开后面的阐述。

学者对人格的定义有着不同的看法，对于人格特点的理解却较为相近。一般都认为，人格具有整体性、稳定性、独特性和社会性等基本特性。

人格的整体性是指人格虽然有多种成分和特质，但是它的任何一个方面都不是孤立的，都与其他方面密切联系。人格中任何因素的改变都会引起其他因素的改变。人格是一个有机组织，人的任何行为都是整个人的活动，是个人整体机能的实现。

人格的稳定性是指人的感情和行为具有跨时间的连续性与跨情境的一致性。比如《西游记》中的唐僧，他的善良就表现出稳定性特点。在取经的路上不管遇到什么人，他都乐善好施、乐于助人。

人格的独特性是指每个人都是独一无二的个体。每一个人的人格是受不同因素的影响而形成的，包括遗传基因、社会环境、家庭环境等。这些因素有不同的影响方式，因此形成的人格都是独特的。

人格的社会性是指，社会化把人这样的动物变成社会的成员，人格是社会的人所特有的。所谓社会化是指个体在与他人交往中掌握社会经验和行为规范，获得自我的过程。通过社会化，个体获得了从习惯到价值观、自我概念等人格特征。人格既是社会化的对象，又是社会化的结果。

（二）人格测验

人格本身十分复杂，研究人格的方法有个案法、相关法和实验法等，**人格测验**（personality test）是考察人格特征的重要手段之一。相对于其他人格研究方法，人格测验有其明显的优势，如量化程度高、省时高效等。人格测验这一术语，还有人格评价、人格评估和人格评鉴等不同的表达方式。人格测验是一种狭义的表达，是指使用特定的人格测量工具对人格特征进行数量表示的过程。人格评价、人格评估和人格评鉴等说法往往是广义的表达，是指所有对人格进行考察和分析的方式方法。本章所指的人格测验，主要是从狭义上来使用，部分内容涉及广义的人格评价、人格评估和人格评鉴。为简单起见，下文统一使用人格测验这个说法。

现代人格测验是从西方发展起来的。西方人格测验由前科学阶段发展到科学阶段，经过了长期的发展过程。

人格测验不断发展，除了归功于一些学者的不懈努力之外，还与社会的需要有密切关系。长期以来，人格测验被广泛地用于教育、工商、政府、军事、医疗和咨询等机构。其中，较受瞩目的五个应用领域为健康领域、司法领域、婚姻和家庭咨询领域、运动领域、消费者行为领域。

［考纲链接］“心理学专业基础考试大纲”：人格测验

二、人格理论与人格测验

在现代心理学发展过程中，许多持不同理论观点的学派逐渐出现。这些学派几乎无一例外地讨论了有关人格的理论问题，进而对人格的测量进行了探索。表 11-1 对不同心理学流派的人格理论和人格测验 / 技术进行了简要介绍。

［微课］人格理论与测验

表 11-1 不同心理学流派的人格理论和人格测验 / 技术

心理学流派	人格理论	人格测验 / 技术
精神分析	本我、自我和超我；集体潜意识；超越自卑；人格的心理动态史分析	自由联想、释梦、投射测验，《迈尔斯 - 布里格斯人格类型测验》《自我认同感量表》
行为主义	人格的形成和发展都是条件反射的结果；人格是强化和认知共同作用的结果	《内外控人格量表》《人际信任量表》《一般自我效能量表》
认知主义	强调人对自身主观世界主动的、认知性的构造	《角色构念库测验》
人本主义	强调对积极的人性、人的潜能等问题的关注	个案研究、无结构访谈、Q 分类技术等

三、人格测验的种类

（一）自陈问卷

自陈问卷（self-report inventory）是由被试根据自己的想法，对自己的人格进行评价的问卷或心理测验，一般采用题目—选项的形式。相当多的人格测验采取自陈问卷的形式，如经典的《明尼苏达多相人格调查表》《十六种人格因素问卷》等。自陈问卷施测的基本前提是被试自己最了解自己。

（二）评定量表

评定量表（rating scale）在形式上与自陈问卷相似，但是被试并不是对自己的人格进行评价，而是对别人的人格进行评定，所以又叫“他评量表”。评定量表在人格测验中也较为常见，比如《简明精神病评定量表》《贝克 - 拉范森躁狂量表》等。评定量表一般在被试由于阅读能力、精神状态或生理状况等原因无法自己完成人格测验时使用，所以人格评定量表往往涉及临床上的诸多问题。

（三）投射测验

自陈问卷和评定量表因材料清晰、测验目的明确，一般被称为**客观测验**（objective tests）。被试在答题过程中，无须发挥想象力。

投射测验（projective test）与客观测验相比，有很多不同点。投射测验呈现给被试的是无结构的、模棱两可的或开放的测验材料，让被试在一个自由空间中充分发挥想象力后做出反应。投射测验使用的材料包括墨迹图、故事图片、模型等。在此过程中，被试会把自己的动机、情感、欲望等无意识地投射到测验材料上。

四、人格评估的其他方法

人格评估的资料来源可能是多元化的。前面提到的自陈问卷和投射测验，均属于自我报告的资料，评定量表属于从观察者那里得到的资料。此外，还有一些生理、体能等方面的检查结果，称为“客观测验资料”。奥尔波特收集的被试的自传、日记等，则属于“生活经历资料”。

综合起来，人格评估的其他方法包括观察法、访谈法、传记法、Q 分类技术、语义分析法、检核表、情境测验等。这些方法可以从不同侧面为人格评估提供直接或间接的资料。此外，还有很多评估人格的方式，限于篇幅，这里就不一一介绍了。

第二节 常见人格自陈问卷的编制与实施

要编制一份成功的自陈问卷，至少要解决两个问题：一是内容合理，二是呈现形式合适。人格自陈问卷的原型是《伍德沃思个人资料调查表》（*Woodworth Personal Data Sheet*），该量表在第一次世界大战期间发表并得到应用。从那时起，自陈问卷的内容和形式问题一直受到研究者的关注。为得到能代表人格内容的题目，学者提出了数种自陈问卷的编制方法。下面先介绍编制方法，然后讨论自陈问卷的呈现形式。

一、人格自陈问卷的编制方法及呈现形式

（一）编制方法

从大的范围上来说，可以将人格自陈问卷的编制策略分为演绎式编制策略和实证式编制策略（卡普兰，萨克佐，2005）。演绎式编制策略包括逻辑分析法和理论推导法，实证式编制策略包括效标团体法和因素分析法。

逻辑分析法是根据编制者对人格的界定和逻辑推理来确定测验应该包括哪些内容。如要测量“外向”型人格，编制者可能比较关心被试人际交往等方面的内容，而不关心被试是否对高等数学感兴趣。早期的人格问卷，像《伍德沃思个人资料调查表》就是使用逻辑分析法编制的。

理论推导法是根据某种理论，确定所要测量的特质，然后编写或选择一些看起来能

够测量这些特质的题目，其典型的代表是《爱德华兹个人爱好量表》。通过对自陈问卷的预测，我们可以获得难度、区分度和信度、效度的数据，据此可以对量表进行修改完善，这正是效标团体法和因素分析法的出发点。

效标团体法的基本步骤是，选择具有某种心理特质或行为特点的效标组和不具有此种心理特质或行为特点的控制组，将量表题目施测于效标组和控制组，保留那些能明显区分两组的题目。显然，效标团体法主要参考的指标是题目的区分度，下文介绍的《明尼苏达多相人格调查表》正是根据此法开发的。

因素分析法在本书第三章有详细介绍，该方法是卡特尔、奥尔波特等人在编制人格自陈问卷时特别推崇的。

事实上，人们越来越倾向于将几种方法综合起来使用。具体的做法是，先通过逻辑分析法或理论推导法初步确定要测量的特质，然后选择相应的题目，再通过效标团体法对题目进行筛选，最后因素分析法探索或验证量表的结构。

（二）呈现形式

被试看到的人格自陈问卷，主要是题干和选项。不同的自陈问卷可能采取相对不同的呈现形式。

1. 是否式。提供一个陈述句或问句，并列出“是”和“否”两种选项，要求被试选择其中一个选项。例如：

你的情绪经常波动吗？　　A. 是　B. 否

你是一个健谈的人吗？　　A. 是　B. 否

（引自《艾森克人格问卷》）

2. 二择一式。提供两个陈述句（A，B），要求被试选择一个更加符合自己实际情况的句子。例如：

A. 我喜欢结交新朋友。

B. 当我有难时，我希望朋友能帮助我。

（引自《爱德华兹个人爱好量表》）

3. 是否折中式。提供一个陈述句或问句，并列出“是”“否”“不一定”（或“介于是与否之间”）三种选项，要求被试选择其中一个选项。例如：

对于不讲理的人，我仍能以礼待之。

A. 是的　　B. 不是的　　C. 介于 A 与 B 之间

（引自《十六种人格因素问卷》）

4. 文字等级式。提供一个句子，同时列出几个（通常是五个）程度不等的选项供被试选择。例如：

本校老师有能力促进学生的学习。

（1）非常符合　　（2）符合　　（3）有点符合

（4）有点不符合　　（5）不符合　　（6）非常不符合

（引自《教师集体效能量表》）

5. 数字等级式。它是文字等级式的变式，将文字式选项改为数字式选项。例如：
本校老师有能力促进学生的学习。
非常符合————————————————非常不符合
1　　2　　3　　4　　5　　6

二、采用效标团体法编制的自陈问卷

（一）《明尼苏达多相人格调查表》

《明尼苏达多相人格调查表》（*Minnesota Multiphasic Personality Inventory*, MMPI）是由明尼苏达大学教授哈撒韦（S. A. Hathaway）和麦金利（J. C. McKinley）在1943年编制的，是最为著名的采用效标团体法编制的人格量表，也是使用和研究最为广泛的心理量表之一。1989年，明尼苏达大学推出了该量表的第二版，即MMPI-2；1992年推出了青少年版，即MMPI-A。虽然有新版本面市，但第一版仍然被大量使用。下面我们就以MMPI和MMPI-2为重点，介绍量表的编制过程、量表构成、施测程序和结果解释等内容。

1. 编制过程

哈撒韦和麦金利希望有一种工具能够在常规的精神病学检查中评估成年患者，准确地确定精神障碍的严重程度，于是他们广泛查阅了临床病历、病史报告、医生手记、病例档案资料和早期出版的人格测验等材料，最初收集了1 000道题目。合并相关的题目后剩下504道题目，并以此为基础对8个效标组（即疑病、抑郁、癔症、精神、妄想、精神衰弱、精神分裂和轻躁狂患者组，每组50人，共400人）和724人组成的控制组进行测量，并比较两组差异。差异显著后，选择一组新的正常人并将其反应与一组不同的临床患者进行比较来交叉验证量表。在这些组之间仍然存在显著差异的项目入选量表的最终版。后来，以男性士兵和空中小姐为两组被试，增加了性度量表；以两组大学生为被试，增加了社会内向量表。哈撒韦和麦金利为了检查被试回答的态度和真实性，还在第一版中设置了4个效度量表——疑问量表、谎言量表、伪装量表和修正量表；MMPI包含566道题目，其中有16道是重复的题目，实际上是550道题目，如果只用于精神病临床诊断，可做前399道。MMPI的题目内容范围很广，包括身体各方面的情况，如神经系统、心血管系统、消化系统等，也包括精神状态和对家庭、婚姻、宗教、政治、社会等的态度，共26个方面。MMPI-2有567道题目，相对于第一版，临床量表变化不大，效度量表增加到17个。只用于精神病临床诊断时，可做前370道，其余197道（第371题至第567题）提供了不同的补充、内容和研究措施。尽管MMPI和MMPI-2相似，但有几个重要的区别：从原来的标准量表中删除了58道，改变了一些题目的措辞，并纳入了与青少年问题有关的新题目。宋维真等人从20世纪80年代开始修订MMPI，1989年完成了中国常模的制订工作，1992年又完成了对MMPI-2的修订。

2. 量表构成

MMPI 的主体是 10 个临床量表和 4 个效度量表，每个临床量表的主要测量内容（见表 11–2）有所不同。

表 11–2　MMPI 的 10 个临床量表

序号	代号	中文名称	英文名称	测量内容
1	Hs	疑病	Hypochondriasis	反映被试对身体功能的过度关心
2	D	抑郁	Depression	与忧郁、淡漠、悲观的思想和行动缓慢有关
3	Hy	癔症	Hysteria	测量用转换反应来对待压力或解决矛盾的倾向
4	Pd	精神	Psychopathic Deviate	反映被试性格的偏离
5	Mf	性度（男性化 – 女性化）	Masculinity–Femininity	反映性别色彩
6	Pa	妄想	Paranoia	提示具有多疑、孤独、烦恼和过分敏感等
7	Pt	神经衰弱	Psychasthenia	测量焦虑、强迫、恐惧等症状
8	Sc	精神分裂	Schizophrenia	提示异乎寻常的或分裂的思维方式
9	Ma	轻躁狂	Hypomania	联想、活动过多、过快，观念飘忽、夸大，情绪高昂
10	Si	社会内向	Social Introversion	高分为内向，低分为外向

注：精神量表又译精神病态、病态人格；各临床量表的序号固定

效度量表的设置，为检查被试的答题态度和认真程度提供了便利条件，这也是哈撒韦和麦金利的一项重要创造。MMPI 的效度量表（见表 11–3）有 4 个，其中 Q 量表比较特殊，本身没有题目，是根据被试的回答情况来记分的。MMPI 每个题目的选项为“是”“否”“无法回答”。Q 量表表示被试选择“无法回答”的题目数。

表 11–3　MMPI 的效度量表

代号	中文名称	英文名称	测量内容
Q	疑问量表	Question	分数高代表模棱两可的题目多，答卷不可靠
L	说谎量表	Lie	分数高代表答案不真实
F	伪装量表	Fake bad or Infrequency	分数高代表诈病或严重偏执
K	修正量表	Correction	分数高代表自我防御反应，也作为部分临床量表的校正分数

MMPI-2 在第一版的基础上，对临床量表的题目进行了增删，但对临床量表的解释基本不变。MMPI-2 增加了三个第一版没有的效度量表，一个是后 F 量表（Fb），功能与 F 量表一样，是对第 370 题以后的题目的伪装倾向进行评估；另外两个是反向答题矛盾量表（VRIN）和同向答题矛盾量表（TRIN），前者用来评估随机盲目作答倾向，后者高分代表不加区分地做出肯定回答。此外，MMPI-2 还有一个重要特色就是重新构建了 15 个内容量表，如家庭问题量表（FAM）用来测评家庭混乱和可能对儿童的虐待程度。在一定程度上，内容量表与临床量表可结合使用，从内容量表可能会找到临床量表的原因。

3．施测程序

MMPI 适用于 16 岁以上有阅读能力的成人，有研究者认为 13 岁以上能读懂题目的青少年也可以使用该测验。MMPI-2 的常模也适用于 16 岁以上的成人。MMPI 的施测，目前主要有纸笔测验、卡片式测验和计算机测验三种形式。纸笔测验是把题目印在问卷上，让被试在答题纸上标出答案。卡片式测验是将题目印在卡片上，被试作答时，将卡片根据自己的情况投到分别标为“是”“否”“无法回答”的盒子里。纸笔测验既可个别施测，又可团体施测；卡片式测验只适合个别施测。纸笔式测验和卡片式测验记分都十分复杂，尽管曾出现过减轻记分负担的模板记分，但其记分速度很难与目前越来越流行的计算机测验相比。在测试时间上，一般 45 分钟内可完成测试，不会超过 90 分钟。

4．结果解释

前面已经提到，MMPI 和 MMPI-2 的临床量表和效度量表是测验的重要组成部分。在测试结束之后，首先得到各量表的原始分。然后把临床量表中的 5 个分量表，用修正量表的得分进行校正，方法是：Hs+0.5K，Pd+0.4K，Pt+1.0K，Sc+1.0K，Ma+0.2K。再和不需校正的量表一起，转化成 T 分数，即

$$T = 50 + \frac{10\left(X - \overline{X}\right)}{SD} \qquad \text{公式 11-1}$$

表 11-4 呈现了某被试在 MMPI-2 上的测试结果。

表 11-4 某被试在 MMPI-2 上的测试结果

	效度量表							临床量表									
分量表	Q	L	F	K	Fb	TRIN	VRIN	Hs	D	Hy	Pd	Mf	Pa	Pt	Sc	Ma	Si
原始分数	11	2	22	12	6	10	4	19	35	28	23	23	16	22	24	18	35
K 校正分数								25			28			34	36	20	
T 分数	50	35	63	47	52	63	47	70	68	61	59	64	58	55	49	47	50

MMPI 以 T 分数来解释结果，在分析临床量表的结果之前，需先看效度量表的结果，因为效度量表关系到被试的答题态度和认真程度。如表 11-4 中的结果，根据量表编制者提供的标准，Q 量表原始分数不应超过 30，L 量表原始分数不应超过 10，其他

效度量表的 T 分数不应超过 60（根据中国常模）。显然，这里 F 量表 T 分数为 63，说明该被试有伪装倾向。所以分析临床量表时应谨慎。对于临床量表的结果，MMPI 的美国常模为 T=70，中国常模为 T= 60；MMPI-2 的美国常模为 T= 65，中国常模为 T= 60。超过常模分数，可能有异常。上表中，被试在 Hs、D、Hy、Mf 分量表上可能存在异常。

MMPI 自出版以来，特殊的分类和许多辅助性的解释方法也在不断发展。一个主要策略是内容解释。最常用的特殊量表参见布罗茨基（S. L. Brodsky）和史密瑟曼（H. O. Smitherman）于 1983 年撰写的，它们可能提供关于被试的重要定性信息。

计算机化解释系统是解释 MMPI 结果的一个重要和常用的辅助系统。自第一个计算机化解释系统于 1965 年开发以来，这种系统的数量大幅增加。我们在使用不同的计算机化解释系统时要小心谨慎，因为解释服务和软件包在质量方面差异很大，而且大多数都没有经过测试或只经过了部分有效性测试。计算机化解释系统仅限于标准解释，不能整合处理临床病例时通常遇到的特殊情况。未经培训的人员更可能忽视或评估不足。美国心理学会制订了一套指南来确保正确使用计算机化解释。需要强调的是，尽管计算机化解释系统可以从各种各样的数据中提供信息，但它们的解释仍然不是最终结论。像所有测试数据一样，它们需要考量被试的背景信息和当前状况。

经过多年的经验积累，MMPI 和 MMPI-2 的研究者还提出了一些组合式的解释方法。比如临床量表两点编码法、整体模式分析法等，感兴趣的读者可以查看相关使用手册了解详情。

不仅要在整体测试配置的背景下检查特定的量表，而且要关注其他信息，如人口特征（年龄、受教育水平、社会经济地位、种族）、行为观察、其他心理测量数据，通常可以提高人格描述的准确性、丰富性和敏感性。为便于直观把握《明尼苏达多相人格调查表》的结果，可绘制各量表得分剖面图。图 11–1 是某被试的 MMPI 得分剖面图示意。

5．对《明尼苏达多相人格调查表》的简要评价

MMPI 应用十分广泛，因为该量表有着很突出的优点。第一，MMPI 采用效标团体法编制，既可以用于异常个体的人格测试，又可以对正常人进行人格评估。第二，MMPI 编制过程严谨，重视实证数据，确保临床诊断的符合率较高。第三，MMPI 率先引入了效度量表，提高了其自身在临床上的应用价值。

但是，MMPI 题量较大，容易让被试疲倦或厌烦，从而影响效度。因此在进行测试时，主试应让被试知道该测验对他的益处，以避免情绪波动影响作答。同时可以强调，使用 MMPI 不是给一个人贴标签，而是对其进行更丰富、更深入、更广泛的评估。

MMPI 已被翻译成多种语言，并在许多国家发行，已经对几个不同的文化群体进行了规范性和有效性研究。另外，还应注意，MMPI 和 MMPI-2 临床量表的名称都较为敏感，为避免误会，报告分数时要求用各临床量表的数字序号或英文缩写，而不使用中文或英文全称。

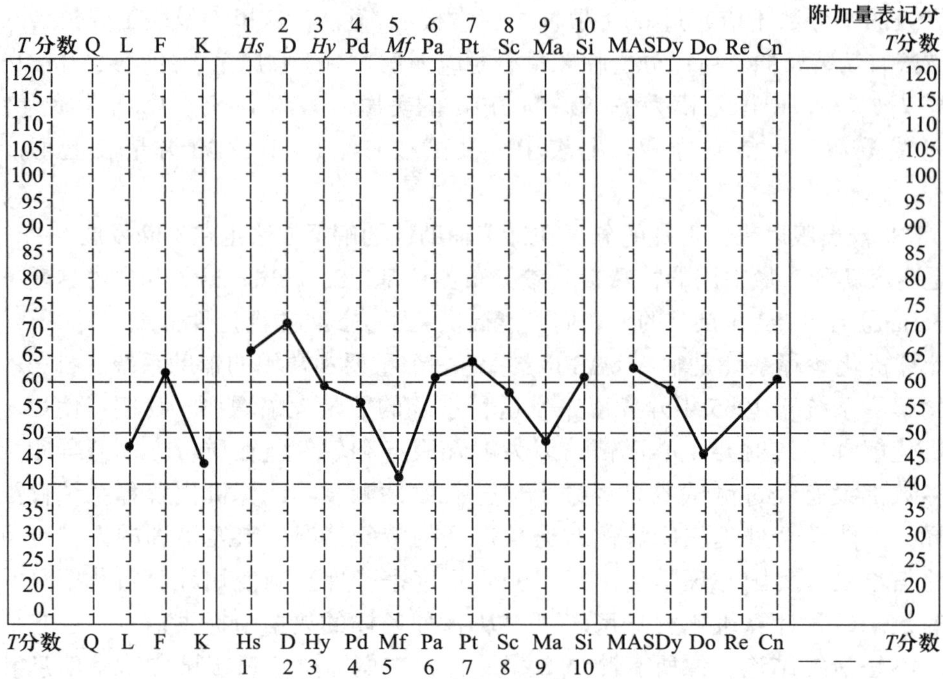

图 11-1　某被试的 MMPI 得分剖面图示意

MMPI 的题量很大，也使其成了后来有些量表题目的来源。下面将要介绍的《加利福尼亚心理调查表》便是一例。

（二）《加利福尼亚心理调查表》

《加利福尼亚心理调查表》（*California Psychological Inventory*, CPI）由高夫（H. G. Gough）编制，是测量青少年和成人人格的量表。其最初版本的 480 道是否式题目中，有一半来自 MMPI。MMPI 临床量表强调适应不良和精神疾病，而 CPI 更注重人格中积极的、正常的方面。CPI 的最初版本包括 18 个分量表，其中 3 个——幸福感（well-being）、好印象（good impression）、共同性（communality）——是效度量表。幸福感是以"装好"的反应为基础，好印象是以"装坏"的反应为基础，共同性量表的分数则以容易为大家所接受的回答的频次计算为基础。另外 15 个分量表包括支配性（dominance）、上进心（capacity for status）、社交性（sociability）、自在性（social presence）、自我接纳（self-acceptance）、责任感（responsibility）、社会化（socialization）、自控力（self-control）、宽容性（tolerance）、遵从性成就（conformance）、独立性成就（achievement via independence）、智力效率（intellectual efficiency）、心理性（psychological-mindedness）、灵活性（flexibility）、女子气－男子气（femininity-masculinity）。1987 年，CPI 第三版又增加了独立性（independence）和移情性（empathy）两个分量表。除了 3 个效度量表外，17 个量表中有 13 个量表的题目选择是以效标团体法为基础的，另外 4 个量表是在对题目进行内部一致性考查的基础上选择题目的。

CPI 第三版中阐述了一个理论模型，该模型包括三大主题：角色、性格和能力。角色这一主题，即人际定向（内向 – 外向），是人际交往时自我的显露，已隐含在支配性、上进心、社交性、自在性和自我接纳量表中。性格（常模支持—常模质疑）这一主题，涉及责任感、社会化、自控力等诸如此类的内在价值观：常模支持是指倾向于具有良好的组织纪律性和自控能力，有良知，遵循传统价值，可靠；常模质疑是指倾向于有反叛性，不安分，追求享乐，自我纵容。能力或成就主题，和幸福感、遵从性成就、独立性成就、智力效率、宽容性量表有关。将角色和性格主题中的分数各自分类，就形成四种人格类型——α，β，γ，δ。α 型人格是外向的、常模支持的，β 型是内向的、常模支持的，γ 型是外向的、常模质疑的，δ 型是内向的、常模质疑的。总之，α 型是“控制的”，β 型是“传统的”，γ 型是“疏离的”，δ 型是“冲突的”。CPI 在商业领域得到广泛应用，包括筛选和培养成功的雇员、培养领导者、创设高效的组织机构、促进团队工作。

三、采用因素分析法编制的自陈问卷

（一）《十六种人格因素问卷》

1．编制过程

《十六种人格因素问卷》（16PF）是根据因素分析法编制量表的典范，由雷蒙德 · 卡特尔（Raymond B. Cattell）编制。奥尔波特和卡特尔同为人格特质理论的重要代表人物，在人格测验的开发过程中，两人的研究也有一定的连续性。奥尔波特从字典里找了 17 953 个描述人格的词语，认为其中 4 504 个是“真正的”人格特质条目。卡特尔沿着奥尔波特的路线，把 4 504 个人格特质条目进行分类，得到 171 个条目，并让大学生用这 171 个条目评价他们的朋友，通过聚类分析法得到 36 个特质变量，后经斜交旋转得到 12 个因素。后又经过相关研究，因素增加到 16 个。卡特尔称这 16 个因素为根源特质。在发展过程中，16PF 共有 A、B、C、D、E 五个版本，A、B 为全版本，各有 187 道题目；C、D 为缩减本，各有 106 道题目；E 用于受教育水平较低的被试，有 128 道题目。2000 年，第五版 16PF 正式发行，增加了新的指标来评估被试的反应倾向，类似于 MMPI 的效度量表。

目前，16PF 的中国修订版有三个。20 世纪 70 年代，刘永和与梅瑞迪斯（G. M. Meredith）合作，以 2 000 多名港台地区的中国学生为常模组，发表了 16PF 的中国修订本。1981 年，李绍农在前者的基础上，在内地修订出版 16PF，并进行了信、效度验证。后来，在李绍农所做工作的基础上，戴忠恒与祝蓓里对 16PF 进行修订并取得了全国范围内的信、效度资料，于 1988 年完成，这次修订的 16PF 在国内应用较广。

2．量表结构

16PF的中国修订版仍然保留了16个根源特质。表11–5为16种人格因素的代号和名称。与很多人格测验不同的是，因素B也就是聪慧性的题目是有正确答案的。

表11–5 16种人格因素的代号和名称

代号	名称	代号	名称	代号	名称	代号	名称
A	乐群性	F	兴奋性	L	怀疑性	Q_1	实验性
B	聪慧性	G	有恒性	M	幻想性	Q_2	独立性
C	稳定性	H	敢为性	N	世故性	Q_3	自律性
E	恃强性	I	敏感性	O	忧虑性	Q_4	紧张性

3．施测、记分及结果解释

16PF既可团体施测又可个别施测，每道题有3个选项。聪慧性的题目回答正确得1分，回答错误得0分。其他量表按0、1、2或2、1、0计分。目前，大多数情况下，16PF采用计算机自动记分。每个分量表的原始分需转化成标准十分，即

$$\text{标准十分} = 5.5 + \frac{2\left(X - \overline{X}\right)}{SD} \qquad \text{公式 11–2}$$

根据各因素的高分特征和低分特征来描述被试的人格特点：1～3分为低分，8～10分为高分。

[知识窗] 16种人格因素的高低分特征

除了16种人格因素可以各自单独解释外，卡特尔还在实证研究的基础上提出了4个次元人格因素，即适应与焦虑、内向与外向、感情用事与安详机警、怯懦与果断。这4个次元人格因素可以由16个根源特质的标准分加权得到，如适应与焦虑的计算方法为

适应与焦虑得分：$(38+2L+3O+4Q_4-2C-2H-2Q_3) \div 10$ 公式 11–3

卡特尔发现了另外一些特殊演算公式，可用于心理咨询和升学就业指导，包括心理健康者的人格因素，从事专业工作而有成就者的人格因素，创造力强者的人格因素，在新环境中有成长能力者的人格因素。如心理健康者的人格因素的演算公式为

心理健康者的人格因素得分 $=C+F+(11-O)+(11-Q_4)$ 公式 11–4

4．对16PF的简要评价

相对MMPI而言，16PF可以在较短的时间内（40分钟左右）测出较多的人格特质，凡具有相当于初三以上文化程度的人都可以使用。在企业和学校的职（专）业选择、人员招聘和选拔等应用领域中，16PF应用更加广泛。但与大多数自陈问卷一样，16PF也容易受到社会称许性的影响。

（二）《艾森克人格问卷》

1．编制过程

《艾森克人格问卷》（EPQ）是由英国心理学家艾森克夫妇（H. J. Eysenck & S. B. G. Eysenck）于1975年共同编制的，它扎根于深厚的理论基础——艾森克的人格理论，也是采用因素分析法编制的具有代表性的人格问卷之一。艾森克认为，人格类型由三个基本维度组成，即内外倾、神经质和精神质，并对这三个维度的生理基础进行了深入研究。英文版的EPQ分为成人版（101道题目）和儿童版（97道题目），二者的结构是一致的，都包括三个人格维度量表和一个效度量表。北京大学的陈仲庚（1981）、湖南医学院的龚耀先（1984）分别对EPQ进行了修订和标准化，对题目进行了增删，并建立了中国常模。

2．量表结构

相对于16PF和其他采用因素分析方法编制的人格问卷而言，EPQ的因素较少。下面介绍四个分量表的意义。

E（内外倾）量表，高分表示性格外向，可能好交际，渴望刺激和冒险，情绪易冲动；低分表示性格内向，可能好静，富于内省，除亲密朋友外，对一般人缄默冷淡，不喜欢刺激，喜欢有秩序的生活方式。

N（神经质）量表，又称“情绪稳定性”，反映的是正常行为，并非指神经症。高分者可能常常焦虑、担忧、郁郁不乐、忧心忡忡，有强烈的情绪反应，以致出现不够理智的行为；低分者情绪反应缓慢而轻微，易于恢复平静，性情温和，善于自我控制。

P（精神质）量表，并非指精神病，而是在每个人身上都存在的人格。高分者可能孤独，不关心他人，难以适应外部环境，不近人情，感觉迟钝，不能与人友好相处，固执倔强；低分者能与人相处，态度温和，善解人意。

L（说谎）量表，最初被用来测量说谎倾向，即承担效度量表的功能，但后来发现也可以作为一种人格特征，反映被试的社会性朴实、幼稚的水平。

3．施测、记分及结果解释

EPQ的每个题目都有“是”“否”两个选项，属于“迫选题”。其记分有四个分量表的原始分，然后转换成T分数，没有全部题目的总分。以T分数解释EPQ的结果，一般而言，分为成年男性、成年女性、幼年男性和幼年女性四类常模。另外，E和N两个量表的结果结合，还可以粗评被试的气质类型。图11-2为E、N量表与气质类型的关系：外向—稳定的为多血质，内向—稳定的为黏液质，内向—不稳定的为抑郁质，外向—不稳定的为胆汁质。各种气质类型没有好坏之分。

4．对EPQ的简要评价

EPQ具有较高的信度和效度，而且其对人格维度的划分在实验心理学和临床心理学研究中得到了验证，被广泛应用于医学、司法、教育和工商业等领域。

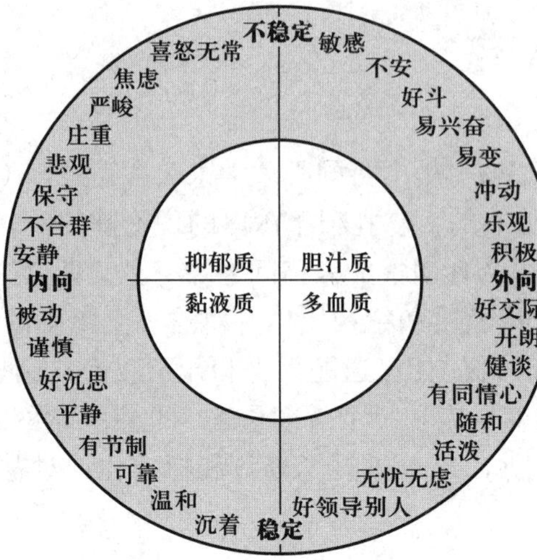

图 11-2　E、N 量表与气质类型的关系

（三）《吉尔福德 – 齐默尔曼气质调查表》

《吉尔福德 – 齐默尔曼气质调查表》（*Guilford-Zimmerman Temperament Survey*, GZTS）的应用不如 EPQ、16PF 广泛，但在采用因素分析法编制的量表中是比较著名的。有关这个量表的编制工作在 1940 年左右就开始了，1956 年最终形成。量表有 10 个人格维度，分别为活动性、抑制性、领导性、社交性、情绪稳定性、客观性、友好性、思考性、人际关系和男性气质。还有三个效度量表用于检验虚假反应和答题的有效性。

四、根据逻辑分析或理论推导法编制的问卷

前面提到，人格自陈问卷的原型——《伍德沃思个人资料调查表》是用逻辑分析法编制的，该量表在人格测验历史上发挥了重要作用。下面主要介绍两种以人格理论为出发点的量表。逻辑和理论本身也无法被严格区分，因为按照人格理论编制问卷，人格理论恰是逻辑的起点和线索，所以这部分的标题为“根据逻辑分析或理论推导法编制的问卷”。

（一）《爱德华兹个人爱好量表》

《爱德华兹个人爱好量表》（*Edwards Personal Preference Schedule*, EPPS）由美国心理学家爱德华兹（A. L. Edwards）于 1959 年编制。它以莫里提出的 15 种心理需要为基础，共 225 道题目，其中有 15 道是重复题目。题目采用第一人称“我”来进行陈述，被试需“迫选”两个选项中的一个作为答案（例题见本节第一部分）。EPPS 的 15 个分量表分别是成就、顺从、秩序、表现、自主、亲和、内省、求助、支配、谦卑、帮助他人、

求变、执着、异性恋和攻击。

EPPS 可通过被试的反应，计算 15 个分量表的得分，从而知道被试在某种需要上的强度，并画出人格剖面图，比较各种需要的相对位置。尽管 EPPS 采用了迫选法，但是仍然有虚假反应，而且不能对社会称许性进行有效控制。

（二）《迈尔斯－布里格斯人格类型测验》

《迈尔斯－布里格斯人格类型测验》（*Myers-Briggs Type Indicator*, MBTI）是根据荣格（C. G. Jung）的人格类型理论开发的量表。MBTI 应用了荣格的外倾（E）和内倾（I）的二分法，对知觉的两种对立的分类［感觉（S）对直觉（N）］，和对判断的两种对立的分类［思维（T）对情感（F）］，增加了荣格所未涉及的方面，即对外部世界的偏好倾向［判断（J）对知觉（P）］。可以用字母表示四个维度中每一维度的倾向，如用 ENFJ 表示“外倾－直觉－情感－判断”型。如此共有 16 种组合。

从 1942 年到现在，MBTI 已经发展到最新的 M 版，该版本引入了项目反应理论，利用 θ 分数反映类型偏好的清晰度，与先前版本相比，评估技术有了较大的提升。

1．MBTI 人格评估的规则

MBTI 的得分代表了个体对自身人格类型的清楚程度，并非具有某种人格特征的程度或者表现强度。MBTI 提供的人格类型描述没有好坏之分，测评的有效性取决于施测中规范、有序地执行每一个环节，这离不开测评师的专业指导。在施测过程中，测评师要确保被试始终处在轻松自如的状态下，确保被试可以展现真实的自我。经过反复测评，最终将确定个体人格类型为 16 种中的某一种。

2．MBTI 在国内的修订

自 1994 年以来，以我国学者苗丹民为首的学术团队与美国东卡罗来纳州立大学合作，翻译 MBTI-G 量表，先后取样 2 000 多名被试做修订工作，并探讨中文版的相关技术指标，为其在中国的应用提供操作性技术。修订时先由心理学专家和语言学家分别译出初稿，分析各条目与相应人格维度的匹配程度，形成试测卷，后经修改得到外倾—内倾、感觉—直觉、思维—情感、判断—知觉 4 维度、8 因素的定稿。实测得到的结果是：相隔 8 周后重测 367 名大学生，结果的相关性具有显著意义（$p < 0.001$），证明信度高；先以英文原版测量 291 名医学生，30 天后再用修订版测量，结果具有显著的相关性（$p < 0.001$），证明内容效度高；320 名大学生在 MBTI 上的结果与 EPQ、16PF 对照测定的结果有高度相关，表明其关联效度高。用主成分分析与斜交旋转法提取公因子，结果显示，4 维度最大载荷值分别占主因素的 93.75%、80.76%、72.72% 和 84.00%。以上资料表明，MBTI 中文版的测评结果有较好的信度和效度。其后，蔡华俭等人对 MBTI 的 M 版本进行了修订。结果表明，大多数项目具有较高的鉴别力，信度和效度良好，结构效度极佳。

解释 MBTI 的前提是：所有人格类型都是有价值的，各有优缺点；个体在所倾向的方面显得能力更强（卡普兰，萨克佐，2005）。MBTI 被广泛应用于研究沟通风格、职业选择、情感感知、组织发展与团队建设、领导力和自我效能等，在人才测评与选拔方面发挥着重要的作用。

五、基于综合法编制的问卷

出于叙述上的方便，本节将人格自陈问卷的编制方法分为逻辑分析法、理论推导法、效标团体法、因素分析法，将特别使用某种方法编制的量表在各类方法中进行介绍。事实上，大多数人格自陈问卷在编制过程中，或多或少地综合使用了两种及两种以上的方法，纯粹使用一种方法是很罕见的。比如，16PF 的编制除了采用因素分析法外，还与奥尔波特、卡特尔等人的人格理论有着密切的联系。以“综合法”编制的量表数量较多，在这里无法一一列举，我们就选择既能体现综合法，又能代表当今人格自陈问卷发展方向的测验来介绍。人格五因素模型理论影响下的系列测验，恰好符合这一要求。

从 16PF、EPQ 等采用因素分析法编制的人格问卷可以看出，人格特质的数量或维度长期以来存在很大争议。**人格五因素模型**（Five-Factor Model, FFM），在一定程度上让纷争走向共识。此后，通过多年的研究，学者对五因素模型有了较为统一的看法（科恩，2005）。表 11-6 为五因素模型的人格因素特征。

表 11-6 五因素模型的人格因素特征

人格因素	低分特征	高分特征
外向性	孤独、安静、被动、缄默	合群、健谈、主动、热情
随和性	多疑、刻薄、无情、易怒	信任、宽容、心软、好脾气
尽责性	马虎、懒惰、杂乱无章、不守时	认真、勤奋、井井有条、守时
神经质	冷静、自在、淡漠感情	自寻烦恼、情绪不稳定、害羞、感情用事
开放性	刻板、创造性差、遵守习俗、缺乏好奇心	富于想象、创造性强、标新立异、有好奇心

麦克雷（R. R. McCrae）和科斯塔（P. T. Costa）结合因素分析法与相关的五因素模型编制了《NEO 人格调查表》（*Neuroticism, Extroversion, Openness Personal Inventory*, NEO-PI），他们提出五因素下还有若干特质。此后，二人又发表了 NEO-PI 的修订版 NEO-PI-R。NEO-PI-R 包含开放性、尽责性、外向性、随和性和神经质 5 个人格因素，每个因素由 6 个分量表（特质）组成，每个分量表有 8 道题目，共 240 道题目，其中有 106 道为反向计分题目。

国外研究人员对 60 个条目的简化版（NEO-FFI）进行探索性因素分析后发现，因子载荷过低的条目从 5 到 12 条不等。同时，验证性因素分析的结果显示，NEO-FFI 的模型拟合度不理想。因此，2004 年出版的 NEO-FFI-R 把其中的 14 个条目置换为 NEO-PI-R 中的替补条目。研究表明，NEO-FFI-R 被证实与完整版的信度一致，并且与其他人格测量工具有较好的聚合效度。NEO-FFI-R 被广泛应用于学术研究和临床研究。

20 世纪 90 年代中期，杨坚、戴晓阳等人与 NEO-PI-R 的两位作者合作在中国的精神病人和正常人中进行研究，先后发表了以精神病人和 21 岁以上正常人为样本的研究报告。结果表明，NEO-PI-R 在我国的样本中具有良好的信度，其人格结构因子模型与美国成人样本非常相似。

《大五人格量表》（*Big Five Questionnaire*, BFQ）也是基于五因素理论的。它于 1993 年在意大利编制，后在欧洲其他国家得到广泛验证，在一定程度上体现了五因素理论的跨文化优势。与 NEO-PI 的不同之处在于，为减少社会称许性的影响，《大五人格量表》把外向性命名为精力充沛和活跃；而且《大五人格量表》增加了一个效度量表来检查社会称许性程度。《大五人格量表》中每个人格因素只有两个分量表，这使得该问卷更加简洁。

六、中国人人格测量工具的研制

无论是社会应用还是学术研究，我国一直以来大多使用国外人格测验的中国修订版。国外优秀的人格测验虽经过中国化，但由于巨大的文化差异，在题目表述，测量内容的代表性、涵盖性等方面还是不尽如人意。为弥补这一缺憾，我国学者自 20 世纪 90 年代开始了中国人人格测验的研发工作。目前最具有代表性的成果是中国科学院心理研究所与香港中文大学心理学系合作编制的《中国人个性测量表》（*Chinese Personality Assessment Inventory*, CPAI）。

CPAI 的编制方法结合了合理建构法、实践标准法和因素分析法。编制分四个步骤进行：① 建立正常与病态个性量表的框架；② 编制构成量表的题目；③ 最后确定量表；④ 量表的标准化工作。在量表的标准化阶段，内地有 2 100 人、香港有 441 人参加了测试。编制的量表共包括 22 个人格分量表（如表 11-7 所示）、12 个临床分量表和 3 个效度量表。实践检验和统计分析证明该量表具有较好的信度与效度。

表 11-7　CPAI 的因素与人格分量表

因素	人格分量表
可靠性	责任感、务实性、宽容—刻薄、乐观—悲观、老实—圆滑、亲情、严谨性、外—内控制点、面子、情绪性、自卑—自信
人际关系取向	和谐性、人情、节俭—奢侈、灵活性、现代性
领导性	领导性、冒险性、内—外向
独立性	自我—社会取向、阿 Q 精神、理智—情感

CPAI 的编制促进了我国相关研究领域的本土化发展。例如，甘怡群等人（2002）认为，西方研究者对于人格与工作绩效之间的相互关系，已经做出了大量研究并取得了

丰富的成果，但这些研究是以西方的文化经济体制、管理模式和文化氛围为基础的，所得到的结果从理论上为支持西方的人力资源管理实践提供了支持，却未必适用于中国的人力资源管理。

基于此，甘怡群等人用CPAI测量了某企业38名中高级管理人员的人格特质，并计算了这些人格特质与近期由上司评定的绩效之间的相关性。结果表明，CPAI的和谐性与总绩效、工作能力中的改善工作方法能力、工作态度中的责任心等呈正相关关系，CPAI的领导性与沟通能力呈正相关关系，CPAI的老实—圆滑维度与沟通能力呈负相关关系，CPAI的外—内控制点与工作态度呈显著的正相关关系。该研究证实了人格特点与工作绩效的相关关系，并且发现了CPAI在预测工作绩效时的效力。CPAI中的一些中国人很重视而西方人格量表未曾涵盖的人格因素，如和谐性、老实—圆滑等，与工作绩效的一些指标之间有显著的相关关系。该研究也揭示了一些被西方心理学家忽视的人格维度对于中国企业人力资源管理的重要意义。

鉴于社会变迁以及跨文化研究与应用的相关经验，CPAI编制团队于2001年在内地和香港对CPAI进行了修订和进一步的标准化研究。标准化样本为来自内地和香港的1911名18—70岁的成年人。CPAI的第二版CPAI-2重新命名了7个分量表，增加了6个本土化的分量表，其中包括4个涉及自我取向的兴趣与智力的开放性分量表（新颖性、多样性、多元思考、唯美感）和2个社会取向的开放性分量表（容忍度、人际触觉）。该量表先后在工业与组织心理学、临床与健康心理学等领域获得了实证支持。

CPAI及其后续研究推动了中国人人格结构的理论建设。研究人格特质背后潜在的结构一直是人格心理学家的一项重要工作，论证某一人格特质结构的文化普适性或者文化特殊性，是人格特质研究者的重要工作方向。张建新等人（2006）回顾了CPAI的相关研究，通过分析CPAI发现的四因素人格特质结构、西方的人格特质五因素结构以及CPAI和NEO-PI共同揭示的人格结构，提出了人格特质六因素假说，认为中国人的人格因素包括情绪稳定性、责任感、宜人性、内向—外向性、人际关系性和开放性。通过比较我国和美国样本在人际关系性、开放性人格因素上的显性/隐性表现，张建新等人指出，人格因素的数量及其理论定性之争很可能仅具有方法学意义，对于真正了解人格的本质并非关键。找到人类共有的和某一人群特有的人格特质结构的唯一途径，是各种文化背景下的人格心理学家超越各自的理论，彼此平等接纳，从文化角度乃至遗传角度的共同探索。具体来说，如果能够平等、宽容地对待本土文化和其他文化中产生的人格测量工具，使用它们来共同测量不同人群的人格特质，就很有可能发现单独使用任一测量工具所难以全面揭示的人格特质结构。

此外，传统主流心理学的人格评估主要集中于成年人的情感问题与适应问题。从20世纪80年代开始，对青少年的人格评估与研究日益受到人们的关注。张妙清等人（2008）以CPAI-2为基础，综合运用文化共通性和文化特殊性方法，发展了相应的青少年版（适用于12—18岁人群）人格测量工具——CPAI-A，并在香港青少年人群中进行了标准化研究，标准化样本为2646名学生和43名非在学青少年。CPAI-A包括25

个一般人格量表、14 个临床量表，以及 3 个效度量表，共计 509 个项目。结果表明，CPAI-A 有良好的信度和清晰的因素结构。该研究从理论和实证两方面深入分析了人格的发展性与稳定性、人格特质评估的文化共通性与特殊性等问题。

在此基础上，范为桥等人（2008）使用 CPAI-A 对香港中学生人格特征的性别差异进行了评估。研究发现，性别是影响香港中学生人格特质的关键因素，并且性别差异在不同年龄组之间存在明显的延续性和发展性趋势。这一发现表明，性别差异是体现人格特质在青少年期的不同年龄阶段，以及从青少年期到成人期的发展性与稳定性的重要内容。

CPAI 是第一个被翻译成不同语言版本的非西方的综合性人格测评工具。得益于 CPAI 较大的影响力，在完成 CPAI-2 后，范为桥等人（2011）在回顾华人社会人格研究与评估发展以及 CPAI 研究与应用历程的基础上，比较了 CPAI-2 不同语言版本（包括中文版、英文版、韩文版、日文版）的跨文化应用结果。研究结果支持了 CPAI 的跨文化信度与效度。同时，CPAI 在本土应用研究和跨文化应用研究中，从理论与实践的双重视角，强调并支持了“兼顾文化共通性与特殊性的人格研究方法”在人格评估领域的重要性。

从这些研究中可以看到，中国学者对中国人人格测量工具的研发工作已经持续了相当长时间。在此过程中，研究者不但借鉴了西方先进的量表编制方法，而且十分注重中国文化和中国人人格的特性。实证研究也表明，他们开发的工具有较高的信度和效度，这必将促进更多类似研究的出现。

七、对人格自陈问卷的评价

在探讨人格测验相关问题时，会遇到“难知之难”。“何谓难知之难？人物精微，能神而明，其道甚难，固难知之难也。是以众人之察不能尽备，故各自立度，以相观采。或相其形容，或候其动作，或揆其终始，或揆其拟象，或推其细微，或恐其过误，或循其所言，或稽其行事。八者游杂，故其得者少，所失者多。是故必有草创信形之误，又有居止变化之谬”。(《人物志·效难第十一》) 这里，刘邵所谈的“难知之难”，用现代的语言表达就是担心人格测验会产生较大误差。那么，人格自陈问卷有哪些优点与局限性呢？

（一）人格自陈问卷的主要优点

1．人格自陈问卷编制严谨，结构明确

以理论推导法、效标团体法或因素分析法等编制人格自陈问卷，一般都有严格的编制程序，以确保得到高质量的题目。在理论指导下或通过因素分析编制的自陈问卷，分量表之间有明显区别甚至没有相关关系，便于对测试结果进行解释。

2．人格自陈问卷任务清晰，可从不同角度了解被试

作答量表时，被试不需要发挥想象力，只需在限定的答案之中做出选择即可。量表

的题目量一般比较大，比如 MMPI 有 566 道题目，16PF 有 187 道题目，确保了对行为样本的代表性，从而能全面考查被试的人格特征。

3．人格自陈问卷适合团体大规模施测，记分和解释简单快捷

人格自陈问卷的作答方式比较容易，一般是以选择的形式进行。无论是纸笔测试还是计算机测试，都可以方便地实现大规模团体施测，这是有些投射测验无法达到的。自陈问卷的记分和解释十分客观，不易受个人因素的影响。

（二）人格自陈问卷的局限性

1．作伪和社会称许性的影响

在能力测验中，比如四选一的选择题，完全不会的被试猜对的概率是 25%。能力测验产生的误差，往往是可以明确量化的。但人格自陈问卷的选项没有对错之分，被试伪装或迎合社会期望的程度很难用概率来计算，因为每个人的生活经历、行为习惯甚至作答时的情绪状态有较大差别，作伪或受社会称许性的影响程度有很大不同。因此，有的人格自陈问卷使用效度量表来检查被试的作答态度。一旦发现作答态度问题，就告诫研究者对测验结果的解释要"谨慎"，或者干脆不采信测验结果，这种笼统的处理方式目前看来还是比较合适的。也就是说，在没有效度量表的测验中，作伪与社会称许性可能会严重影响测验的信度和效度。

2．反应定势的影响

被试的反应定势会影响能力测验的得分。比如是非题，如果被试喜欢答"是"，在完全不会的时候猜对的概率是 50%，所以有些测验干脆让答案为"否"的题目略多。同样，反应定势也可能让人格自陈问卷的得分产生混乱。对于反应定势，如"肯定定势""极端定势"等，在作答过程中还缺乏十分有效的消除措施，所以一般也是借助效度量表进行事后核查。

3．效标效度偏低

相对能力测验而言，人格自陈问卷的信度和效度偏低。究其原因，作伪、社会称许性、反应定势都有一定的影响。还有很重要的一个方面是，人格自陈问卷的效标多半是心理学学者、精神病学学者或教师做出的评定，这种评定本身信度可能很低，所以就影响了人格自陈问卷的效标效度。

有人提出了五种检验人格测验效度的方法，可供参考（金瑜，2001）：看测验能否识别在客观基础上选出的一组"极端"的被试；将测验结果与专家评定结果相互比较；将测验结果与生活资料或临床记录相互比较；看测验结果能否预测将来的行为；以理论推论判断效度。

要解决人格自陈问卷的信度和效度问题，还需要长期的专题研究。为改善信度和效度，可使用其他形式的测验，比如投射测验。相对人格自陈问卷来说，投射测验的表面效度要低很多，受动机等因素影响也较小。除此之外，也有人认为**情境判断测验**（situational judgement test）和**条件推理测验**（conditional reasoning test）能有效减弱社会称许性的影响。

第三节　常见投射测验及其实施

虽然自陈问卷有许多优点，但是其实施会受到一些限制。例如，不识字、不同文化背景下的人可能对文字存在不同理解，作伪或社会称许性的影响有时也较大。这些因素导致某些情境下自陈问卷不能准确地测量人格特质，于是投射测验便应运而生。

一、投射测验的特点和理论基础

从实践上看，**投射技术**（projective techniques）起源于临床，有些甚至直接由针对精神疾病病人的疗法演化而来，至今仍然主要是临床医生或心理治疗师的工具。从理论上看，大多数投射技术从精神分析学派吸收了丰富的营养。

（一）投射测验的特点

投射测验是指主试向被试提供一些意义模糊的刺激或情境，让被试在不受任何限制的情况下，自由地对刺激或情境做出反应，然后分析被试的反应，推测其人格特征。

投射测验表现出如下特点：① 投射测验的指导语大多比较短，而且问题都是一般性的。比如，《罗夏墨迹测验》的指导语是“这个图看起来像什么？”这种提问方式有助于让被试很快放松下来。② 投射测验中的刺激或情境往往是“非结构化的”，也就是模棱两可的，这需要被试“建构”刺激的意义。③ 被试在投射测验中可以尽可能发挥自己的想象力，投射测验不限制被试的反应。④ 被试对刺激或情境做出的反应，不是哪一种人格特质的体现，而是被试整体人格特征的体现。⑤ 刺激越非结构化或越模棱两可，引起被试防御反应的可能性就越小，被试的回答或操作就越能揭示其无意识的动机、欲望或情感等。

（二）投射测验的理论基础

精神分析学派强调人的行为受到无意识的内驱力的影响。这些内驱力受到压抑，无法通过意识被察觉，却影响着人们的行为。基于这种逻辑，直接了解一个人的动机、欲望或情感等是不可能的。如果给被试一些模棱两可的刺激，当被试认真理解那些模棱两可的内容时，其防御性会降低，与动机、欲望或情感等有关的人格特征就会显露出来。投射测验的传统假设之一就是，被试对模棱两可的刺激的反应体现重要的和相对持久的人格特征。另外，投射测验的理论基础也包括人格的刺激 – 反应理论和知觉理论：前者指个体会主动地、有选择地赋予外界刺激某种意义，然后表现出相应的反应；后者意味着个体更易感知到其准备感知的事物。

二、主要的投射测验

（一）《罗夏墨迹测验》

1.《罗夏墨迹测验》的材料

《罗夏墨迹测验》（*Rorschack Ink-blot Test*）由瑞士精神科医生罗夏在1921年制作完成。直到今天，有关这个测验的研究还经常见诸报端。罗夏墨迹测验的材料制作相当简单，即在一张白纸的中央滴一滴墨汁，然后将纸对折压平，墨迹晾干后展开，就成了左右对称但不规则的墨迹图了。图11-3是《罗夏墨迹测验》的示例。罗夏经过对上千种墨迹图的实验研究，最终选择了其中的十张。

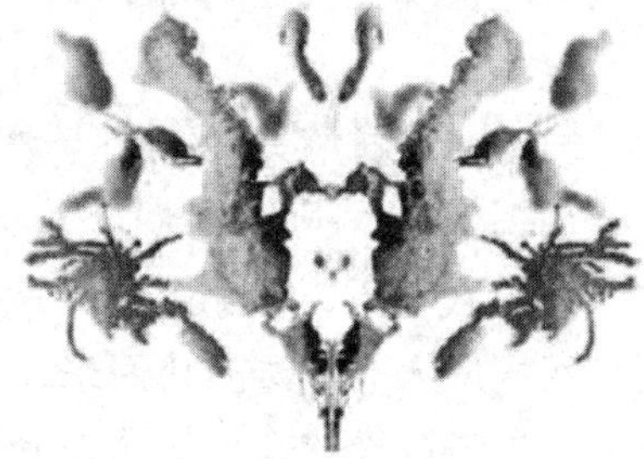

图11-3 《罗夏墨迹测验》的示例

2.《罗夏墨迹测验》的实施

施测时，主试首先使被试放松，然后一张一张地给被试看印有墨迹的卡片，问被试诸如“你在卡片上看到了什么？”之类的问题，每一张卡片问的问题都一样。一般施测需要经过四个阶段：① 自由反应阶段，允许被试不受干涉地、自由地做出反应。主试要记录被试的每一句话、反应时间、停留时间、敏感位置等。② 提问阶段，主试询问被试每一个反应是根据图片中哪一部分做出的，引起该反应的因素是什么。③ 类比阶段，主试主要询问被试的某种考虑是否与其他的一些反应类似。④ 极限测试阶段，主试直接询问被试能否看到某种东西。后两个阶段实际上是对提问阶段的补充。

《罗夏墨迹测验》一般根据位置、反应的决定因素、内容和通俗性来记分。位置是指每次引发被试联想的墨迹的相应部位；反应的决定因素包括形式、颜色、阴影和运动；内容是指被试看到的东西，如动物、植物、性器官等；通俗性是指根据被试的回答是否常见来赋分。

解释《罗夏墨迹测验》时，也是从形状、色彩、黑白光度、运动、内容、创新和从众等角度切入，但这些解释很难统一。

3．对《罗夏墨迹测验》的评价

《罗夏墨迹测验》传播到美国时，有五个人对该测验的研究和应用起到至关重要的作用——贝克（S. J. Beck）、赫兹（M. Hertz）、克勒普弗（B. Klopfer）、彼得罗夫斯基（Z. Piotrowski）和拉帕波特（D. Rapaport）。他们各自培养了大批学生，但是他们对《罗夏墨迹测验》的施测、记分和解释都各有一套做法，这导致当今《罗夏墨迹测验》有不少不一致的解释。另外，《罗夏墨迹测验》对“经验”的依赖性很强：对同一被试，从业时间不同的精神科医生或心理治疗师往往有不同的评价。《罗夏墨迹测验》的标准化仍然是一个还未实现的目标。

（二）《主题统觉测验》

1.《主题统觉测验》的编制

《主题统觉测验》（*Thematic Apperception Test*, TAT）与《罗夏墨迹测验》同样著名。TAT 的最初版本由莫里和摩尔根（C. D. Morgan）在 20 世纪 30 年代开发，后经历三次修订。TAT 包括 31 张图片——30 张为各种模糊情景下的黑白图片，有的是人物，有的是景色；还有 1 张空白图片。图 11-4 是《主题统觉测验》的示例。30 张图片分为四组，分别是成年男性组（M）、成年女性组（F）、男童组（B）和女童组（G）。有的图片适用于所有组，有的不是。适用于每组的图片有 19 张，再加 1 张空白卡，共 20 张。施测时，主试向被试呈现意义模糊的图片，然后鼓励被试不假思索地根据图片编故事。TAT 的基本假设是：人们在解释一种模糊的情境时，总是倾向于使这种解释与自己过去的经历和目前的愿望相一致；在面对图片讲述故事时，被试同样在利用自己过去的经历，并在所编的故事中表达他们的感情和需要。

图 11-4 《主题统觉测验》的示例

TAT 揭示了个体不愿承认或不能公开表达的潜在意向，它有助于确定被试主要的需要、情感、情绪、复杂性、冲突，以及加在他（或者她）身上的外部压力。当被试与其父母一起接受测试时，TAT 特别有助于理解被试的人际关系状况和所处境况。

2. 主题统觉测验的施测

TAT 可个别施测，也可团体施测。个别施测的 TAT 有两种形式（A 和 B）。形式 A 适用于具备一般智力水平和精神状况正常的青少年与成人；形式 B 适用于低于一般智力水平的青少年、成人和精神病患者。这里以形式 A 为例介绍 TAT 的指导语。

“这是一个关于想象力的测验，想象力是智力的组成成分之一。我要给你呈现一些图片，每次一张，然后你根据每一张图片尽可能地编一些戏剧化的故事。你需要说明：什么导致了图片当中的事件，描述那时发生了什么，其中的人物感觉怎么样，正在思考什么，然后说一个结果。讲出你所想到的，明白吗？你可以在每一张图片上用时 5 分钟。让我们来看第一张图片。”

TAT 故事的分析系统有很多，下面介绍评分和解释时常用的一种分析系统，包括六个因素：第一个因素是确定故事讲述者最感兴趣的角色；第二个因素是检验主角的人格特性；第三个因素是评估主角所处的情境；第四个因素是分析比较主角的力量与外部压力；第五个因素是考查主题的复杂性；第六个因素是评价兴趣与观点。

TAT 后来促使一些类似的测验逐渐面市，如用于儿童的、老人的统觉测验，等等。TAT 面临的最紧迫的问题和《罗夏墨迹测验》一样，就是建立标准化的施测和记分程序。除非达到标准化，否则用传统心理测量学的标准来衡量 TAT，很难产生令人满意的效果。

三、其他投射测验

（一）字词联想测验

高尔顿首先研究了字词联想测验，荣格则第一次将此方法用于对神经症——**情结**（complex）的研究。测验过程是：主试大声说出一个字或词，比如“爱”，被试听到后尽可能快地将第一个出现在头脑中的字或词回答出来，主试记下“反应词”和“反应时”，以及被试的特殊表现。对字词联想测验的精神分析式的典型解释是，名词比动词更可能隐蔽地表达需要和冲突。

（二）句子完成测验

句子完成测验就是向被试提供一个句子的主干，要求被试完成一个完整的句子。例如：

1. 我喜欢________________
2. 使我烦恼的是________________
3. 跳舞________________

个体的反应被认为能体现个体的需要、冲突、价值观和思维过程。在临床应用中，这种测验也给被试提供了一个机会，让他们把一些比较难为情的信息表达出来。临床心理学家可以从中寻找诱发冲突的原因。

（三）绘画测验

绘画测验要求被试创作一幅画，常见的有画人测验、画树测验和画房—树—人测验。一般要求被试画完后将画的内容讲述一遍。绘画测验记分的维度不统一，主要有绝对大小、相对大小、遗漏和扭曲等。

此外，还有其他形式多样的投射测验，比如游戏技术、玩具测验，等等。

四、对投射测验的评价

投射测验以一种更间接的方式测试人格，比较容易隐藏测量目的，降低了被试的防御性，在一定程度上比自陈问卷更好地减弱了社会称许性或动机等因素的影响。具体来说，投射测验有如下优点：

第一，投射测验不易伪装。投射测验的测量目的通常比较隐蔽。没有相关专业背景的人在接受《罗夏墨迹测验》时，很难想到这个测验的目的。

第二，有些投射测验可用于幼儿、不识字或有言语障碍的成人。有些投射测验是操作测验而且简便易行，比如绘画测验，对被试的年龄、受教育水平等没有特别的限制。

第三，投射测验注重考查人格的整体特征，更加符合人格的本来面貌。

但投射测验也有一些明显的不足。争议比较大的是投射测验的假设合理性和评分的主观性问题。实证研究表明，个人对模棱两可的刺激的反应，未必能投射出重要的和相对持久的人格特点。因为被试的反应不仅受测验刺激的影响，也受被试的言语能力、生理状况和环境等因素的影响。另外，主试的评分往往与其从业年限、知识储备等因素有较大关系。还有人提出，非结构化或模棱两可的刺激不仅对被试而言是模棱两可的，对主试也是如此，这更增加了研究者对被试反应解释的不确定性。

由于投射测验的刺激特点、施测模式和评分程序的制约，因此很难严格考查测验的信度和效度。比如，很难得到等值的两个复本，效度资料也缺乏完整性和一致性。为解决这些问题，不少投射测验专家正致力于计量学的研究，对原有的投射测验进行标准化，使之更符合心理测量学的标准。

本章小结

学者对人格的定义有着不同的看法，对于人格特点的理解却较为相近，一般都认为人格具有整体性、稳定性、独特性和社会性。人格测验被广泛地用于教育、工商、政府、军事、医疗和咨询等机构。

弗洛伊德及其后继者的学说构成了投射测验的部分理论基础，行为主义学派、认知主义学派、人本主义学派等的人格理论对人格测验的发展发挥了重要作用。

从大的范围上来说，人格自陈问卷的编制策略分为实证式编制策略和演绎式编制策略。实证式编制策略包括效标团体法和因素分析法，演绎式编制策略包括逻辑分析法和理论推导法。采用效标团体法编制的自陈问卷包括《明尼苏达多相人格测验》《加利福尼亚心理调查表》等；采用因素分析法编制的自陈问卷有《十六种人格因素问卷》《艾森克人格问卷》等；《爱德华兹个人爱好量表》《迈尔斯－布里格斯人格类型测验》等是根据逻辑分析法或理论推论法编制的问卷。

五因素模型及系列测验代表了人格自陈问卷的发展方向。中国人人格测量工具的研发已经持续相当长的时间，现已开发的工具有较高的信度和效度。

主要的投射测验有《罗夏墨迹测验》和《主题统觉测验》等。

投射测验和人格自陈问卷各有优缺点，应合理使用。

复习与思考

1. 试述人格测验与人格理论的关系。
2. 简述人格自陈量表的编制方法。
3. 简述 MMPI 和 MMPI-2 的施测、记分、解释和评价过程。
4. 试比较 16PF 和 EPQ 的异同。
5. 谈谈你对中国人人格测量工具研发的想法。
6. 自陈问卷有哪些优缺点?
7. 投射测验有哪些优缺点?

推荐阅读

WANG P, WANG R, TIAN M , et al. The pathways from type A personality to physical and mental health amid COVID-19: a multiple-group path model of frontline anti-epidemic medical staff and ordinary people.[J]. International journal of environmental research and public health, 2021, 18(4) : 1874.

第十二章

社会认知领域的心理测量

学习目标

- 职业兴趣测验的意义是什么?
- 态度测量的常用技术有哪些?
- 价值观测量中存在的问题是什么?
- 如何理解理性?
- 如何测量理性思维风格和理性思维技能?

知识导图

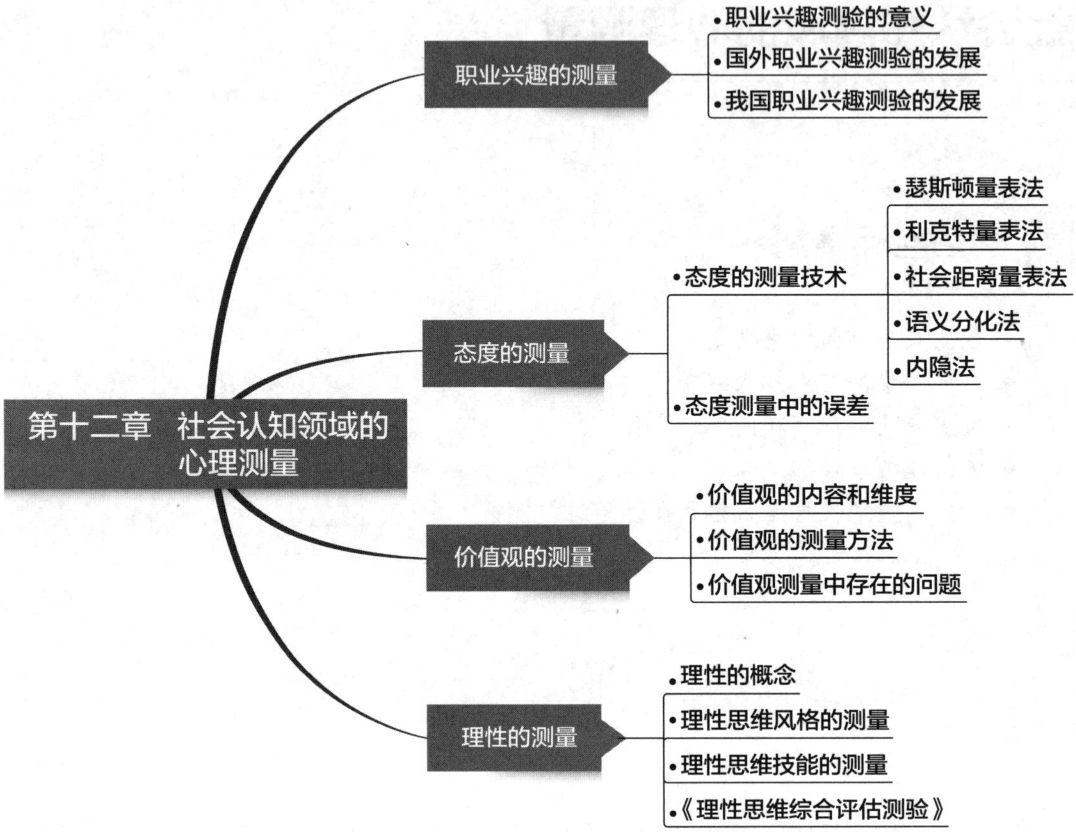
第十二章　社会认知领域的心理测量
职业兴趣的测量
职业兴趣测验的意义
国外职业兴趣测验的发展
我国职业兴趣测验的发展
态度的测量
态度的测量技术
瑟斯顿量表法
利克特量表法
社会距离量表法
语义分化法
内隐法
态度测量中的误差
价值观的测量
价值观的内容和维度
价值观的测量方法
价值观测量中存在的问题
理性的测量
理性的概念
理性思维风格的测量
理性思维技能的测量
《理性思维综合评估测验》

研究者和雇主通常以稳定的心理特质为测量对象，因为心理特质具有跨情境的一致性，可以预测被试未来的行为表现。本书前面章节提到的人格测验特指对人格结构进行评价的一类测验，社会认知领域的职业兴趣、态度和价值观虽然也反映个体相对稳定的认知和行为特点，但它们既不像“大五”人格因素那么稳定，又具有结构的复杂性，因此通常独立成篇，经典的人格测验一般都不包含这三方面的内容。理性的概念近年来越来越受到全社会的关注，党的十八大、十九大报告中均提出了构建“理性平和”的社会心态的要求。以 1978 年、2002 年和 2017 年三届诺贝尔经济学奖获得者的研究成果为代表的相关研究进一步推动了学界对理性的关注。那么，什么是理性？如何测量理性？理性思维风格与理性思维技能是什么？本章将对这些内容进行介绍。

第一节　职业兴趣的测量

兴趣（interest）是指人积极探索某种事物的认识倾向。兴趣测验的研究可追溯到 20 世纪初。1912 年，桑代克开始对兴趣与能力的关系进行探讨。1921 年，第一个兴趣测验工具《卡内基兴趣调查表》（*Carnegie Interest Inventory*）发表。由于职业兴趣在职业指导、人员选拔和分类安置上的重要意义，因此几乎所有的兴趣测验都针对职业兴趣展开。

［考纲链接］“心理学专业基础考试大纲”：兴趣测验

霍兰德职业兴趣理论因其简洁性和实用性而在职业指导领域得到了广泛的应用，很多经典的职业兴趣测验都将其作为建构测验的理论基础。霍兰德（J. L. Holland）根据自己在职业指导领域所获得的经验提出，一共存在六种类型的职业兴趣：人和环境可以分为现实型（realistic, R）、研究型（investigative, I）、艺术型（artistic, A）、社会型（social, S）、企业型（enterprising, E）和常规型（conventional, C）六种类型。个体和环境之间不断地交互，个体选择符合自己职业兴趣特点的环境，环境则通过特有的氛围和活动不断地塑造身处其中的个体，使其逐渐具有某些人格和行为特点。霍兰德将这六种类型的职业兴趣放置在一个正六边形的六个顶点上，以顶点之间的位置关系来标示类型之间的相似程度。

一、职业兴趣测验的意义

个体对某种职业感兴趣，就会对此种职业活动表现出肯定的态度，并积极思考、探索和追求。职业兴趣在人们的职业活动中起着重要的作用。首先，职业兴趣会影响人们的职业选择。在求职择业的过程中，人们常常以是否对某种工作有兴趣作为选择此工作的参考条件之一。其次，在职业活动中，职业兴趣能促使个体发挥主动性和创造性，激发个体的潜力，使个体在职业活动中取得新发现、新成果，促进个人的进步和社会的发展。如果个体对某一工作有兴趣，就能够充分发挥才能，并且能较长时间地保持高效率而不易产生工作倦怠。对工作缺乏兴趣的人，则难以发挥其全部才能，也容易产生工作倦怠。最后，职业兴趣可以使个体更快地熟悉并适应职业环境和职业角色。由此可见，有关职业兴趣的研究，无论是对于个体寻求理想职业、充分实现自身价值，还是对于组织人力资源的开发利用、生产效率的提高，都具有重要的意义。

二、国外职业兴趣测验的发展

斯特朗（E. K. Strong）于1927年发表了《斯特朗职业兴趣表》（*Strong Vocational Interest Blank*, SVIB），后于1974年经心理学家坎贝尔（D. T. Campbell）修订而形成《斯特朗－坎贝尔兴趣调查表》（*Strong-Campbell Interest Inventory*, SCII）。

库德（G .F. Kuder）于1934年编制了《库德个人偏好记录表》（*Kuder Personal Preference Record*），于1939年发表了《库德偏好调查表》（*Kuder Preference Record*, KPR），随后将此二者发展成为《库德职业兴趣调查表》（*Kuder Occupational Interest Survey*, KOIS）。

霍兰德于20世纪50年代编制了《霍兰德职业偏好量表》（*Holland Vocational Preference Inventory*），在此基础上发展了《自我导向探查表》（*Self-Directed Search, SDS*），并提出了“人格特质与工作环境相匹配”的理论。此后，各种职业兴趣测验出现了经验模式和理论模式相互融合的现象。

经过近百年的发展，如今职业兴趣测验已经进入一个比较成熟的阶段。当前国际上颇受欢迎的三大职业指导测验分别是：SDS、SCII和KOIS。其中，前两者都是以霍兰德职业兴趣理论为基础；KOIS对职业兴趣的分类虽然与霍兰德的分类不完全相同，但是也将其测验结果转化成霍兰德六边形职业兴趣的得分，便于解释。由此可见，霍兰德职业兴趣理论在职业指导领域具有非常重要的地位。

三、我国职业兴趣测验的发展

与西方国家相比，我国对职业兴趣的研究起步较晚，早期的研究大部分以引进和修订西方量表为主。从20世纪80年代开始，冯伯麟、张厚粲等人针对职业兴趣展开了研究。1987年，冯伯麟采用《库德职业兴趣调查表》《霍兰德职业偏好量表》《十六种人格因素问卷》探讨中学生职业选择过程中的主要影响因素，结果发现兴趣是影响中学生选择职业的重要因素，人格、兴趣和职业之间存在一定的对应关系。郑日昌修订了美国大学测验（ACT）中的职业评定量表，并命名为《中学生升学就业指导评定量表》（VIESA-R）。1993年，时勘在《升学与择业　心理咨询读本》中介绍了霍兰德的《自我导向探查表》。1996年，白利刚等人以霍兰德的理论为基础，编制了《霍氏中国职业兴趣量表》。凌文辁等人（1998、1999）将《霍氏中国职业兴趣量表》应用于职业指导，探索建立我国大学科系职业兴趣类型图。2004年，张厚粲等人发现，我国当代高中生的职业兴趣分为七种类型——艺术型、事务型、经营型、研究型、自然型、社会型和技术型，并紧密结合我国实际情况编制了一套适用于我国高中生的职业兴趣测验。

第二节　态度的测量

态度（attitude）是个体对特定对象的总的评价和稳定的反应倾向。要想对态度进行准确、全面地测量，首先必须明确态度的对象。态度的对象可以是比较具体的，也可以是比较抽象的，但必须能与其他概念清楚地区别开来。其次要明确态度的维度，通常包括：① 指向，是指对于态度对象的积极或消极的反应倾向。② 强度，是指积极或消极的程度，反映态度在连续的评价系统中所处的位置。③ 卷入度，反映态度对个体的重要性程度，有时用个体态度得不到支持时所产生的挫折感强度来体现。④ 向中度，态度与个体的基本价值观和基本需要的接近程度。⑤ 外显度，是指个体在一种态度上所表现的外露程度，主要体现在行为方向和行为方式上。最后，态度不是直接观察到的，它的存在是通过可见的反应显示出来的。可见的反应反映了态度的三个核心心理成分——认知反应（同意或不同意）、情感反应（喜欢或不喜欢）、行为反应（支持或反对）。这些研究成果构成了态度测量的理论基础和结构效度依据。

态度的测量大致可分为无组织的测量和有组织的测量：无组织的测量是让被试自由表达其对某事的看法，有组织的测量是给被试提供多项选择题供其选择。两种测量方式各有其用途，前者可以获得较多信息，了解到研究者事先未想到的问题；后者则易于记分，不易发生曲解，使反应集中于主要问题上，并适用于较大群体。

［考纲链接］“心理学专业基础考试大纲”：态度测验

态度量表通常是由一系列有关态度的陈述组成的，被试就每一条陈述表达自己同意或不同意的方向与强度。最后，研究者会把被试的反应分数加以整理得出一个表明被试态度的分数。

使用态度量表的前提是被试意识到并愿意表达他们的态度，但是在某些敏感问题上，被试可能不愿意表达自己的态度，这时就需要采用间接方法：使被试意识不到自己在接受评价，或者虽然意识到在接受评价，但不知道评价的是什么。研究者可以假借评价其他方面的名义如评价逻辑思维能力来评价态度，但事后应向被试进行解释。

一、态度的测量技术

（一）瑟斯顿量表法

这是瑟斯顿在 1928 年提出的。首先请 50～60 名熟悉研究主题的专家评定题目的强弱，然后对每一题目做次数分布表和累积百分比表，将与累积百分比为 50% 对应的值作为该题目的强度值。该方法虽然确定了态度测量的科学地位，并产生了广泛影响，但是由于这个方法复杂、费时且不方便，现在已很少使用了。

（二）利克特量表法

1932 年，利克特（R. Likert）提出了一个简化的测量方法——相加法。它不需要收集对每道题目的预先判断，只是把对每道题目的评定相加而得出一个总分数。《利克特量表》也是由一系列陈述组成，利用 5 点或 7 点量表让被试做出反应：5 点量表是从强烈赞同（5）、赞同（4）、中性（3）、不赞同（2）到强烈不赞同（1）；7 点量表则分为强烈赞同（7）、中等赞同（6）、轻微赞同（5）、中性（4）、轻微不赞同（3）、中等不赞同（2）和强烈不赞同（1）。利克特量表的一种改进形式是迫选法：为了让被试做出倾向性的选择而排除中性点，如把原 7 点量表改为 6 点量表。采用利克特量表法得到的结果与采用瑟斯顿量表法得到的结果之间的相关系数约为 0.80。

（三）社会距离量表法

《社会距离量表》即《博加德斯量表》，主要用于测量人际关系的亲疏态度。博加德斯（E. S. Bogardus）于 1925 年设计的《社会距离量表》主要是用来测量种族之间的社会距离。该量表包括一系列陈述，按从最近社会距离到最远社会距离排列开来，如可以结亲（1），可以作为朋友（2），可以作为邻居（3），可以在同一行业共事（4），只能作为公民共处（5），只能作为外国移民（6），应被驱逐出境（7）。括号内的分值越大，表示社会距离越远。

（四）语义分化法

语义分化法，又称语义分析法、语义差异法、双极形容词分析法，是奥斯古德（C. E. Osgood）等人在 1957 年提出的一种较为全面的态度测量方法。以往的态度测量基本上是在赞同或不赞同这一个维度上进行的，难以体现出态度的复杂性。语义分化法提出了态度测量的三个不同维度，所以又称多维度量表法。这三个维度分别是评价、强度和活动。采用语义分化法评定态度时，所使用的量表是由对立的形容词构成的，如好—坏、强—弱、主动—被动。好—坏是评价方面，强—弱是强度方面，主动—被动是活动方面。

测试时，研究者给被试呈现一个态度对象，要求他们按照自己的想法在相关系列中圈定一个数字，各系列分值的总和就代表他们对有关对象的总态度。态度测量中的三个维度是不变的，但各维度中的题目是可变的。三个维度中，评价维度被认为是最主要的。

（五）内隐法

社会认知常会以内隐的方式影响人们的判断和行为。由于内隐社会认知被定义为“无法内省获取的社会认知”，对其进行测量时，直接的外显报告往往无能为力，因此如何采用其他方法对其进行科学的测量便成为一项重要任务。以往研究中常用的方法主要有启动测验、投射测验和内隐联想测验等。

1．启动测验

启动效应（priming effect）指先前经验对后来学习任务的积极的或消极的影响。在对内隐社会认知的研究中，启动技术得到了广泛的应用。例如巴格（J. A. Bargh）等人（1996）在实验中用启动技术向被试呈现“粗鲁”“老年人”等特质词或图片，结果发现，受到“粗鲁”一词启动的被试更容易打断主试说话；受到“老年人”一词启动的被试，实验后在走廊中行走得更慢。

2．投射测验

这部分内容在本书前面章节已有介绍，这里不再赘述。投射测验的一个重要用途就是根据被试的解释，对其潜在的思想进行剖析。这种方法能在一定程度上揭示被试的内隐态度。

3．内隐联想测验

内隐联想测验是用来测量概念之间自动化的联系强度的一种测验方式，通常采用的是一种计算机化的辨别分类任务。测验以反应时为指标，通过评估概念词和属性词之间自动化的联系，进而间接测量个体的内隐态度。当两个概念联系紧密时，人们容易对两者做出同一反应；反之，当两个概念的联系不是很紧密甚至存在冲突时，人们对两者要做出同一反应则较为困难。通过人们对不同概念做出同一反应的难易程度，研究者便可了解个体内隐认知层面上这两者之间的联系强度。

从神经科学的角度来讲，内隐联想测验是以神经网络模型为理论基础的。该模型认为信息被储存在一系列按照语义关系分层组织起来的神经联系的结点上，因而可以通过测量两个概念在此类神经联系上的距离来测量两者之间的联系。从认知的角度来讲，内隐联想测验以态度的自动化加工为基础，包括态度的自动化启动和启动的扩散。

内隐联想测验的主要步骤如下：① 呈现概念词。例如，让被试对花的名字（如郁金香）和昆虫的名字（如蜘蛛）进行归类并做出一定的反应（看到花的名字后在键盘上按 F 键，看到昆虫的名字后在键盘上按 J 键）。② 呈现属性词。让被试对积极的词语（如可爱的）和消极的词语（如丑陋的）做出反应（积极词语按 F 键，消极词语按 J 键）。③ 联合呈现概念词和属性词。例如，让被试做出反应（花的名字或积极词语按 F 键，昆虫的名字或消极词语按 J 键）。④ 让被试对概念词做出相反的判断（花的名字按 J 键，昆虫的名字按 F 键）。⑤ 再次联合呈现概念词和属性词，让被试做出反应（昆虫的名字或积极词语按 F 键，花的名字或消极词语按 J 键）。

二、态度测量中的误差

态度测量中常出现两种问题：客观解释问题和主观偏向问题。研究者发现，态度量表有时并未反映出被试的真实态度。如果某道题目的语言表述模糊，让被试产生了误解，那么被试对这道题目的反应就不能反映出其态度。这是客观上的解释问题。要避免这一问题，编制态度量表时就应当用多道题目测量同一种态度，从而克服误解，测量到被试的真实态度。主观偏向问题是更严重的一种问题。如果人们出于某种原因而不愿表达其真实的态度，就可能做出虚假的反应。有时人们可能自己并不了解与行为不同的内心深处的态度，这种情况下，态度量表的效度就成了问题。社会心理学家已经提出了一些解决这种问题的办法。

在许多场合下，人们做出虚假反应是因为他们知道哪些态度是符合社会期望的，哪些态度是不符合社会期望的。为解决这个问题，有研究者提出了假通道技术：研究者声明采用一种仪器可以探查到被试的真正态度（实际上这是做不到的），如果被试不了解实情，相信研究者真能做到，就可能做出真实的反应。西加利（H. Sigall）等人进行的研究证明，用假通道技术与传统量表相结合，比只用量表更能揭示出真实的态度。

除了假通道技术，有研究者还提出利用行为指标的办法来避免被试出现虚假反应。研究者认为，当人们听到他们赞成的信息时，往往会点头而不是摇头，这种动作也可以用来探查其真实的态度。此外，皮电反应和肌电图也是可以利用的。虽然这类生理反应与态度没有直接的联系，但有助于了解被试的生理唤起水平，从而查明其不真实的反应。

某些人格特征会造成反应偏向。社会心理学家发现，有些人对问卷或测验总是以一定的模式做出反应，而不管其真实的态度如何。比如，有些人有赞同倾向，他们对题目倾向于做出肯定的回答，即使这些题目没有反映其真实的态度；有些人有否定倾向，他们对题目倾向于做出否定回答。对此可采用多道题目考查同一种态度的方法，而且题目的表述要采用不同的方式，对同一种态度有时要用“同意”回答，有时要用“不同意”回答。如果被试对同一种态度的回答彼此之间不一致，则说明被试可能存在反应偏向。

第三节　价值观的测量

心理学领域关于价值观的定义有很多，其中克拉克洪（C. Kluckhohn）在 1951 年提出的价值观的定义影响最大。他认为：**价值观**（value）是一种外显的或内隐的有关什么是“有价值的”的看法，它影响人们对行为方式、手段和目的的选择。克拉克洪对价值观的定义体现出心理学研究所强调的可操作性：他对价值观的主体进行了规定，即认为价值观的主体既可以是个人，又可以是群体；他明确指出了价值观的存在形式，既可能是外显的，又可能是内隐的；他强调了价值观的功能和作用，即指明了价值观对个体或群体的导向作用。后来的研究者虽然并没有完全采用这一基本定义，但在本质上都吸收了这一经典定义的精髓。价值观在无形中支配着人们的行为，人们往往基于自己的价值观对事物做出好与坏、对与错、美与丑、善与恶的判断，并据此形成自己对事物的态度，表现出自己的行为。

一、价值观的内容和维度

价值观通常可以从内容和维度两个角度来进行分析。

（一）价值观的内容

佩里（J. Perry）将人们的价值观分为认知的、道德的、经济的、政治的、审美的和宗教的。奥尔波特（G. W. Allport）等人将价值观分为理论的、经济的、审美的、社会的、政治的和宗教的六种类型。文崇一把价值观分为宗教、家庭、经济、成就、政治和道德六种。杨国枢把中国人传统的价值观分为遵从权威、孝亲敬祖、安分守成、宿命自保和男性优越五个方面，将中国人所表现出的现代价值观分为平权开放、独立自顾、乐观进取、尊重情感和两性平等。黄希庭等人将价值观分为政治的、道德的、审美的、宗教的、职业的、人际的、婚恋的、自我的、人生的、幸福的十种类型等。

（二）价值观的维度

罗基奇（M. Rokeach）认为人类的价值观包括两个维度，即终极性价值和工具性价值。杨国枢将价值观分为个我取向和社会取向，个我取向分为个人取向和自我取向，社会取向分为家族取向（家族延续、家族和谐、家族团结、家族富足、家族荣誉、泛家族化），关系取向（关系的角色化、关系互依性、关系和谐性、关系宿命观、关系决定论），权威取向（权威敏感、权威崇拜、权威依赖），他人取向（顾虑他人、顺从他人、关注规范、重视名声）四个次级取向。杨中芳将价值观分为世界观（对人及其与宇宙、自然、超自然等的关系，对社会与其成员关系等所持有的价值理念）、社会观（对社会组织制度、社会规范、人际规范、社会维系、社会分配、社会公正等所持有的价值理念）、个人观（对成员个人与环境和与社会的关系、思维方式、行为准则、自我发展过程等所持有的价值理念）三部分。

二、价值观的测量方法

心理学家早期开发的一些价值观测验后来多被证明与价值观概念不符，不再继续使用，但也有质量较好的。其中，具有代表性的是《罗基奇价值调查表》（*Rokeach Value Survey*）。《罗基奇价值调查表》列有代表 18 个工具性价值观和 18 个终极性价值观的术语或短语，在被试将它们排序后，研究者可以评估这些价值观在被试心目中的相对重要性。

随后，心理学界对职业价值观的测量有了更多的兴趣。对职业价值观的测量多使用利克特量表法。目前在职业选择领域中广泛使用的是舒伯（D. E. Super）的《职业价值观量表》（*Work Values Inventory*, WVI）。《职业价值观量表》由 3 大类共 15 道题目组成，采用利克特 5 点计分，适用于 7 年级以上学生与成人。另一个引起广泛关注的是《职业价值观问卷》（*Work Values Questionaire*, WVQ），共有 24 个因素，采用 6 点评估。我国主要使用宁维卫（1996）根据舒伯的《职业价值观量表》编制的中文版和凌文辁等人根据文献自编的《大学生职业价值观量表》。

三、价值观测量中存在的问题

20 世纪 40 年代以来，很多学者为价值观的测量付出了努力，但到目前为止，价值观的测量在方法学上仍然存在许多问题。其中最核心的是测验的效度问题，这是因为无法对价值观进行比较直接的测量，只能通过观察个体的认知、情感、态度和行为来推测被试的价值观。其次是测量工具的信度问题，这是因为在测量中个体常会出现“装好”倾向，即按照主流价值观而不是按照自己的实际价值观来回答问题。因此在编制价值观量表时至少要注意以下三个问题：

第一，在设计题目时，主要通过考查被试的认知来推测其价值观。每道题目都是一条能够反映所测量的价值观的认知陈述，如“在任何情况下，都要遵守社会道德规范”。在设计回答选项时，为了避免被试在有关价值观的测量中“装好”或采取“中庸之道”，选项应采用 4 点评分（完全同意、同意、不同意、完全不同意）或 2 点评分（同意、不同意）。根据测量的目的，要求被试在回答时不考虑个别或极端情况。

第二，为了尽量排除价值观测量过程中“装好”倾向的影响，测验指导语应强调被试不要对每条陈述做出“正确”与“错误”的判断，而要根据自己的实际情况回答问题。同时，应尽量避免题目语义的暗示性和导向性。此外，还可借用《明尼苏达多相人格调查表》或《艾森克人格问卷》的谎言量表（L）中的题目，考查被试“装好”的倾向。

第三，采用投射测验技术。例如，一项关于生命价值观的研究就采用了请被试分别用“生”“命”“生命”或“生命价值”等词语造句的投射测验技术。

第四节 理性的测量

理性水平是一个社会文明进步的重要标志之一，理性思维对人们的决策与判断起着重要作用。党的十八大、十九大报告连续提出要把培育“理性平和”的社会心态确立为加强和创新社会治理的任务之一。教育部发布的《普通高中课程方案（2017 年版 2020 年修订）》也提出要“发展理性思维”。可以说，理性思考和采取行动的能力是人类取得的最高成就。“理性”作为一种必要的规范准则，在人们生活中潜移默化地充当着重要的角色，但理性到底指什么？该如何进行评估？厘清这些问题是促使我们正确认识、运用和培育理性，从而避免非理性的关键。

学术界在“理性到底指什么？”的研究上已经取得了长足进步，近几十年里，对理性问题的探讨已从哲学跨度到经济学、社会学、决策学、心理学以及一些新兴的跨学科领域，成为各领域研究的重要组成部分。1947 年，认知心理学家西蒙（H. A. Simon）考虑到人的心理成分在经济行为中的浸染，提出“有限理性”理论，认为人不能周全考虑问题的所有可能性，人的感知、记忆、思维存在着系统性偏差，从而人只能具有有限的理性，并认为人类选择的机制应当是有限理性的适应机制，而不是完全理性的最优机制。为此，他开创了“行为经济学”的学科领域。1978 年，他因在有限理性理论和决策理论等方面的开创性研究而获诺贝尔经济学奖。20 世纪 70 年代，心理学家卡尼曼（D. Kahneman）与特沃斯基（A. Tversky）发现了一系列与理性原则相背离的启发式偏差现象，反映出人们的行为存在规律性的非理性偏差，如框架效应、锚定效应、代表性偏差、可得性启发偏差、小数定律偏差等，证实了传统的人类理性的假说是错误的，开创了关于“启发式与偏差”领域的研究。2002 年，卡尼曼获诺贝尔经济学奖。行为科学和经济学家塞勒（R. Thaler）进一步揭示了人们在现实生活中的各种经济行为必然会受到各种“非理性”的影响。2017 年，他获得了诺贝尔经济学奖。这些诺贝尔经济学奖得主同时也都是心理学研究者，他们的研究极大地推进了理性研究的发展，但理性或理性思维的概念和内在结构仍然不是很明确，更缺少相应的测量工具。

一、理性的概念

受卡尼曼等人的启发，理性心理学奠基人斯坦诺维奇（K. E. Stanovich）及其研究团队致力于启发式与偏差个体差异上的实证研究和理性的理论探讨，他们发现人们的理性思维水平存在着个体差异，即使分离出智力的影响后，这种差异仍然存在。他们从心理测量的角度考虑，采用经济学和认知科学中的理性定义，进一步提出理性的操作性定义应包含**工具性理性**（instrumental rationality）和**认识性理性**（epistemic rationality）两个方面。工具性理性是指在现实世界根据给定的资源（身体的和精神的），采取行动得到最想要的结果，即最优化实现个人目标或期望效用最大化，是关于“做什么”的问题。认识性理性则是指能够映射现实情况或与现实相符的个人信念，是关于“何为真”的问题：要想让信念理性，这些信念就必须与现实世界保持一致——信念必须为“真”；要想让我们的行动是理性的，必须用最佳方法来实现我们的目标，即做“佳”的事。该定义更清晰地表明了理性思维对人们生活的重要意义。

[微课] 如何理解理性

目前，理性思维的测量主要从两种角度进行：一是从人格心理学的角度，考查思维倾向的个体差异；二是从行为经济学的角度，考查人们在一些思维偏差任务上表现出的个体差异。

二、理性思维风格的测量

从 20 世纪 80 年代开始，由于在思维活动中表现出的个体差异，研究者开始对思维风格进行专门的研究。大多数研究者认为，思维风格是一种与“直觉的”和“理性的”决策风格有关的概念，是信念形成和决策的充分条件。思维风格通常表现为：在已有信念基础上，对新信息给予权重高 / 低意愿的倾向，在某一问题上花费时间多少的意愿倾向，在形成自己的观点时受他人意见支配的倾向等。

斯坦诺维奇指出，理性思维风格应该包括在做决定之前收集信息的倾向、寻求不同观点的倾向、对一个问题进行深入思考、对观点进行校准的倾向、考虑未来结果的倾向等。在心理测量史上对于理性思维风格已有不少心理量表，这些量表大多通过自陈式的等级评定量表进行测量，主要考查个体对自身信息加工过程和个体决策过程的判断，集中反映个体在思维过程中所体现出来的一个或多个方面的直觉或理性倾向的程度。

《理性－经验思维风格量表》（*Rational–Experiential Inventory*, REI）经常被用来衡量个体的理性思维风格，并探究其与理性思维能力的相关性。《积极开放性思维量表》（*Actively Open–Minded Thinking*, AOT）、《迷信思维量表》，以及《大五人格量表》中的开放性分量表也同样被许多研究用来描述一种理性或非理性的思维风格。研究表明，《认知需求量表》（*Need for Cognition Scale*, NFC）所测量的认知需求倾向可以直接反映人们运用理性思维的动机，也是衡量理性思维风格的重要指标之一。除此之外，还有不少体现了思维风格的变量，如灵活性思维、决策冲动性、完美主义倾向等都被不同的学者采用，用来作为考查理性 / 非理性思维风格的指标。在对这些指标进行研究的过程中，不少研究发现，在控制了一般智力的影响之后，理性思维风格可预测决策结果的变异。事实上，已有大量实证研究表明，个体在思维风格和智力方面的相关性并不高。很多研究都表明智力测验分数与思维风格只有中等水平以下的相关程度，甚至与其他一些思维风格，如尽责性的相关系数接近于 0。

三、理性思维技能的测量

理性思维技能的测量工具与研究相比理性思维倾向要少一些。目前的研究都是基于近五十年间行为决策研究中发现的人们存在的各种不同的非理性偏差。有些研究利用单个启发式与偏差任务来反映理性思维技能上的个体差异，有些研究则试图将一系列启发式与偏差任务集合起来，并将被试在这些任务上的表现进行简单求和，以此来体现被试在理性思维技能上的高低。这些研究初步表明，人们在不同任务中表现出来的个体差异可能是由与理性思维技能有关的共同因素引起的，这些研究中使用的方法可以被看作理性思维技能测量工具的雏形。2016 年，斯坦诺维奇的研究团队经过系统研究开发出了一套综合的理性思维测量工具，即《理性思维综合评估测验》（*Comprehensive Assessment of Rational Thinking*, CART），这是第一个全面的标准化测量理性思维的工具，在理性思维研究领域具有划时代的影响力。

四、《理性思维综合评估测验》

《理性思维综合评估测验》可以全面测量个体之间理性程度的差异。

（一）理论基础

非理性的程度可以通过认知错误（即违背理性选择公理）的数量和严重程度来进行评估。反过来，理性的程度可以通过避免这些认知错误的出现来进行评估。该测验的理论基础是对思维错误的分类，是启发式与偏差任务的理论逻辑：每一种启发式与偏差任务都涉及一定程度的认知加工（即类型 1 加工和类型 2 加工）和知识成分（在任务完成中可被提取利用的知识），根据任务所需的认知加工能力和知识能力的不同，被试在该任务上所犯的非理性错误的类型也不同，包括吝啬加工和心智资源障碍两大类。

[微课] 不理性的原因

（二）非理性错误类型

1．吝啬加工

这一类错误包含三种原因：第一种也是最低级的思维错误类型，即趋向默认自主心智的反应，没有类型 2 加工的参与；第二种是压制失败，即类型 2 加工虽然参与了认知加工，但没有成功压制类型 1 加工的过程；第三种是具有焦点偏差的串行联想认知，即类型 2 加工虽然参与了加工过程，也成功压制了类型 1 加工，但使用了过度简约的思维模式，未能进行全面的心理模拟或者未能开展完整的析取推理。

2．心智资源障碍

心智资源指的是在思维时可以被提取和应用的知识、规则、程序和策略等资源。心智资源障碍的产生有两个原因：一是心智资源缺陷，是指由于被试根据系统 1 生成直觉反应，从而导致其在完成任务时出现错误，这类错误常常是缺少许多心理模拟所需的相关知识，如概率推理、因果推理、逻辑思维和科学思维等方面的知识造成的；二是污化的心智资源，即一些人头脑中的概率、逻辑、经验等知识本身存在错误，从而导致非理性的判断和决策，如迷信信念、阴谋论思维、反科学思维等。

（三）测验结构

该测验共包含 20 个分测验和 4 个反应理性思维倾向的补充测验（不计入总分）。其中，20 个分测验分别是：概率和统计推理、科学推理、反思与直觉、三段论信念偏差、比率偏差、析取推理、避免框架效应、避免锚定效应、避免偏好异常、论证评估、知识校准、理性时间折扣、概率计算、金融和经济知识、对期望值的敏感性、风险知识、抵御迷信思维、抵御反科学态度、抵御阴谋论信念和避免功能失调的个人信念。 4 个反应理性思维倾向的分测验是：积极开放性思维、审慎思维、未来取向和情绪分化。

本章小结

兴趣的测量主要集中在职业兴趣领域。个体对某种职业感兴趣，就会对该种职业活动表现出肯定的态度，并积极思考、探索和追求。霍兰德职业兴趣理论是多数职业兴趣测验的理论基础。

测量态度的测量技术包括瑟斯顿量表法、利克特量表法、社会距离量表法、语义分化法和内隐法。

价值观通常可以从内容和维度两个角度来进行分析，所采用的测量方法也多以问卷法为主。

兴趣、态度、价值观的测量由于都容易受到社会期望的影响，因此如何保证测量的效度是一个需要认真研究的问题。

理性的操作性定义包含工具性理性和认识性理性两个方面。工具性理性是指在现实世界根据给定的资源（身体的和精神的），采取行动得到最想要的结果，即最优化实现个人目标或期望效用最大化；认识性理性则是指能够映射现实情况或与现实相符的个人信念。理性思维的测量主要从考查理性思维风格和考查理性思维技能两种角度进行。从本质上说，目前难以直接测量理性，而是通过测量人的“非理性”水平来间接反映人的理性水平，即越少犯非理性错误，越理性。《理性思维综合评估测验》是目前最全面测量各种思维错误的测量工具。

复习与思考

1. 职业兴趣测验的意义何在？如何在职业选拔、职业指导中合理使用职业兴趣测验？
2. 如何减少兴趣、态度、价值观测量中的误差？
3. 理性的概念是什么？非理性错误的类型有哪些？
4.《理性思维综合评估测验》的每一个分测验都测量了一种常见的非理性错误，你觉得对这些错误的理解有助于提升个体的理性水平吗？

推荐阅读

斯坦诺维奇，等．理商：如何评估理性思维[M]．肖玮，等译．北京：机械工业出版社，2020.

第十三章

心理测量应用

学习目标

- 心理测量在教育、临床、经济和军事领域中的用途有哪些?
- 人才测评的常用方法有哪些?
- 情境判断测验的原理是什么?
- 评价中心技术的特点是什么?常用的评价中心技术有哪些?
- 网络调查的优势是什么?
- 基于生态化识别的心理测量涉及哪些伦理问题?

知识导图

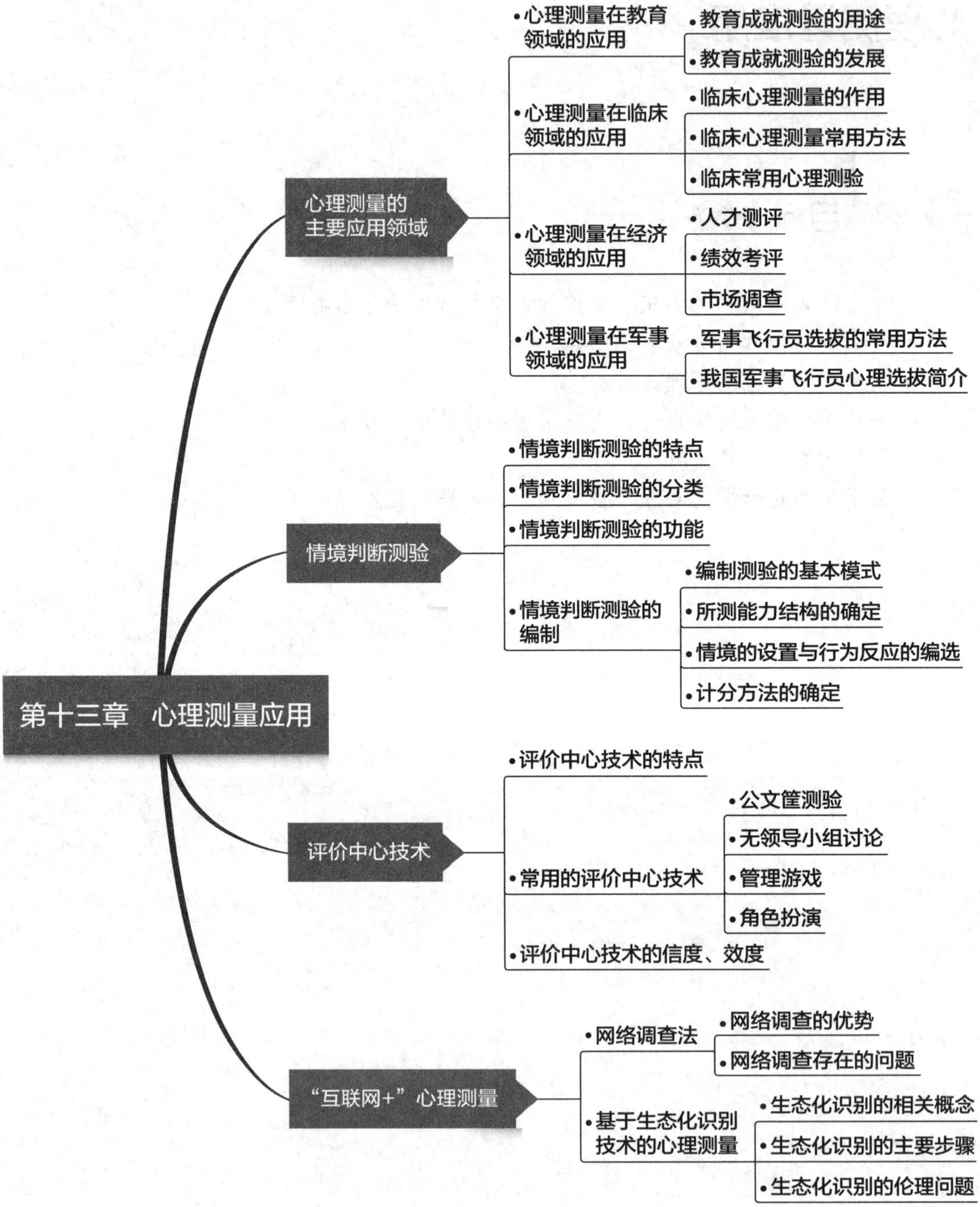
第十三章　心理测量应用
心理测量的主要应用领域
心理测量在教育领域的应用
教育成就测验的用途
教育成就测验的发展
心理测量在临床领域的应用
临床心理测量的作用
临床心理测量常用方法
临床常用心理测验
心理测量在经济领域的应用
人才测评
绩效考评
市场调查
心理测量在军事领域的应用
军事飞行员选拔的常用方法
我国军事飞行员心理选拔简介
情境判断测验
情境判断测验的特点
情境判断测验的分类
情境判断测验的功能
情境判断测验的编制
编制测验的基本模式
所测能力结构的确定
情境的设置与行为反应的编选
计分方法的确定
评价中心技术
评价中心技术的特点
常用的评价中心技术
公文筐测验
无领导小组讨论
管理游戏
角色扮演
评价中心技术的信度、效度
“互联网+”心理测量
网络调查法
网络调查的优势
网络调查存在的问题
基于生态化识别技术的心理测量
生态化识别的相关概念
生态化识别的主要步骤
生态化识别的伦理问题

对于心理学专业和人力资源专业的学生来说，“心理测量学”是一门有直接应用价值的课程。那么，学好了这门课，可以在哪些方面有用武之地呢？教育、临床、经济和军事领域都比较重视心理测量，心理测量在这些领域中有哪些应用呢？心理测量方法除了经典的问卷法外，还包括情境判断测验、评价中心技术，以及近年来基于移动互联网和人工智能技术的“互联网+”心理测量。这些综合性的心理测量方法在当今的心理学研究中，在人才测评和商业活动中的作用越来越突出。本章将对这些内容进行介绍，以期开阔眼界、启发思路。

第一节　心理测量的主要应用领域

一、心理测量在教育领域的应用

几乎各类心理测量方法在教育领域都得到了应用，比如智力测验、能力倾向测验、人格测验等，但应用最多的还是教育成就测验。下面，我们以教育成就测验为主，对心理测量在教育领域的应用进行介绍。

（一）教育成就测验的用途

1. 反馈教育信息

教育成就测验的得分可以起到反馈信息、调节教师的教学活动的作用。在某一教学阶段开始前进行的成就测验，能使教师了解学生为完成本阶段的学习任务，在知识、技能上的准备情况，从而为教师修改教学目标和教学计划提供依据；在教学过程中进行的检查测验，能使教师了解学生对有关知识、技能的掌握情况，诊断出学生的学习困难所在，以便及时发现教和学中的问题，从而调整教学内容，改进教学方法；在某一教学阶段终结后的总结测验，能使教师了解教学目标是否达到，了解学生综合应用和迁移知识、技能的能力，同时为确定新的教学目标提供依据。

［考纲链接］“心理学专业基础考试大纲”：心理测验的应用

教育成就测验所反馈的信息也可以促进学生的学习活动。考试结果能使学生明了自己的学习情况，做出恰当的自我评价，找出薄弱环节，调整自己的学习方法，并确定新的努力目标。考试和分数在一定程度上具有动机激发作用，能引起或满足学生渴望成功、得到他人承认的需要，从而提高其学习的积极性。

2. 评价教学工作

教育成就测验不但可以用于评价学生的学业质量，而且可以用于评价教师，评价一所学校或一个地区的教学质量；不但可以进行跨区域的横向比较，而且可以进行跨时间的纵向比较。但我们在评价时，一定要参照许多其他信息，不能单看测验分数，还要考虑测验分数之间的等值问题。

3．充当研究工具

教育成就测验对教育理论的研究和发展具有重要作用。好的教育体制、教材和教法，要通过教育效果来体现，而教育效果在一定程度上又要通过测验成绩来检验。很多教育改革实践的效果都要通过一定的教育成就测验来检验。

4．选拔与安置人才

教育成就测验经常用于人员选拔，例如各种升学考试、招聘考试等；也可用于确定个体是否达到了从事某项活动所需要的最低熟练水平；还可用于对人员进行分类，把候选者安置到适当的岗位上去。

（二）教育成就测验的发展

1．理论的发展

经典测验理论由于理论结构上的局限性，因此它的实际应用范围受到一定的限制。从20世纪60年代开始，项目反应理论、概化理论等现代测量理论的应用逐步得以扩展。特别是项目反应理论为教育领域的心理测量解决了一些经典测验理论无法解决的问题，并且为测验设计、测验误差的探查、测验等值、计算机化自适应测验的设计与评分等问题的解决提供了有效的途径。

2．测验载体的发展

近几十年来，心理测量技术的发展及应用与计算机技术的发展紧密相连。20世纪30年代后期，测验的机器记分开始出现，这使得许多客观测验题能迅速记分，为提高测验效率做出了很大贡献。20世纪七八十年代，计算机的使用加快了测验的记分与报告的效率，并使测验题库得以更加方便地建立，多媒体题型、心理运动测验等更容易实现。特别是近年来伴随着云技术、大数据、移动互联网和物联网的发展，出现了翻转课堂、微课、MOOC、手机课堂、教育App、电子书包、创客运动、教育云等一系列新技术、新理念、新模式，在线教育保持高速增长。与此相关的在线测评很大程度上能够克服传统教育测验难以收集评价依据，评价信息单一化、片段化的问题，可以全过程、全方位采集教育数据。平台记录、存储了学习者的一切结构化、半结构化和非结构化的学习行为数据，这让教育测验更具生态化。

3．认知诊断

教育成就测验的根本目的是回答学生能做什么、不能做什么，而不只是提供一个分数。认知诊断测验是根据学生对测验题目的反应模式，将传统的单一考试分数转化为学生对题目中所涉及的心理内部加工过程、加工技能、认知特性等的掌握比例，据此提供有针对性的信息。如：学生掌握了哪些知识点，因未掌握哪些知识点而需要进一步的教学等。通过认知诊断测验，有关人员可以开展更加深入的教学评价、学习障碍诊断和动态评估等工作。但认知诊断测验目前急需解决好两方面的理论支持：一方面是如何更科学地构建问题解决的认知加工模型，有关智力的结构、知识类型与结构、认知过程等的研究是开发认知诊断测验的必要条件；另一方面是如何更多地开发出基于现代测量理论的认知诊断测验新模型，这些模型直接融入认知变量，并对其进行量化，使认知诊断测验的结果能获得测量数据的实际验证。

4．档案式评价

档案式评价是一个收集、积累学生能力证据的过程。这些证据包括对真实学业表现的观察记录、工作产品、考试试卷和见证材料等，能够反映学生的实际能力。标准化考试与档案式评价的区别在于：前者是在考场中进行的考试，后者是在实际的工作现场由评价者进行的考察；前者输出的是学生的答卷，后者输出的是学生的实际任务结果，如编写的软件、设计的广告、撰写的策划书等；前者是某一时间点的一次性的观察，后者是一定时间阶段的考察；前者是观察学生的一个行为样本并据此做出推断，后者是在评价者所关心的方面，对学生的行为总体进行观察；前者是有时限的，后者是无时限的；前者具有较高信度，后者具有较高效度。

5．真实性评价

真实性评价是指在一段时间内，通过观察学生完成实际作业、任务或操作而进行的评价。标准化测验是一种基于统计推断的间接评价，而真实性评价是一种基于表现观察的直接评价。例如，关于写作能力的测量，人们开始思考选择题的局限性，强调通过直接、真实的写作来考查学生的写作能力。

6．电子评分员

美国的托福（TOEFL）、GMAT 考试和我国的中、高考中都有写作测验。一般情况下，考生的作文由两名评分员分别评阅，如果两人的评分一致或基本一致，就取平均分，如果差距较大，就需要第三个人评阅。现在开发的电子评分员（e-rater）系统取代了原来仅由人工评分员评阅的方式。在评分过程中，每份作文答卷由一名人工评分员和一名电子评分员分别评阅。这一改进大大提高了效率和经济效益。统计结果表明，原来两名人工评分员之间完全一致率是 50%，基本一致率（相差一级）是 92%；现在人工与电子评分员之间的完全一致率是 48%，基本一致率是 92%。

二、心理测量在临床领域的应用

[微课] 临床常见心理问题

临床上开展心理测量的目的是评定来访者或患者的认知水平、情绪状态、人格特征和能力状况，为其他专科制订临床治疗方案、实施心理治疗和心理咨询、评价治疗效果提供必要的依据。目前，标准化心理测验在我国临床医学中已经得到广泛应用，如在精神科，标准化心理测验常用于测查精神障碍的病因，辅助诊断，评价治疗、康复的效果；在心理门诊，标准化心理测验是心理诊断的重要手段；在神经内科、神经外科，标准化心理测验常用于评定脑损害患者的神经心理功能及康复效果。此外，临床心理测量在其他专科也得到大量应用。根据临床诊断的不同目的，临床心理测验可分为诊断性测验和筛查性测验。诊断性测验的结果可直接作为临床诊断的依据，辅助临床诊断；而筛查性测验的结果只是为临床工作者提供来访者或患者是否存在某些心理问题的线索。随着生物—心理—社会医学模式的普及，心理测验会越来越多地渗透到临床各科，成为与各种理化检测同等重要的临床检查技术。

（一）临床心理测量的作用

心理测量是临床心理学的重要组成部分，同时又是做好其他临床工作的重要手段。临床心理测量的主要作用有：

1. 心理诊断的主要手段

心理诊断是用心理测量技术评定来访者或患者心理障碍的性质和程度，从而辅助诊断临床疾病。心理诊断通常伴随疾病诊断，是辅助诊断的手段之一。

2. 心理咨询和心理治疗的重要依据

开展心理咨询和心理治疗，必须对来访者或患者进行心理测量，以确定其心理问题的性质和程度，从而有针对性地开展心理咨询和心理治疗。同时，心理测量还可对心理咨询和心理治疗的效果做出判定。

3. 心理护理的重要条件

不同患者会产生不同的心理问题或心理障碍，护理人员只有明确把握这些心理问题才能有针对性地进行心理护理。

4. 心理健康教育的根据

对个体和群体而言，心理健康教育是预防心理障碍、提高工作效率和生活质量、保证社会功能完好的重要手段。为了使心理健康教育更有针对性，我们必须清楚地了解个体和群体的心理健康状况，而心理测量是了解个体和群体心理健康状况的根据。

5. 诊断精神疾病的重要参考依据

传统的精神疾病诊断方法主要是根据患者的主诉、病史、观察和症状检查做出诊断。为了更准确、更全面地把握患者的症状表现，在进行疾病诊断时，将心理测量的结果作为诊断依据是目前精神科医师常用的方法。

6. 临床心理学研究的重要手段

在开展临床心理学研究时，心理测量的结果常常被作为重要的研究变量，如操作时的反应速度、反应的准确性、情绪状态、记忆水平、思维的敏捷性和解决问题的效率等。

（二）临床心理测量常用方法

大多数心理学研究的方法基本上都可用于临床心理测量。临床心理测量的常用方法包括：

1. 调查法

调查法是心理测量的基本方法。调查法主要包括对来访者或患者的阅历调查和现状调查两部分。前者主要包括查阅档案、文献资料和向知情者了解来访者或患者的过去经历等，后者主要围绕与当前问题有关的内容。调查对象一般为来访者或患者、知情者（通常是亲属、朋友或同事）。调查可采用一般询问和调查表的方式进行。

调查法的优点是能够做到横向调查和纵向调查相结合，提供的信息量大。不足之处是，调查法常常是间接性评估，材料的真实性受被调查者的主观因素影响。

2．观察法

观察法是通过对行为的直接或间接观察而进行评估的一种方法。观察法主要分为自然观察法和控制观察法。前者是指在自然情境中所进行的观察，后者是指在预先设置的情境中所进行的观察。

观察法的优点是，获取的材料比较真实和客观，尤其适用于对儿童和精神障碍患者的评估。不足之处是，观察法得到的多是有关外显行为的资料，不易重复，同时也易受咨询师或医生的洞察和分析综合能力的制约。

3．会谈法

会谈法的基本形式是面对面的语言交流。会谈的形式包括自由式会谈和结构式会谈。前者是开放式的，气氛比较轻松，来访者或患者较少受到约束，可以自由地表现自己；后者要根据特定的目的预先设定好一定的结构和程序，谈话内容严格限定，通常不允许追问，效率较高。会谈是一种互动的过程，会谈中，咨询师或医生起着主导和决定的作用。因此，咨询师或医生掌握和正确应用会谈技术是非常重要的。

4．作品分析法

作品一般指来访者或患者的日记、书信、图画、手工作品等文化性创作，同时也包括来访者或患者在生活和劳动过程中产出的成果。通过分析这些作品，咨询师或医生可以有效地评估来访者或患者的心理特质和心理状态，同时作品还可以作为客观依据。

5．测验法

在心理测量中，心理测验占有十分重要的地位，无论上述哪一种方法都不能替代心理测验的作用。因为交谈、观察、听取别人的评价等都更多地受到主观意识的影响，有一定的局限性。心理测验可以对心理现象的某些特定方面进行系统评定，并且遵循标准化、数量化的原则，所得到的结果可与某些标准、常模进行比较，避免出现一些主观因素的影响。

（三）临床常用心理测验

目前我国临床上常用的心理测验有三大类：能力测验、人格测验和神经心理测验。

1．能力测验

临床上常用的能力测验有智力测验、发展量表、适应行为量表等，其主要功能是对来访者或患者的认知功能水平和特点进行评价。

（1）智力测验

智力测验在临床上常用于精神发育迟滞的诊断、治疗及康复评估，痴呆的诊断、治疗及康复评估，脑损伤的神经心理功能评估和损伤部位的测查。心理咨询门诊会给儿童来访者做智力测验，用于感觉统合失调、孤独症的鉴别诊断，或者根据智力测验结果对儿童的心理发展提出建议。在其他专科，智力测验也常用于患者的认知功能评估。我国临床各科中常用的诊断性智力测验有：《韦克斯勒智力量表》《中国比内测验》，龚耀先编制的《龚氏非文字智力测验》《老年认知功能量表》等，这些诊断性智力测验结果一般都以智商（IQ）表示。常用的筛查性智力测验有:《画人测验》《瑞文标准推理测验》《皮博迪图片词汇测验》《50项学前儿童智能筛查量表》《痴呆简易筛查量表》等。

（2）发展量表

发展量表，也称发育量表，常用于对婴幼儿心身发展水平和特征的评估，以及对婴幼儿身心发展障碍筛查、诊断、治疗与康复效果的评价。儿童的智力评估要到5岁以后才有预测性，所以在此之前，一般都用发展量表评估儿童目前的智力功能。我国常用的诊断性发展量表有《贝利婴幼儿发展量表》《CDCC婴幼儿智能发育量表》《格塞尔婴幼儿发展诊断量表》等。筛查性发展量表有《丹佛发育筛查测验》《0—6岁小儿神经心理发育检查表》等。

[考纲链接]“心理学专业基础考试大纲”：发育量表

（3）适应行为量表

适应行为量表用于测查个人独立处理日常生活和承担社会责任的能力，是精神发育迟滞的主要诊断方法之一。在心理咨询中，适应行为量表常用来对孤独症、注意缺陷多动障碍、感觉统合失调、学习困难患儿的心理行为发展水平及疗效进行评定。目前，我国临床上常用的适应行为量表有《儿童适应行为评定量表》《婴儿—初中生社会生活能力量表》《成人智残评定量表》等。

2．人格测验

我国临床常用的人格测验有两大类：问卷法人格测验和投射法人格测验。问卷法人格测验主要有《明尼苏达多相人格调查表》（MMPI）、《艾森克人格问卷》（EPQ）、《十六种人格因素问卷》（16PF）、《加利福尼亚心理调查表》（CPI），以及《婴儿气质问卷》《3—7岁儿童气质量表》等。投射法人格测验主要有《罗夏墨迹测验》《主题统觉测验》等。在精神病学、心理咨询或心理治疗中，人格测验被用于了解来访者或患者的人格特点、心理病理特征，作为人格障碍的辅助诊断手段。CPI主要用于正常人群，其用途是通过对影响人际行为的社会、心理变量的评估，预测人们在特定环境下的表现。MMPI主要用于对异常心理患者的人格评定。在精神分析治疗中，投射测验常被用于探讨患者的潜意识心理冲突，或用来观察治疗效果，如治疗前后患者的人格改善情况。临床各科常用EPQ、MMPI、16PF和《A型性格问卷》了解患者的人格特征，作为分析心理因素在疾病发生和发展中的作用的依据。如在冠心病的预防和治疗中，常常测查患者是否属于A型性格，了解其人格因素在冠心病发展过程中的作用，以便制订较全面的干预方案。

3．神经心理测验

神经心理测验常被用于评估人类的脑功能，包括感知觉、言语、注意、记忆、思维等功能。按测验形式分类，神经心理测验有单项测验和成套测验两种。

单项测验旨在测量一种神经心理功能，我国常用的有《Bender格式塔测验》《威斯康星卡片分类测验》《本顿视觉保持测验》《快速神经学甄别测验》《Rey-Osterrieth复杂图形测验》《划消测验》《普度钉板测验》《汉语失语症检查法》等。

成套测验能比较全面地测量神经心理功能，我国常用的有《霍尔斯特德－瑞坦神经心理成套测验》《鲁利亚－内布拉斯加神经心理成套测验》等。

此外，智力、记忆测验也常被作为神经心理测验使用。我国常用的成套记忆测验有《韦克斯勒记忆量表》《临床记忆量表》等。

神经心理测验常用于脑损害患者的保留或缺损的脑功能评估，在临床诊断、治疗康复、疗效评定、预测预后及能力鉴定方面有广泛的用途。如神经科医生通过给脑外伤患者做《霍尔斯特德－瑞坦神经心理成套测验》，对患者的感知觉、运动、思维和记忆能力水平进行测查与评估，可发现通过临床手段难以诊断和评定的高级认知功能缺损情况。

三、心理测量在经济领域的应用

心理测量在经济领域的应用主要集中在人才测评、绩效考评和市场调查三个方面。

（一）人才测评

人才测评是现代人力资源开发与管理的基础性环节之一，在人力资源开发与管理的各个领域得到广泛应用。通过对员工或应聘者进行必要的心理测验、行为观察和分析以及情境模拟演练，组织可以对人才的职业素质做出综合评价。

1．人才测评的分类

按照不同目的，人才测评可以分为五种主要类型：

（1）选拔性测评

选拔性测评的目的是区分和选拔优秀人才，这是人力资源管理中最常用到的一种测评。选拔性测评特别强调区分功能，要求过程客观、结果明确。

（2）配置性测评

配置性测评是以合理的人职匹配为目的，以求人尽其才。实践证明，当任职者的能力、兴趣和价值观刚好吻合职位的要求时，可以达到最佳的人力资源使用效果。配置性测评最大的特点是必须结合职业要求，不同职位的测评标准不同。

（3）开发性测评

开发性测评以开发人员潜能为目的，所以这种测评的报告并不强调好坏之分，而是强调通过测评来勘探个人的优势和劣势，尤其是其潜在的发展可能。

（4）诊断性测评

诊断性测评以了解人员素质现状或以组织诊断为目的。诊断性测评的特点是比较全面和细致，希望通过寻根问底的测评，探究管理问题产生的根源。

（5）考核性测评

考核性测评又称鉴定性测评，目的是鉴定和验证任职者是否具备某种素质，以及具备该素质的程度和水平。考核性测评经常穿插在选拔性测评和配置性测评之中，主要是对任职者的素质结构与水平进行鉴定。

2．人才测评的常用方法

（1）履历分析

履历分析是根据履历或档案中记载的事实，了解个体的成长历程和工作业绩，从而对其人格特征进行分析。履历分析既可以用于初审个人简历，迅速排除明显不合格的人员，也可以根据与工作要求相关性的高低，由分析人员事先确定履历中各项内容的权重，把申请人各项得分相加得总分，并根据总分做出人员决策。这种方法用于人员测评的优点是较为客观，而且成本低，但存在几个方面的问题：履历填写的真实性问题；履历分析的预测效度随着时间的推移会越来越低；履历项目分数的设计是纯实证性的，除了统计数字外，缺乏合乎逻辑的解释原理等。

（2）纸笔考试

纸笔考试主要用于测量个体的基本知识、专业知识、管理知识、其他相关知识，以及综合分析能力、文字表达能力等素质。它是一种最古老而又最基本的人员测评方法，至今仍是组织经常采用的选拔人才的重要方法。纸笔考试在测定知识面和思维分析能力方面效度较高，而且成本低，可以大规模地施测，成绩评定比较客观，往往作为人员选拔录用程序中的初期筛选工具。

（3）心理测验

心理测验是对胜任某职务所需人格特点进行测量和描述的最佳工具之一，被广泛用于人事测评工作中。常用于人事测评的心理测验主要包括：智力测验、能力倾向测验、人格测验、兴趣测验、价值观测验、态度测验等。标准化的心理测验同样具有使用方便、经济、客观等特点。

（4）面试

面试是考官通过与应聘者进行面对面的观察、交谈，收集有关信息，从而了解应聘者的素质状况、能力特征以及动机的一种人事测量方法。可以说，面试是人事管理领域应用最普遍的一种测量形式，组织在招聘中几乎都会用到面试。面试的特点是灵活，获得的信息丰富、完整和深入，但是同时也具有主观性强、成本高、效率低等弱点。

（5）情境模拟测验

情境模拟测验是通过设置一种逼真的管理系统或工作场景，让个体参与其中，按考官提出的要求，完成一个或一系列任务。在这个过程中，考官根据个体的表现或通过提交的报告、总结材料为其打分，以此来预测个体在拟聘岗位上的实际工作能力和水平。情境模拟测验主要适用于管理人员和某些专业人员。情境模拟测验能够获得关于个体更加全面的信息，对其将来的工作表现有更好的预测效度，但缺点是技术难度大、费时、费用高昂。

（6）评价中心

严格来讲，评价中心是一种程序而不是一种具体的方法，是组织选拔管理人员的一项人事评价过程而不是某个空间场所或地点。评价中心由多个评价人员，针对特定的目的与标准，使用多种主客观人事评价方法，对个体的各种能力进行评价，为人员选拔、提升、鉴别、发展和训练提供依据。评价中心的最大特点是注重情境模拟，一次评价过程中通常包含多个情境模拟测验，是多种测评方法的有机结合。评价中心具有较高的信度和效度，得出的结论质量较高，但与其他测评方法相比，评价中心需投入很大的人力、物力，且时间较长，操作难度大，对考官的要求很高。

（二）绩效考评

绩效考评是针对组织中每个员工所承担的工作，应用心理测量方法，对员工行为的实际效果及其对组织的贡献或价值进行考核和评价。有效的绩效考评，不但能确定每位员工对组织的贡献或不足，作为公平合理地酬赏员工的依据，而且可以在整体上为人力资源管理提供可靠的评估资料，从而改善组织的反馈机能，提高员工的工作绩效，激励士气。绩效考评通常可分为定性与定量两种。定性考评是对员工的工作评价进行文字描述，或对员工之间评价高低的相对次序以优、良、中、及格、差等形式表示；定量考评的结果则以分值或系数等数量形式表示。

1．绩效考评的过程

员工的绩效考评过程一般可以分成以下几个步骤：

（1）建立绩效考评标准

建立绩效考评标准是组织实施人力资源管理的一项基础工作。绩效考评标准的确定是以职务分析为基础，职务分析的结果决定了绩效考评的标准。

（2）确定绩效考评的内容

一般来说，员工绩效考评的内容主要侧重于工作实绩和行为表现两个方面。

（3）实施绩效考评

由有关人员对被考评员工的实际成绩和表现做出客观的记录，并确定在不同指标上的成绩水平。

（4）确定评语及改进措施

在这一步，对被考评员工的工作进行综合评定，确定最后的评价等级，并指出其优缺点和制订改进方案。

2．绩效考评的方法

（1）直接排序法

直接排序法是一种相互比较的方法，如将员工按照在某个评估因素上的表现从绩效最好的员工到绩效最差的员工进行排序。评估要素可以是整体绩效，也可以是某项特定的工作或体现绩效的某个方面。

（2）对偶比较法

对偶比较法是指针对某一绩效评估要素，把每一个员工都与其他员工逐对相比来判断谁“更好”，记录每一个员工和所有其他员工比较时被认为“更好”的次数，根据次数给员工排序。和直接排序法类似，对偶比较法也是一种相对的定性评价方法。

（3）强制分配法

强制分配法是按事物“两头小、中间大”的规律，先确定好各等级在总数中所占的比例。例如，若分成优、良、劣三等，则每等级分别占总数的30%、40%、30%；若分成优、良、中、差、劣五个等级，则每等级分别占总数的10%、20%、40%、20%、10%。然后按照每个员工绩效的相对优劣程度，将其强行归入其中的一个等级。

（4）书面描述法

书面描述法是一种由评价者按照规范的格式写下员工的工作业绩、实际表现、优缺点、发展潜力等，然后提出改进建议的定性评价方法。

（5）关键事件法

关键事件法的主要原则是认定员工与职务有关的行为，并选择其中最重要、最关键的部分来评定其结果。

（6）要素评定法

要素评定法要求把被考评岗位的工作内容划分为相互独立的几个考评要素，并把每个考核要素划分为若干等级，对每个等级均用明确的定义或说明来描述达到该等级的标准，然后按此进行评估，最后综合得出总的评价。

（7）行为定位评分法

行为定位评分法也称行为锚定等级评定法，是基于关键事件法的一种量化评价方法。这种方法主要是建立一个行为性的评定量表，对每一个等级运用关键事件进行行为描述。行为定位评分法结合了关键事件法和要素评定法的优点。

（8）360度考核法

360度考核法最早被英特尔公司提出并加以实施运用。传统的绩效评价主要由被评价者的上级对其进行评价；而360度考核法则由与被评价者有密切关系的人，包括被评价者的上级、同事、下属和客户等，分别匿名对被评价者进行评价。

（三）市场调查

市场调查是指对市场信息进行收集、分析、研究的过程，包括将相应问题所需的信息具体化、设计收集信息的方法、管理并实施数据收集过程、分析研究结果、得出结论并确定其含义等。市场调查作为一个独立行业，在国际上已有百年历史，在中国也有几十年的历史。市场调查是市场营销活动的起点，在市场调查活动中收集、整理、分析市场信息，掌握市场发展变化的规律和趋势，能够为组织进行市场预测和决策提供可靠的数据和资料，从而帮助组织确立正确的发展战略。

1．市场调查的主要内容

市场调查的内容涉及市场营销活动的整个过程，主要包括：

（1）市场环境调查

市场环境调查主要包括对经济环境、政治环境、文化环境、科学环境和自然地理环境等的调查。具体的调查内容可以是市场的购买力水平，经济结构，国家的方针、政策、法律法规，也可以是风俗习惯、科学发展动态、气候等各种影响市场营销的因素。

（2）市场需求调查

市场需求调查主要包括消费者需求量调查、消费者收入调查、消费结构调查、消费者行为调查，包括消费者为什么购买、购买什么、购买数量、购买频率、购买时间、购买方式、购买习惯、购买偏好和购买后的评价等。

（3）市场供给调查

市场供给调查主要包括产品生产能力调查、产品实体调查等。具体的调查内容包括针对某一产品，市场可以提供的产品数量、质量、功能、型号、品牌等，生产供应企业的情况等。

（4）市场营销因素调查

市场营销因素调查主要包括对产品、价格、渠道和促销活动的调查。产品调查主要有了解市场上新产品开发的情况、设计的情况、消费者使用的情况、消费者的评价、产品生命周期阶段、产品的组合情况等。价格调查主要有了解消费者对价格的接受情况，对价格策略的反应等。渠道调查主要包括了解渠道的结构、中间商的情况、消费者对中间商的满意情况等。促销活动调查主要包括各种促销活动的效果，如广告投放的效果、人员推销的效果、营业推广的效果和对外宣传的市场反应等。

（5）市场竞争情况调查

市场竞争情况调查主要包括对竞争组织的调查和分析，以了解同类组织的产品、价格等方面的情况，竞争组织采取了哪些竞争手段和策略，做到知己知彼，通过调查帮助组织确定竞争策略。

2．市场调查常用方法

市场调查常用的方法主要有观察法、实验法、访谈法和问卷法。

（1）观察法

观察法是指由调查人员根据调查对象，利用感官以直接观察的方式对其进行考察并收集资料的方法。例如，市场调查人员到商品销售场所观察商品包装情况。

（2）实验法

实验法是指由调查人员采用实验的方式，将调查对象控制在特定的环境条件下，对其进行观察以获得相应信息的方法。控制因素可以是产品的价格、品质、包装等。调查人员采用实验法在可控制的条件下观察市场现象，有助于揭示在自然条件下不易发现的市场规律。

（3）访谈法

采用访谈法进行市场调查，多采用结构式访谈的方式。结构式访谈要求调查者事先设计好调查表或访谈提纲，并以相同的提问方式和记录方式进行访谈，提问的语气和态度也要尽可能地保持一致。此外，还可以采用无结构式访谈和集体访谈的形式。

（4）问卷法

问卷法是通过让被调查者填写调查问卷的方式获得关于调查对象的信息的方法。在实地调查中，问卷法应用非常广泛。

四、心理测量在军事领域的应用

心理测量在军事领域的应用主要集中在军事人员的选拔、军人心理健康监测和作业绩效评价上。其中，以军事人员心理选拔的研究和应用的历史最长且最著名。军事人员心理选拔是根据军事职业的特殊需要，运用心理学方法，由军事学专家和心理学专家共同对报名参军的候选者进行心理素质检测与评定，选拔那些心理素质适合军事活动要求的候选者，淘汰心理素质不适宜的候选者。

下面以军事飞行员选拔为例，对这一领域的概况进行介绍。

（一）军事飞行员选拔的常用方法

并非任何人都适合驾驶飞机，特别是军事飞行作业。除了健壮的体格是飞行活动必不可少的条件外，反应迟钝、判断错误、注意力分配不当、运动知觉不协调、情绪过分紧张等心理因素是导致训练淘汰率高、严重飞行事故发生率高、飞行员战斗力低等严重困扰飞行作业效率和安全问题的不可忽视的因素，这一认识拉开了飞行职业心理选拔的序幕。

世界各国用于飞行员心理选拔的方法众多。按照测验对象的人数多少，飞行员心理选拔可分为个体测验和团体测验；按照各种测量方法的外部特征和内部结构，飞行员心理选拔可分为七类，包括结构会谈法、行为观察法、纸笔测验法、仪器测验法、传记法、轻型飞机测验法和飞行模拟器测验法。不同的测验方法对不同心理活动内容测定的适宜性有所差异，如纸笔测验法多适用于对智力或能力倾向、个性特征等的测定。飞行员心理选拔测验内容与测验方法的关系见表 13–1。

表 13–1 飞行员心理选拔测验内容与测验方法的关系

	智力 / 能力倾向	心理运动能力	个性	前飞行经验	飞行动机
结构会谈法			√		√
行为观察法		√	√		
纸笔测验法	√	√	√		
仪器测验法	√	√			
传记法				√	√
轻型飞机测验法		√			
飞行模拟器测验法	√	√			

（二）我国军事飞行员心理选拔简介

心理选拔自 1978 年在我国招飞工作中正式实施以来，经过 40 多年的升级改进和不断完善，形成了以空军招飞心理选拔测评系统为代表的基本模式。该系统由四个检测平台构成：

1．第一平台：基本认知能力和个性特征检测

由平板电脑呈现试题，考生做出按键反应，主要对考生的感知觉、思维、理解、记忆、注意、决策力、空间定向能力和个性特征等方面进行测试。

2．第二平台：飞行特殊能力检测

考生通过操纵简易模拟飞行设备的驾驶杆、脚蹬和油门手柄，完成对运动目标的连续跟踪和附加任务，主要考查考生在模拟飞行概念任务背景下的心理运动、操纵、协调、反应、注意、空间定向等方面能力。

［微课］军事飞行员心理选拔

3．第三平台：模拟飞行检测

考生在飞行模拟器上完成开关车、滑行、平飞、上升、下滑、转弯等基本飞行动作及动作转换。模拟飞行参数客观量化指标和飞行教员带飞观察双重评价模式，对考生在模拟飞行任务下的接受、模仿、操纵、注意力分配、态势感知、环境适应和个性特征等飞行潜能进行评定。考生正式检测前需要进行集体授课、地面准备和座舱实习。

4．第四平台：面试检测

通过动态行为考查、无领导团队考查和面试访谈，综合评定考生飞行潜质和心理素质水平，判断其是否适合从事军事飞行职业，有无培养前途和发展潜力。评定项目主要包括接受、记忆、模仿、反应、协调、控制、思维、注意、表达和体能等10项能力因素，以及动机、性格、情绪、意志、身体形态等5项非能力因素。

第二节　情境判断测验

情境判断测验主要用于人事选拔领域，它通过向候选者描绘出与工作相关的问题情境，让候选者评价或选择与该问题相关的系列反应，从而判断其是否具备该工作所要求的胜任特征。具体来说，情境判断测验通常先设置一个实际工作（生活）中的问题情境，并提供几个为解决这一具体问题而可能出现的行为反应，让候选者对这些行为反应进行判断、评价与选择，选出其中最有效（最无效）或最愿采取（最不愿采取）的行为反应，或对每一个行为反应在“有效”“无效”，“最愿意”“最不愿意”的等级量表上评定等级，然后根据候选者的判断、评价与选择进行计分，最后推论候选者实际解决社会工作（生活）问题的能力水平。

心理测量学领域对情境判断测验的应用可以追溯到20世纪20年代。近年来，国内外研究者对情境判断测验的关注日益增多。情境判断测验之所以越来越受到重视，主要是因为以下四点：① 表面效度较高；② 开发成本较小而效标关联效度较高，尤其是针对管理岗位以及需要人际技能的岗位；③ 与智力测验、工作经验、工作知识有较高的相关；④ 与传统的认知能力测验相比，它对不同文化群体产生的负面效应更小。

一、情境判断测验的特点

从性质看，情境判断测验有如下特点：① 实践指向性。测验题目所设置的情境与行为反应选项均来自实际工作和生活。② 问题解决的抽象性与某种限定性。因为情境判断测验的并非现实情境下的实际反应，而是对指定的少数行为选项的判断评估，属于非实际操作的定向反应。③ 施测操作的简便高效性。实施情境判断测验主要是以文字呈现题目，以选评方式作答，与评价中心技术中的文件筐测验、无领导小组讨论等相比，可以更好地实施和评分，测验所能包含的题目数量也更多。

二、情境判断测验的分类

从情境提供方式看，情境判断测验可分为文字描述、录音口语描述与影视短片展现三类；从对行为反应的判断要求看，情境判断测验可分为强调认知的有效、无效判别，涉及态度的愿意与不愿意两个类别；从记分角度看，情境判断测验可分为1、0计分式与等级计分式。

三、情境判断测验的功能

情境判断测验在功能上有其特点，就其对人员的工作绩效进行预测这一项来说，许多研究者不主张将其作为单一的预测源来使用，而是主张将其与其他认知和人格测验以及评价中心技术等结合起来使用。这样，效度会更高、更可靠。现有的研究资料特别是效度验证资料说明，情境判断测验的功能主要有：

① 对人员工作绩效有较好的预测力，平均效度系数为0.36，但不同测验的效度系数的波动范围较大。

② 与一般认知能力测验结果有较强的相关，平均相关系数达0.54。

③ 与大五人格中的多项因素有一定的相关，如与尽责性的相关系数为0.26，与神经质的相关系数为0.32，与随和性的相关系数为0.25。

④ 与所测领域个人的工作经验、工作年限呈显著相关关系，但对于能否测查到“内隐知识”存在争议。

⑤ 对一些情境判断测验进行探索性因素分析，可提取出一般因素，这时测验的效度系数可达到0.86。

四、情境判断测验的编制

情境判断测验的题目包括四个部分：① 题干，用以设置行为情境；② 选项，提供需评价判断的行为反应；③ 指导语，确定评价判断方式，如是选出一个极端项还是对每一个选项都在等级量尺上指定数值等；④ 评分标准与办法。编制情境判断测验的基本工作就是按上述四个部分设计题目，在有了足够的题目后，然后按照测验的总体要求编制测验（或者分测验）。

（一）编制测验的基本模式

情境判断测验的题目与测验编制模式大体有两种：

（1）经验性模式

不是先从测验应测什么概念（特质）出发来编制测验，而是先从搜集有用情境和恰当行为反应出发来分析测了什么概念（特质）。

（2）逻辑性模式

从岗位的工作分析出发，首先确定应测概念的因素模式，然后对每一因素拟订操作性说明，针对每一因素的操作说明编制情境与行为选项，最后根据测量学的要求进行题目分析、信度和效度检验。

（二）所测能力结构的确定

通过岗位工作分析，确定高绩效的胜任人员的"应有能力要素"后，还必须进一步具体确定这些"应有能力要素"中，可以通过情境判断测验来测量的"能测要素"有哪些。通常情境判断测验主要针对以下几项要素进行评价：① 社会技能与管理能力；② 自我认知、自我调控与自我发展能力；③ 逻辑思维能力；④ 责任、诚信、创新等思想意识。

（三）情境的设置与行为反应的编选

设置行为情境是为构建问题空间服务的。情境判断测验不只要设置特定情境，还要提供若干解决问题的行为反应。这样，特定情境与若干行为反应共同构成了测验的问题空间。编制题目时，通常可以从如下角度出发来搜集与加工素材：如何处理好人与人的关系，个体与群体、组织的关系，组织与组织的关系，人与事的关系，事与事的关系以及现实与未来的关系等。

行为反应选项是候选者直接评估判断的对象，一般应满足下述要求：① 选项应该具有针对性，即都是解决情境问题的一个可能采用的办法；② 区分鉴别力，即候选者选与不选某行为反应，或评判其为高等级水平或低等级水平，正是候选者能力强还是弱的一个具体表现；③ 数量恰当并能按强度排成序列，一个情境判断测验题目一般应有 4～6 个行为反应选项。

行为反应选项确定后，可通过试验性测试来搜集实证数据和进行必要的分析。例如，考查专家或熟手与新手选评数据间的差异（如考查平均数、标准差的差异等），考查选项得分与总分的相关，考查选项得分与外部效标测量值的相关等，从而实际确定选项的恰当性和有效性。

（四）计分方法的确定

计分方法有如下几种：

① 选出最有效选项（最愿意采用的选项），选对（即候选者跟专家或熟手所确认的选项相同）为“1 分”，选错为“0 分”。

② 选出最有效（最愿意）选项与最无效（最不愿意）选项，选对（标准同前）一项得“1 分”，选对两项得“2 分”，均选错得“0 分”。

③ 选评方式同前，但将最有效（最愿意）选项选成最无效（最不愿意）选项得“-1 分”，反之也得“-1 分”。

④ 事先由专家或熟手将每一行为反应在“最有效至最无效（最愿意至最不愿意）”的等级量表上指定数值，让候选者对每一选项在等级量表上指定数值，再计算候选者指定的值与专家或熟手指定值的离差，离差小者为优。

⑤ 选评方式同前，但不求离差而求相关系数值。这种方法要求反应选项的个数要多。

⑥ 选评方式同前，但只考查最有效（最愿意）选项上的离差。

⑦ 让候选者选出最有效选项和最无效选项，但根据专家或熟手在这两项上的指定数值，求取前项减后项的差。显然，当候选者所选结果跟专家或熟手指定值完全一致时，可得到最大的正分数值；而当候选者跟专家或熟手的意见截然相反时，会得绝对值最大的负值。随着候选者所选结果跟专家或熟手的意见差异增大，所得分数会由正到负变小。

第三节 评价中心技术

评价中心（assessment center, AC）是指考官采用多种测评方法和多种情境模拟，对候选者的岗位胜任能力进行评价的一组活动。评价中心作为人才测评的高端技术，一般适用于对管理人员尤其是高级管理人员的选拔。评价中心起源于第二次世界大战期间的英美两国，最早是英军将此方法用于军官选拔。20 世纪 50 年代早期，美国电话电报公司创建了用于选拔管理人员的评价中心检测系统，包括：经营测验、无领导小组会谈、文件筐测验、深度会谈、自传、个人履历问卷、投射测验、人格测验和高级智力测验。这个系统最初评估了 400 名候选者，并对其跟踪了 7 年，结果表明，系统预测的准确性很高。以后，各种有关评价中心的研究开始在各国迅速开展。如今，评价中心已经发展成为在全世界范围内十分流行的一种选拔人才的有效方法。

一、评价中心技术的特点

（一）多种测评技术的综合使用

评价中心最大的特点就是基于“多特质—多方法”模式进行评估。利用某项单一的评估方法往往会得出一些令人无所适从的结论，如一些人在面试中表现更好，而另一些人在问卷测试中表现更好，但一个在面试和问卷测试中均表现出有影响力的人更有可能真的具有影响力。基于这个基本思想，评价中心采用“多特质—多方法”评估模型。在确定了胜任特征所包含的维度后，评估者通常至少采用两种不同的方法来评估一个维度。评价方法通常包括行为观察和心理测验两大类：常用的行为观察主要包括文件筐测验、无领导小组讨论、管理游戏、角色扮演等情境模拟测试；心理测验通常采用智力测验、能力测验和个性测验。如果不能采用“多特质—多方法”评估模型，便不算是真正的评价中心。评价中心最突出的特点是评估者必须通过整合所有的信息最终获得合成分数，这对评估者提出了更高的要求。

（二）情境模拟

情境模拟是评价中心常用的方法，它逼真地模拟了工作情境，能更准确地评估所要考查的心理特质。霍普金斯（Hopkins, 1939）在谈到匈牙利军队使用这类技术时是这样描述的：“……梯子、棒子、板子、砖头、绳子等放在四周。考官向两名候选者提出要求：分别指挥一个三人小组利用这些材料搭建一座桥梁，保证小组成员能顺利从桥上通过。先由候选者独自思考，然后向小组成员说明他的想法，并听取他们的意见。随后，考官向两个小组正式下达建桥命令并对全过程进行评价。”这项活动高度模拟了一般军官的日常工作场景，因此候选者在这种场景下的表现就是对其今后工作表现最直接的反映。例如，某问卷调查中的有个问题为“你会不会在电梯里向陌生人打招呼”。在亚洲文化背景下，可能多数亚洲人不会这样做。但候选者在回答这个问题时往往会意识到这是在考查人际沟通能力，因而多数人会回答“会的”。如果通过评价中心，评估者就可以让候选者在模拟情境中尽量反映他们的真实情况。

（三）运行成本高

实施评价中心耗时长，一般至少一天，或者更长，这就增加了费用。有人从经济效益角度出发提出“评价中心是以高成本为代价”的观点。相关研究发现，英国海军军官选拔系统每年招收 100 名新生，评价中心比只采用访谈技术每年多花费 55 万英镑；加拿大海军每选拔 100 名新生，每年多花费 20 万美元。

二、常用的评价中心技术

采用评价中心时，每个需要考查的维度至少包括两种测评方法。通常这些方法不是通用的，而是根据具体岗位特别“定制”的。评价中心常用的技术可以分为团体任务、个人活动和纸笔测验三大类，表 13–2 是对这三类方法的说明。

表 13–2 评价中心的常用方法及其说明

类别	方法	说明
团体任务	无领导小组讨论	由候选者组成小组，在没有主持人的情况下就某一指定问题进行讨论，并最终达成共识
	辩论	在某种设定情境（如沙漠中的生存营救）中，每个候选者首先确定各自应优先做的工作，然后通过小组讨论达成共识
	分工任务	每个候选者通过竞争获得预算份额或争取到一个职位
	情境作业	由候选者领导若干名下属共同完成某个真实任务，以此来考察候选者。下属由专业人员扮演，包括“破坏型”和“无能型”
	模拟经营	要求候选者在信息不全、条件不断变化的情况下迅速做出决策
	管理游戏	要求候选者协作完成一项或多项实际工作来考查其能力
个人活动	角色扮演	候选者扮演某种角色来处理事务，如：扮演经理来处理顾客或雇员的投诉
	推销	候选者要面对持怀疑态度的考官，说服其购买某种产品或服务
	演讲	候选者就一个自己擅长的话题或某一公共话题进行演讲
	面试	通常采用结构化面试或半结构化面试
纸笔测验	公文筐测验	候选者要处理一堆公文信件、报表、备忘录等，然后对处理意见进行解释
	自传	假设候选者已经死亡，要求他们撰写自己的生平
	能力及人格测验	通常包括智力测验、特殊能力测验、人格测验、职业兴趣测验等

（一）公文筐测验

公文筐测验（in-basket test）又称文件筐测验、公文处理测验，通常用于管理岗位的人员选拔。该测验常常设计一个管理者非常熟悉的、具有代表性的职业工作情境，将各类有关信息和待处理的问题形成十几份乃至几十份书面材料放在候选者办公桌上的公文筐内。这些文件可能是信函、备忘录、报表、账单、投诉文章、电话记录、命令、请示、汇报、通知以及其他任何可能形式的文件。要求候选者在限定的时间内（通常1~3小时）对各类公文进行现场处理，如：回复函电，拟写报告，做出决定，安排会议等。文字处理工作结束后，候选者还要接受各位考官半小时左右“推心置腹”的考评问询——主要考查候选者的分析判断能力、计划组织能力、管理控制能力、授权能力和决策能力等。当然，公文筐测验存在一定的局限性，如耗时过多，通常需要2~3个小时才能完成，而且需要差不多同样长的时间来进行评分。另外，考官必须考虑候选者对问题的不同回答方式以及这些回答的个人依据，因此评分比较困难。

（二）无领导小组讨论

无领导小组讨论（leadless group discussion）又称无领导小组测验，是评价中心最具特点的测评技术。无领导小组讨论最突出的特点就是具有生动的人际互动性，候选者需要在与他人的沟通和互动中表现自己。因此，无领导小组讨论能够多维度地考查与人际交往有关的能力与素质，如言语表达能力、人际影响力、组织协调能力等。表13-3是无领导小组讨论的常见题型。

表13-3 无领导小组讨论的常见题型

题目类型	说明
开放型	没有固定答案的一类议题，重要的是要引起争论。如：你认为什么样的领导是个好领导？
意见求同型	设立一个含多个备选答案的题目，要求候选者对备选答案的重要性进行排序和讨论，最后达成一致性意见
资源争夺型	小组成员代表各自利益，对有限资源进行分配
团队作品型	给候选者一些材料，让其协作设计完成一个作品
两难型	在两难问题中选择其中的一种。如：你认为工作取向的领导是好领导，还是以人为本的领导是好领导？

无领导小组讨论在测评团队领导能力时尤为有效，例如候选者是否具有贡献自己的想法、引导决策过程等方面的能力。无领导小组讨论可以用于对问题分析能力和决策分析能力的测评，而这些能力与素质恰恰是笔试和面试无法考查或难以考查的。在无领导小组讨论中，评分者依据候选者实际表现出来的行为特征对其进行评价。候选者处于压力情境下，往往难以掩饰真实情绪，会在无意之中表现出自己各方面的优点和缺点，从而使评价的结论更加客观、准确。另外，无领导小组讨论能够同时考查和比较竞争同一职位的多名候选者，这可以节省时间，提高效率。

无领导小组讨论也有其不足之处。它只适用于那些经常与人打交道的岗位人员的选拔，比如中层管理者、人力资源部员工和销售人员等，而对于较少与人打交道的岗位人员，比如研发人员的选拔，并不适合。而且，无领导小组讨论的气氛和语境往往存在着组间差异，讨论既可能是非常活跃和争论性的，也可能是比较沉闷和压抑的，这取决于讨论小组的人员组成和情绪状态。这种组间潜在的标准化差异，意味着考官有时无法得知他们观察到的行为究竟是由个人造成的还是由群体动力造成的。

（三）管理游戏

管理游戏（management games）又称商业游戏，是评价中心常用的测评技术之一，通过候选者协作完成一项或多项实际工作来考查其战略规划能力、团队协作能力和领导能力等。下面是两个实例：

例 13–1 键盘销售。六名候选者组成一组，扮演企业的董事会。企业的主营任务是计算机键盘的经销，对于给定的具有不同利润的键盘，每个小组成员均要就投资、进货、推广、销售及售后等问题发表意见。考官重点考查的行为表现有：小组讨论中自然形成的领导者和其他成员的组织能力、思维的敏捷性及在压力条件下的工作情况等。

例 13–2 小溪任务。给一组候选者一个滑轮、铁管、木板、绳索，要求他们把一根粗大的圆木和一个大石块移到小溪的另一边。这个任务只有通过候选者的努力协作才能完成。考官可以在客观的环境下，有效地观察候选者的领导特征、能力特征和人际关系特征。

管理游戏一般比较复杂，其复杂性有利也有弊。有利的一面是，它比一般的模拟情境看上去更真实，更接近组织中“真实的生活”。不利的一面是，候选者的行为常常难以评价。

（四）角色扮演

角色扮演（role playing）是最早发展起来的评价中心测评技术之一，主要用于考查候选者的人际关系处理能力、言语沟通能力、说服能力和灵敏性等。角色扮演的优势在于它用时较少。一般给候选者 10～15 分钟的准备时间，然后利用 15～30 分钟的时间进行正式的扮演。角色扮演较之无领导小组讨论更能体现候选者的一些人际技巧，如人际理解、行为塑造和说服能力等。角色扮演的缺点是，它需要另一个人与候选者进行合作，扮演相对应的角色，这样就提高了人员配备上的要求。而且，在角色扮演中，如何严格控制进程，以及如何保证候选者的表现与平时的行为一致，具有一定的难度。

三、评价中心技术的信度、效度

（一）信度

评价中心技术的信度是一个复杂的问题，包括整体信度、分测验信度、评分者一致性信度等。大多数评价中心技术是由评分者主观评分的，通过评分者间的讨论往往可以得到较好的内部一致性信度。威尔逊（Wilson, 1948）报告了英国公务员选拔总体具有很好的再测信度，数据来源于那些参加了两次公务员考试的候选者。莫里斯（Morris, 1949）报告了英国公务员选拔中，两个平行的部门同时但相互独立地对200名候选者进行评价，两个部门的评价结果总体上具有很高的一致性。摩西（Moses, 1973）对长程评价中心评估和短程评价中心评估的信度进行了研究：不同的评价者分别采用长程评价中心和短程评价中心的方法对85名候选者进行了评估，结果表明，两种评价的整体结果具有较高的相关，在各维度上也存在较高相关。

（二）效度

两项元分析（Scholz，1993；Collins, 2001）比较了评价中心技术的整体结果与智力测验、人格测验的关系，都发现：评价中心技术的评估结果与智力的相关性很高，在一定程度上证实了评价中心技术是“一种复杂和昂贵的评价智力的方法”的说法。就人格测验来说，评价中心技术所评估出来的等级与外向性、（低）神经质呈正相关关系，而与尽责性没有显著相关关系。这个结果令人费解，因为很多研究表明尽责性是人格因素中与工作表现联系最紧密的。研究发现，评价中心技术所评估出来的等级与大五人格各因素的相关都相对较小，而和一些更特殊的特质（如自信）相关更大。

（三）评价者讨论

评价中心技术的最后一个步骤是由评价者对收集到的关于候选者的信息进行讨论。评价者对意见不一致的地方进行讨论，对全部评价结果进行研究，形成最终的评价意见。一种比较好的模式是：每个评价者在评价过程中只观察和记录行为，全部测试工作结束后再进行评估。评价者在讨论过程中也许并不能充分利用各种评估信息。例如，英国在高级警官的选拔中使用了评价中心技术，评价者通过讨论对13种方法进行整合形成一个“整体评价指数”（OAR）。费尔特姆（Feltham, 1988）对数据进行统计分析后，结果表明：13种方法中只有4种方法对5个评价指标有较好的预测性；对这4种方法的结果进行加权合成，比用“整体评价指数”效果要好。这清楚地表明，评价者讨论并不能在评价过程中发挥重要作用。

（四）影响评价中心技术效度的因素

1．相比错误

个体在群体中的表现取决于组中其他人的行为。比如：一个比较有主动性的人在一个主动性非常强的集体中可能会显得较弱而效率低下，这类现象被称作**相比错误**（ipsativity）。表现差的人在相对好的集体中被评定的等级要低于在差的集体中所得到的等级。

2．效标污染

在评价过程中表现好的人被认为更适合从事具有挑战性的工作，有了更强的自信，获得更多的培训机会，然后得到了晋升。在这种情况下，以晋升为效标，必然可以得出很高的效标效度，但这是由**效标污染**（criterion contamination）造成的，并不能表明选拔的效度真的很高。

3. 表面适合

早期对评价中心技术的批评主要集中在使用的效标同质性太高，如：工资的增加、职务晋升和上级对其潜能的评定（Klimoski et al., 1997）。这些指标主要反映的是对管理工作的适应性，即**表面适合**（face fits），而不是实际的管理能力和效率。评价中心技术多采用高层管理者在晋升时所关注的指标作为效标，而这些指标可能和实际的效率没有太大的联系。基于这种观点，评价中心要解决的问题变成了“他或她从表面上看合适吗”，而不是“他或她能把工作做好吗”。因此，有学者甚至指出：大多数研究所使用的效标都不可靠。

4.“任务与特质”偏差

评价中心技术的逻辑是评价者要依据各个维度对候选人分级。但是，有研究表明，评价者通常是根据任务维度而不是特质维度来评定候选人的。

5. 信息过载

当评价者被要求观察太多候选者或关注太多特质维度的时候，信息过载会迫使评价者通过评价整体表现而非具体方面来简化任务。研究表明，评估的维度越少，效度越高。

6. 曝光度

如果候选者知道任务所要测的特质，他们会努力使这些方面表现得好些，那么评价会更容易依照特质而非任务来进行了。

7. 误评估

误评估是指评价中心技术没有评估原本应评估的方面而评估了其他方面，这些方面又恰好与工作表现相关。因此评价者有时得到的所谓很高的效标效度并不是真实的。很多时候，评价者其实只是评估了候选者的智力和自我监控能力。

8. 无意义的特质

一些社会学习理论学者认为，特质并不能稳定地预测和影响行为。行为在很大程度上取决于当事人如何看待和评估所处的环境。因此评价中心技术所评估的特质可能并没有实际意义。

（五）如何提高效度

评价中心技术常常由于操作不当而导致效度降低。施米特等人（Schmitt et al., 1990）分析了一个用评价中心技术评估学校管理者的案例：统一制订评估计划，但分散在16个单位实施。结果表明，基于多个单位的评价中心效度要高于基于一个单位的；但如果评价者与候选者曾共事过，效度就会降低。这表明公正性可以提高效度。也有研究Gaugler et al., 1989）证实，用更少的维度将得到更确切的分级。瑞安等人（Ryan et al., 1995）研究了影像记录的方法。从理论上讲，这种方法可以使评价者的分级更可靠且准确，因为他们可以对关键事件反复观看来确定每个人都说了什么话，以及他们是怎样反应的：录像使得对集体讨论的观察更加精确。但观看录像很费时间，而多数评价中心技术的时间是很有限的。

第四节 “互联网+”心理测量

随着智能手机普及率的提高和人工智能及心理测量方法的升级，基于移动互联网的心理测量方法也在快速发展，甚至有了质的提升。

一、网络调查

问卷法作为心理测量的常用方法，在信息时代形成了基于网络平台的调查方式——**网络调查**(web-based survey)。网络调查使得研究者能够通过互联网来收集、管理和处理调查研究的信息，如电子邮件、电子公告板、网络实时交谈、网络会议、网络电话、手机 App 等，它比用传统方法开展调查并获取资料更优越、便利，降低了科研成本，提高了研究效率，并有效地降低了传统印刷问卷调查可能出现的各种调查计量误差。特别是近年来，以“问卷星”“调查派”为代表的在线问卷调查平台的出现，使心理测量数据的采集、统计分析变得更加便捷和高效。

（一）网络调查的优势

与传统调查方式比较，网络调查在组织实施、信息采集、信息处理、调查效果等方面具有明显的优势，主要表现在：

1. 快捷

网络调查不受时空限制，只要具备网络这个硬件条件就可以接受调查，因此，取样范围很广，可以 24 小时不间断地进行调查，足不出户就能完成调查工作。利用电子邮件进行问卷调查，被调查者可以在任何时间、任何地点上网填答。如果采用网页的形式发布调查问卷，同样可以很快获得大量的反馈信息。同时，通过计算机，调查数据的收集、整理不需要人工录入，不仅快速，而且准确。如果设置了相关的统计程序，研究者可以直接查看统计结果。如果利用网络进行访谈，可以完整地记录谈话内容，这些都为更深入的数据整理和统计分析带来了极大的便利。

2. 经济

相对传统调查的费用成本而言，网络调查费用低廉而且人员组织简单。网络调查在信息采集过程中不需要外派调查者，不受天气、距离的限制，不需要印制调查问卷，除了支付少量的网络费外，不需要支付差旅、印刷等费用。尤其在调查过程中，那些最烦琐而又最关键的信息采集和录入工作都由被调查者自己完成，减少了大量的数据录入方面的劳务费用。

3. 客观

由于被调查者回答问卷通常都是在独立的条件下通过网络来进行的，较少受到调查者及其他外在因素的误导和干预，回答问题往往比较大胆、坦诚，容易获得传统调查不容易获得的敏感信息。同时，被调查者常常是主动参与调查的，因此功利因素较少，调查结果可能更加真实、客观。

4．可控

网络调查可以对采集信息的质量实施系统的检验和控制。如网络调查可以附加全面规范的指标解释，有利于消除因对指标理解不清或调查者解释口径不一而造成的调查偏差。结果的复核检验可以由计算机依据设定的检验条件和控制措施自动实施，可以有效地保证对调查结果复核检验的客观公正性。另外，通过被调查者身份验证技术可以有效防止信息采集过程中的舞弊行为。

5．有趣

网络调查可以利用网络、计算机、手机等的多媒体特性，传输除了文字以外的图形、图表、声音、动画、视频等信息，使调查过程更加丰富多彩，富于人性、充满乐趣，提高调查效果。

（二）网络调查存在的问题

虽然网络调查给心理学研究提供了一个广阔的空间，但网络调查有其局限性。

1．样本代表性存疑

参与网络调查的被调查者是自我选择达到随机选择的效果。一方面，网络调查更容易吸引对该调查中的问题有强烈感受或有兴趣的人；另一方面，网络调查在一定程度上忽略了那些不上网或很少上网的个体。研究发现，参与网络调查的人往往具有更高的受教育水平、更高的社会经济地位，所以，网络调查并不适合样本覆盖率要求比较高的调查。

2．回收率低甚至无法计算

判断一个调查是否有效，问卷回收率的高低是一项重要指标。然而网络调查回收率往往非常低，而且对于那些广泛用分发广告的形式招募被调查者的研究，回收率甚至是无法计算的。

3．难以控制施测环境

测验的实施过程应该是标准化的，但在网络调查中这一要求却几乎无法达到。每名被调查者所使用的计算机、手机等硬件设备不尽相同，还有很多人会按照个人的喜好进行个性化设置，如字体大小、页面颜色等，这些因素都使得同样的测试在不同终端上的显示存在一定的差异。

4．智能化带来的测量误差

过于智能化的设计也可能会引起被调查者的无所适从，不知该如何作答。所以网络调查最保守的设计格式是尽量贴近纸笔测验，否则，最好设立单独的步骤以检验该设计对结果的影响。

5．网络识别技术尚不过关

在网络调查中，调查者与被调查者彼此相隔，前者无法感知后者填写问卷时的主观感受和心理状态，无法了解其是否真心合作和诚信水平高低，甚至难以保证将问卷与后者一一对应，在一些平台上很难避免一人多答、重复提交等行为。网络调查产生的无效问卷直接影响调查结果。如何保证被调查者在接受调查时保持实事求是的态度，这不仅是一个网络识别技术问题，也是一个网络道德伦理问题。

6. 数据安全不能保障

网络自身存在的不安全因素时刻威胁着调查工作的正常进行。主要表现在以下几个方面：① 调查问卷可能被非法入侵，遭到篡改或窃取；② 由于各种疏忽，一旦数据泄密，不但会给信息机构造成损失、产生不良影响，还可能危及用户的权益和安全；③ 计算机或软件病毒对设备和数据造成的破坏。

二、基于生态化识别技术的心理测量

随着互联网及各种智能可穿戴设备的普及，虚拟环境与现实生活不断融合，现实社会中人的各种行为线索能够被电子化记录成大数据保存下来，例如，网络行为、手机使用行为等。大量研究发现，互联网用户的网络行为与其心理特征存在关联。汉比格（A. Hamburger）和阿茨（B. Artzi）在2000年从实证研究的角度发现人格特征与互联网行为之间存在着相关关系。维尔松等人（Wilson et al., 2009）发现，使用“社交网站”的倾向与外向性呈现正相关关系，与尽责性呈现负相关关系。哈伍德等人（Harwood et al., 2014）研究发现，较高程度的智能设备卷入水平与较高程度的抑郁情绪水平存在着联系，这表明用户与智能设备之间的联系紧密程度，对其自身的抑郁、焦虑水平具有一定的预测作用。Yusong 等人（2016）发现电话、短信、手机 App 的使用等多维智能手机使用行为特征与心理状态有比较高的相关性。

在私人的空间环境中蕴含着能够表征主体自身的心理特征的行为线索。借助**行为痕迹**（behavioral residue），这些表征主体心理特征的线索能够经由人们日常生活中的各种场景显现出来。通过对这些行为痕迹、行为线索的分析，借助人工智能技术，能够实现对用户自身心理特征的自动识别。科辛斯基等人（Kosinski et al., 2013）根据个体的点赞情况，预测了用户的性别、年龄、幸福感、种族等基本信息，并且对于性取向这个较为敏感的话题进行预测分析的准确率达到85%以上。Li 等人（2014）分别对大五人格的五个维度建立基于微博行为特征的回归预测模型，预测分数与真实分数之间的相关性达到中等以上。Hao 等人（2013）根据文本分析结果与用户浏览记录分别建立心理健康预测模型和主观幸福感网络预测模型，预测准确率均达到良好水平。这些研究表明，利用用户的生态化的行为线索，通过机器学习训练得到的预测模型，可以实现对用户心理特征的有效识别。

（一）生态化识别的相关概念

生态化识别（ecological recognition）是指利用生态化方式采集数据，结合机器学习方法，通过无侵扰的测量方法对用户的心理特征进行自动识别（Liu et al., 2018）。

生态化的数据采集通常是指通过生态化的录音、面部变化、步态、网络行为数据、日记等自然状态下的数据采集，得到用户授权而在测量时用户未知测量目的或未感知到测量的生态化记录方式。

无侵扰的测量是指在获取心理特征时，不需要通过用户的自我报告或者参加客观指标的测试，而是利用机器学习模型实现对心理特征的自动识别，在测量过程中可以与用户零接触的测量方式。

（二）生态化识别的主要步骤

朱廷劭（2019）认为，生态化识别的主要步骤应包括：建立初始数据仓库，筛选样本数据，利用预测模型进行计算，最终实现自动识别心理特征。

1．建立初始数据仓库

建立初始数据仓库时，应无选择地收集、记录生态化数据。例如，通过爬虫下载微博、贴吧等数据，建立尽量全面、包含多样化的数据仓库以便进行实验设计。

2．筛选样本数据

筛选样本数据意味着要针对研究对象和研究目的进行实验设计。首先，需要确定研究对象。设计关键词或者严格的操作性筛选标准，自动或人工筛选研究对象。其次，需要确定研究对象的测量时间。由于网络上的行为和文本信息都具有相应的时间戳标记，因此，可以针对不同时间的心理特征进行回溯性研究。

3．利用预测模型进行计算

将确定的研究对象在相应时间段的数据进行特征提取、特征变换、特征选择等步骤，代入相应的目标心理特征计算模型中进行预测。需要注意的是，预测模型只适用于固定时间段原始数据提取出的特征值，而如果需要进行不同时间段的测量，则需要将目标时间段的数据通过平均、加权等方式映射到与原始时间段相等的时间区间内。

4．自动识别心理特征

最终，由计算模型输出在特定时间点用户的心理特征预测值。心理特征的自动识别是由特定时间点前一段时间的数据预测之后特定时间点的数据进行的。由此完成心理特征的生态化识别过程，同时，可以将自动识别出的目标心理特征代入进一步的统计推断。

（三）生态化识别的伦理问题

一方面，生态化识别技术的发展拓展了人类的认知范围，提高了科学家的研究能力，更为抑郁识别、自杀预防等问题提供了前所未有的新的解决方案。另一方面，随之而来的隐私保护以及研究伦理问题不容小觑，一些网络巨头公司常常卷入非法使用用户数据的丑闻。在人工智能大数据等技术应用于心理学研究的过程中，在获取用户个人隐私数据之前，需要征得用户的知情同意，明确告知实验设计以及后续的数据使用。在数据处理过程中，宜采用匿名处理的方式：一方面，采用多次加密的方式保护用户原始数据的隐私性；另一方面，最大限度地做好数据的保存与管理，防止数据外泄。在数据发表过程中，杜绝使用任何可识别出用户身份信息的内容。

本章小结

心理测量在教育领域中应用最多的是教育成就测验。教育成就测验具有反馈教育信息、评价教学工作、充当研究工具、选拔与安置人才的作用。心理测量在临床领域主要有辅助心理诊断、为心理咨询和治疗提供依据等作用。心理测量在经济领域的应用主要集中在人才测评、绩效考评和市场调查三个方面。心理测量在军事领域的应用主要集中在人员选拔与安置、军事作业绩效考评等方面。

情境判断测验多用于人事选拔。它通过向候选者描绘出与岗位相关的问题情境，让候选者评价或选择与该问题相关的系列反应，从而判断候选者是否具备该岗位所需要的胜任特征。编制情境判断测验时，会从职务工作分析出发，确定应测概念的因素模式，然后对每一因素拟订操作性说明，针对每一因素的操作说明开发情境与行为选项，最后进行题目分析和信度、效度检验。

评价中心是指考官采用多种测评方法和多种情境模拟，对候选者的岗位胜任能力进行评价的一组活动，其主要特点是多特质—多方法模式和情境模拟性。也正因为这两个特性，其运行成本非常高。目前评价中心方法多用于特种岗位、管理者的选拔。由于评价中心多采用评分者主观评判的形式，因此其效度的保证是一个重点和难点。

“互联网 +”心理测量主要体现在网络调查和生态化心理测量两个方面。网络调查在组织实施、信息采集、信息处理、调查效果等方面相较传统调查法具有明显的优势，但产生了样本代表性不足、难以控制施测环境等问题。生态化识别可以实现无侵扰的心理测量，具有极高的生态效度，但不可避免地存在或大或小的伦理问题。

复习与思考

1. 教育领域的心理测量未来的发展趋势是什么？
2. 临床心理测量是否会像 X 射线、理化检验那样被接受和认可？为什么？
3. 如果你是一个人力资源经理，你将如何开发本企业的人才测评和绩效考评系统？
4. 对于军事人员的心理选拔，你有什么建议和想法吗？
5. 情境判断测验的编制步骤是怎样的？
6. 影响评价中心技术效度的因素有哪些？如何提高效度？
7. 网络调查与传统调查相比，有哪些优势和劣势？
8. 关于生态化识别中存在的伦理问题，你有什么好的解决建议吗？

推荐阅读

朱廷劭．大数据时代的心理学研究及应用 [M]. 北京：科学出版社出版，2021.

第十四章

心理测量理论与技术的新发展

学习目标

- 什么是项目反应理论？什么是项目特征曲线？信息函数有什么作用？
- 什么是计算机化自适应测验？它的编制原理是什么？
- 什么是概化理论？G研究和D研究分别有什么作用？
- 为什么要开发认知诊断测验？认知诊断测验是如何进行认知诊断的？

知识导图

- 第十四章　心理测量理论与技术的新发展
  - 项目反应理论简介
    - 经典测验理论的局限
    - 项目反应理论的概念基础
      - 潜在特质理论
      - 项目特征曲线
      - 项目反应理论的基础模型
      - 项目反应理论的优势
      - 项目反应理论的参数估计和模型–数据资料拟合检验
    - 项目反应理论的部分特色应用
      - 用信息函数评价题目和测验质量
      - 实现大型题库项目参数等值
      - 测验编制中用目标信息函数控制测验精度
      - 提高标准参照测验合格分数线的划定质量
      - 指导计算机化自适应测验编制
  - 概化理论简介
    - 概化理论的发展
    - 概化理论的基本框架
      - 概化理论的测验情境关系说
      - 测验设计的模型与种类
      - G研究
      - D研究
    - 对概化理论的评价
  - 新一代测量理论与认知诊断测验的发展
    - 新一代测量理论的基本特征
    - 认知诊断的基本概念和理论基础
    - 认知诊断测验与传统测验的区别
      - 测验目的、功能不同
      - 测验编制的理论基础不同
      - 测验题目质量的评价标准不同
    - 认知诊断测验的编制
      - 确认诊断目标
      - 确定诊断目标所涉及的认知属性和属性阶层关系
      - 认知诊断测验的正式编制
      - 认知诊断结果报告的制作

数学老师要考查初中二年级某班学生过去两周对所学知识点或技能点的掌握情况。有四位“理论”先生可以提供帮助：

经典测验理论：“让我来，我能算出各位同学的数学总分。谁考得好，谁考得差，一目了然。”

项目反应理论：“还是让我来吧。我可以计算出每位同学的‘数学能力参数’，数值越高，表明该学生的数学能力越强。而且这个指标非常稳定，它不像经典测验理论那样——换了一批题目后总分就变化了。我相信，潜在层面的能力才是最好的衡量指标！”

概化理论：“我对用什么指标不感兴趣，我感兴趣的是怎么减少测量误差。我可以帮你找到最优的、测量误差最小的测验设计方案。选我吧！”

认知诊断理论：“你算是找对人了。我能刻画每位同学在各个知识点或技能点的掌握情况，如是否掌握了三角形全等的判定、是否掌握了一次函数的性质，等等。因此，你可以根据测验结果改进教学。”

这四位“理论”先生讲得十分有吸引力，数学老师犯了难：究竟请哪位先生来指导自己编制测验呢？

本书前面介绍的都是经典测验理论。在20世纪上半叶，经典测验理论在心理测量学中几乎是一枝独秀，可如今经典测验理论已不再独步天下。项目反应理论、概化理论和认知诊断理论，都开始在心理测量学中以各自独特的魅力发挥作用。

第一节 项目反应理论简介

20世纪50年代，美国统计与测量学专家洛德（F. M. Lord）首次提出了第一个正式的项目反应模型——双参数**正态肩形曲线模型**（Normal Ogive Model），并在其著作《心理测验分数的统计理论》（*Statistical Theories of Mental Test Scores*）中对项目反应理论进行了全面论述。不同于经典测验理论，IRT的重点在于对测验项目（作答）反应的统计分析。大多数属于IRT的模型和方法都假定一个或多个潜在变量作为测验项目反应的基础，个体在潜在变量上的位置与项目反应之间的关系由一个统计模型描述，该统计模型将项目反应的概率描述为潜在变量的函数。除了洛德的双参数正态肩形曲线模型以外，丹麦学者拉希（G. Rasch，也译为拉什）提出了项目反应的拉希模型，伯恩鲍姆（A. Birnbaum）进一步提出了双参数逻辑斯谛模型以代替双参数正态肩形曲线模型，成为应用最为广泛的项目反应模型。IRT的出现大大丰富了测量理论，不仅摆脱了经典测验理论带来的种种局限，也为测验提供了更多的可能性，如评价和提升测验质量，实现大型题库的参数等值，指导计算机化自适应测验，等等。近年来，围绕IRT的研究不断兴起并迅速发展，各种各样的IRT模型和方法相继被提出，它们对于揭示个体在测验中的反应过程做出了重要贡献。

一、经典测验理论的局限

经典测验理论是在随机抽样理论基础上建立的一套心理测量理论。历史上，经典测验理论为心理测量的发展做出了巨大贡献，直至现在，它还在心理测量领域占据着重要地位。在今后的一段时间内，经典测验理论仍将继续发挥它的重要作用。但由于历史的原因，经典测验理论有其理论与技术体系上的不足，这也影响了它的发展与应用。经典测验理论主要的局限表现在四个方面。

（一）测验对被试的评价依赖测验的具体内容

在经典测验理论中，测验对被试的评价指标是测验总分，测验总分是题目原始得分的加权组合。用测验总分评价被试，如果不同被试参加的是题量不同的测验，或是题量相同而题目不同的测验，我们立即会指出他们的分数是不可比的。测量学上称这种现象为测验分数的解释依赖测验的具体内容。为此，经典测验理论对被试的比较，被迫局限于同一份测验上，这使得测验分数的应用受到了很大的限制。

（二）测验性能指标的估计依赖被试样本

经典测验理论有一套刻画测验各方面性能的指标，但这些性能指标的估计严重依赖被试样本。最明显的例子就是题目难度估计会随被试水平的变化而变化。由于题目区分度、测验的信度和效度本质上都是相关系数，因此也都依赖被试样本。结果是，同一测验在不同被试样本上施测，所估性能指标会不一样，对测验性能的评价也就不能一致。

（三）被试能力指标与题目难度指标不一致

在经典测验理论中，被试能力是由测验总分表示的，测验总分的参照系是所有测验题目，被试得分是被试在题目集合上的得分比例。题目难度的参照系是被试全体，题目难度值是被试中在该题目上的得分者占全体被试的比例。可见，这两个指标的参考系是不相同的，是不匹配的。被试能力指标与题目难度指标不匹配，使得经典测验理论的测验性能指标的使用价值非常有限。

（四）测验误差的估计不精确

测量的目的是获得对象的精确测值。任何测量都是有误差的，在得到测值的同时，获得测值的误差估计也是非常重要的。在经典测验理论中，测验的误差值是由测验的信度估算的，但经典测验理论中测验的信度估值是不精确的、笼统的。首先，经典测验理论的信度不是按“真分数方差与观察分数方差的比”的定义公式求取的，而是借助“平行测验”的假设估计得到的，这样估得的信度是不精确的，从而导致测验误差的估值也是不精确的。其次，在经典测验理论中，测验的误差估值只有一个。经验告诉我们，以同一误差估值评价所有被试测值的方法非常笼统，也很不精确。

经典测验理论的这些局限制约了测量在实践中的应用。随着人们对经典测验理论局限性认识的深化，人们感到必须建立新的测量理论，以适应测量实践发展的需要。项目反应理论就是在这种背景下发展起来的。

二、项目反应理论的概念基础

项目反应理论的发展建立在潜在特质理论和项目特征曲线两个重要概念的基础之上。

（一）潜在特质理论

心理学把制约人的行为的心理品质称为心理特质。由于这种特质至今没有任何迹象表明它的物质存在，因此又被称为**潜在特质**（latent trait）。心理测量学家致力于从测量学的角度探清潜在特质的结构和性质并将其数量化，希望能测量个体在这些特质变量上的量值，以预测个体的行为。为了达到这一目的，心理测量学家做出了以下定义：对于人的某种任务行为起制约作用的若干潜在特质的集合被称为潜在特质空间，记为 θ，其中相互独立的潜在特质的个数称为空间的维度。一个 K 维的潜在特质空间可表示为 $\theta=(\theta_1, \theta_2, \cdots, \theta_k)$，其中的每一个 θ 就是一个潜在分量。在认知测量中，潜在特质常常被称为"能力"。

如果一个 K 维潜在特质空间包含了制约人的某种任务行为的所有潜在特质，则称其为一个完备的潜在特质空间，简称全特质空间。潜在特质空间的维度有高有低，如果制约某种任务行为的特质空间既是一维的，又是完备的，则称这一任务行为的测量具有单维性。单维测量是最为简单的，也是最为人们所熟悉的。本书下文的介绍都将在单维测量的条件下进行。

（二）项目特征曲线

经验告诉我们，对于一道编制质量良好的题目而言，随着被试水平的提高，其正确作答的概率会越来越大。经典测验理论就依据这一经验定义了一条**项目特征曲线**（item characteristic curve, ICC），其实质就是被试正确作答概率对其测验总分的回归曲线。但是，测验总分是一种随测验特性而变的分数量表，稳定性较差。在项目反应理论中，人们用被试潜在心理特质替换被试总分，从而获得了项目反应理论的项目特征曲线。从本质上说，项目反应理论中的项目特征曲线是被试在题目上正确作答概率对被试潜在特质水平的回归线。由于被试潜在特质量表定义在正、负无穷区域，被试正确作答题目的概率 $P(\theta)$ 为 $0 \leqslant P(\theta) \leqslant 1$，项目特征曲线在正常情况下应是单调递增的，因此在单维 0—1 记分的认知测量项目中，多数研究者认为测量数据与左低右高、连续渐变的 S 形中心对称曲线拟合。进而，寻找这条 S 形曲线的解析式成了项目反应理论发展的关键。项目特征曲线的解析式被称为**项目特征函数**（item characteristic function, ICF），即通常所说的项目反应理论的模型。

［考纲链接］"心理学专业基础考试大纲"：单维性假设与项目特征曲线

（三）项目反应理论的基础模型

项目反应理论发展至今已开发了许多模型，在此，本书仅介绍用于单维测量、0—1计分项目的基础模型。

1．双参数正态肩形曲线模型

项目反应理论创始人之一洛德将正态概率分布函数稍做变换来拟合项目特征曲线，即

$$P_i(\theta)=\int_{-\infty}^{a_i(\theta-b_i)}\frac{1}{\sqrt{2\pi}}e^{-\frac{Z^2}{2}}dz \qquad \text{公式 14–1}$$

式中，i 代表题号，$P_i(\theta)$ 代表作答概率，θ 为潜在特质，θ 取值在 $(-\infty, +\infty)$。a、b 为项目参数：a 为区分度参数，b 为难度参数。

我们先考查一下 b 的意义：将 $\theta=b$ 代入模型，即可得 $P(\theta)=0.5$，可见 b 是 S 形对称曲线的中心与拐点，是曲线的定位参数。据此，项目反应理论做出如下定义：在题目上正确作答概率恰为 0.5 的个体的能力值为该题目的难度值。这个定义将题目难度 b 与被试能力 θ 定义在同一个量表上，与经典测验理论中题目难度的定义有本质差别。

［考纲链接］“心理学专业基础考试大纲”：单参数模型、双参数模型和三参数模型

再看 a 的意义：将模型对 θ 求导，并将 $\theta=b$ 代入，整理后可得 $a=\sqrt{2\pi}\tan A$。A 为曲线拐点的切线夹角，$\tan A$ 为其斜率，可见 a 是曲线拐点斜率的函数，决定曲线的陡峭程度。注意，在曲线拐点（难度）附近，曲线越陡峭，说明不同 θ 被试正确作答概率的差异越大，因此将 a 定义为区分度参数。

2．拉希模型

拉希所建模型被称为拉希模型，现应用最广的形式为

$$P_i(\theta)=\exp(\theta-b_i)/[1+\exp(\theta-b_i)] \qquad \text{公式 14–2}$$

拉希模型的最大特点是它的项目参数只有难度。拉希认为：用同一批题目测查被试，应该在一个线性系统上评定被试的水平，因此除难度 b 外不应有其他项目参数。

3．逻辑斯谛模型（Logistic 模型）

正态肩形曲线模型从理论上奠定了项目反应理论模型的基本形式，但是由于其是积分函数，因此在实际使用中非常不方便。1958 年，伯恩鲍姆将其改换成了双参数逻辑斯谛形式，即

$$P_i(\theta)=\exp[Da_i(\theta-b_i)]/\{1+\exp[Da_i(\theta-b_i)]\} \qquad \text{公式 14–3}$$

式中，D 一般取值 1.7。模型中，如果令 $a=1$，则成为单参数逻辑斯谛模型。为了描写选择题中特低能力被试正确作答率并不为 0 的现象，伯恩鲍姆建议在双参数逻辑斯谛模型中增加一个参数 c 成为三参数逻辑斯谛模型，即

$$P_i(\theta)=c_i+(1-c_i)/\{1+\exp[-Da_i(\theta-b_i)]\} \qquad \text{公式 14–4}$$

c 是 S 曲线的下渐近线，被称为“猜测参数”，不同项目的 c 是不相等的。要注意的

是，在三参数逻辑斯谛模型中，$\theta = b_i$ 时，$P_i(\theta) = \frac{1+c_i}{2}$。图 14–1 为三参数逻辑斯谛模型的项目特征曲线示意图。

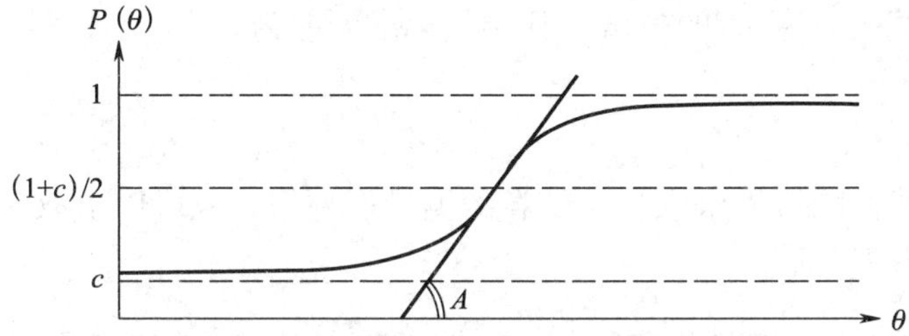

图 14–1　三参数逻辑斯谛模型的项目特征曲线示意

项目反应理论发展至今，已经开发了许多新模型。随着需求的发展和理论与技术的提高，相信还会有更多的新模型面世，也等待着更多的研究者去继续开发。

（四）项目反应理论的优势

1．被试能力估计独立于测验题目的选择

由于项目反应理论建立的是关联被试水平、被试作答行为与题目特征的参数化模型，因此模型在测验中为题目性质调整数据，结果生成独立于题目内容的被试水平测量。也就是说，在项目反应理论中，用“不同”的题目组对被试施测，其能力值是不变的，这个“不同”既可以是题目组合不同，也可以是题目数量不同。这是项目反应理论的最大优点，这一优点为发展计算机化自适应测验提供了理论基础。

2．项目参数估计独立于被试样本

项目特征曲线的本质是被试作答正确率对潜在特质（θ）的回归。我们知道，回归线是不依赖自变量的分布形态的。项目特征曲线的回归值 P（θ）只依赖具有 θ 能力被试的正确作答概率，与 θ 点的人数无关，所以曲线形态与 θ 的分布无关，从而，刻画曲线形态的参数，即 a、b、c，也就与被试分布无关。这一性质保证了可以将不同次施测所估项目参数统一到同一量表上，为建设大型题库提供了理论基础。

3．被试能力参数量表与题目难度参数量表一致

关于这一点，我们在前面已经看到，其好处有两个：第一是对能力已知被试，施测一道难度参数已知的题目，就可以准确预估他的正确作答概率；第二是可以有针对性地选择题目对被试施测，这同样也是进行计算机化自适应测验的技术保证。

4．可以精确估计测量误差值

项目反应理论可以精确估计每一测试题目以至整个测验针对每一被试施测的测量误差。项目反应理论的另一个特色是它导出了一个被称为项目信息函数的概念，记为 I_i（θ），即

$$I_i(\theta) = \left(P_i'(\theta)\right)^2 / P_i(\theta) \cdot Q_i(\theta) \qquad \text{公式 14–5}$$

式中，P_i（θ）即项目特征函数，Q_i（θ）=1–P_i（θ），P_i'（θ）是 P_i（θ）的导函数。

项目信息函数具有可加性。对于含有 n 个题目的测验，可求测验信息函数，即

$$I(\theta)=\sum_{i=1}^{n}I_i(\theta) \qquad \text{公式 14–6}$$

使用这个测验测试能力为 θ 的被试，其测量标准误差为

$$S(\theta)=1/\sqrt{I(\theta)} \qquad \text{公式 14–7}$$

根据此式，我们既可以求取整份试卷的测量误差值，也可以求取一个题目针对每一个被试施测的测量误差值。

（五）项目反应理论的参数估计和模型－数据资料拟合检验

项目反应理论得以应用的一个先决条件是要能够根据测试数据估计出所有的参数，这在项目反应理论发展历史上曾经是一个制约其应用发展的重要因素。但在计算机技术高度发展的今天，这已经不再是难题。我们今天更多的是应用现成的软件实现所需参数的估计，如 BILOG、Parscale、MULTILOG，还有中文软件 ANOTE，等等。

项目反应理论估出题目和能力参数后，通常还要做模型－数据资料拟合检验，以证明模型适用于该测验数据，或用来发现和剔除少数拟合度不高的题目。

三、项目反应理论的部分特色应用

（一）用信息函数评价题目和测验质量

［考纲链接］“心理学专业基础考试大纲”：项目信息函数与测验信息函数

在项目反应理论指导下，可以用信息函数分析、评价测验题目质量和测验总体质量。实际上，项目信息函数是集题目难度、区分度、猜测度等指标共同作用的一个综合指标。1—0 计分题的项目信息函数是一个单峰对称函数。图 14-2 所示为一个 a=0.89、b=0.25 项目的信息函数。分析这个题目，我们认为这是一个中上等质量的题目，适合于测试能力在 –2.0 到 1.5 区间的被试。

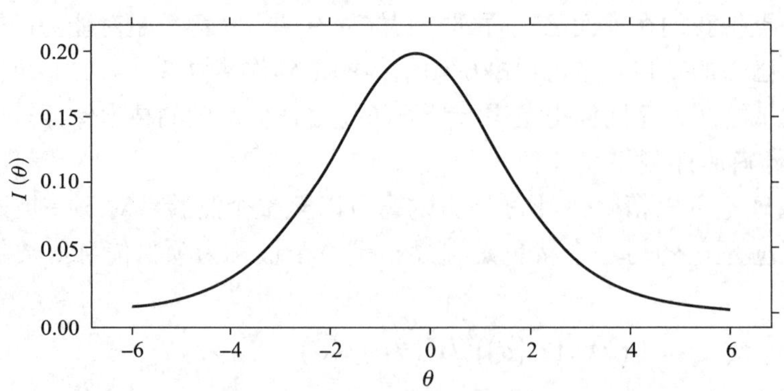

图 14-2　项目信息函数示意图

项目反应理论还可以根据测验信息函数从总体上评价测验质量。我们可以根据每个能力点上的信息量求得测验对该能力被试施测的测验标准误差。图 14–3 是某个测验的测验信息函数示意图。从此图看，该测验对能力在 –2 到 +3 区间的被试施测，将获得小于 0.32 个标准差的测验标准误差（等价于信度大于 0.9），因此这是一个质量较高的测验。

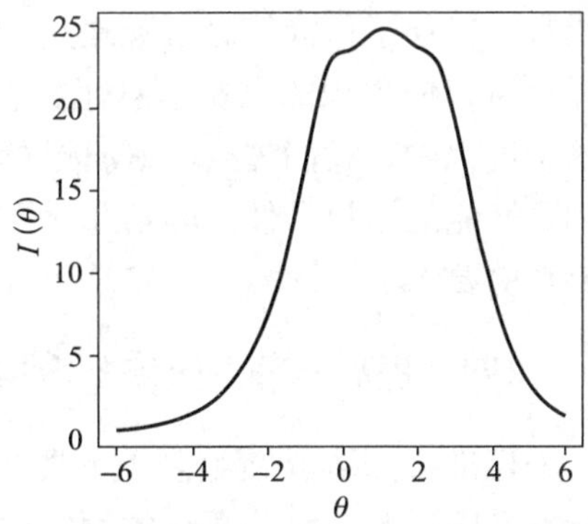

图 14–3 某个测验的测验信息函数示意图

（二）实现大型题库项目参数等值

建设题库是当代许多大型常设考试提高考试质量的重要途径。建设题库的一个重要要求是所有入库题目的各个项目参数都必须标定在同一个量表系统上。但在经典测验理论中做到这一点很不容易，因为经典测验理论的项目参数估计严重地依赖样本。换句话说，在不同样本上求得的题目难度或区分度之间很可能是不可比较的，这给经典测验理论指导下的题库建设带来了很大困难。

以项目反应理论指导题库建设能够很好地实现上述目标。由于项目反应理论的项目参数估计不依赖样本，使用两个不同样本所估计的项目参数只要作一次参数转换，就可以将根据其中一个样本估计出的参数系统转换到根据另一个样本所估计出的参数系统上，从而保障所有入库项目的参数都标定在同一个量表系统上。项目反应理论证明，使用两个不同样本（α 样本和 β 样本）所估计的同一题目的两套参数之间，存在的关系为

$$b_\alpha = A \cdot b_\beta + B \qquad \text{公式 14–8}$$

$$a_\alpha = a_\beta / A \qquad \text{公式 14–9}$$

$$c_\alpha = c_\beta \qquad \text{公式 14–10}$$

我们可根据以上三式，采用锚测验—非等组设计方法采集测验数据，然后通过一套锚题的两套参数计算求得参数转换系数 A 和 B，再用求得的 A 和 B 完成其他项目两套参数之间的转换。

（三）测验编制中用目标信息函数控制测验精度

理想的测验应该有施测的精度要求，也就是测量误差最大不能超过某个定值的要求。在经典测验理论中，测验精度要求就是对测验信度的要求。我们前面分析过，经典测验理论下的精度是就一份测验对全体被试而言的。在项目反应理论中，我们可以对不同能力水平的被试提出不同的施测精度要求。根据项目反应理论中测验误差与测验信息量的关系，对不同能力水平被试的不同施测精度要求，实际上就是对不同信息量的要求。因此，我们可以把测验对不同被试的测验误差要求转换成对测验信息量的要求，即希望达到的或要求达到的最小信息量函数，这个函数在项目反应理论中被称为目标信息

函数。确定了目标信息函数之后，编制测验时控制测验精度的工作就是为测验编写或选择题目，使累积的测验信息函数在全 θ 范围内均达到或超过预设的目标信息函数。在这个过程中，我们先要明确自己的目标信息函数是什么；然后要为测验编写或选择一系列高性能的题目，使测验信息函数能以最少的题量在每个能力点都达到或超过目标信息函数的要求。

（四）提高标准参照测验合格分数线的划定质量

标准参照测验在编制上的要求有多项，但最重要的是提高测验合格分数线的质量。标准参照测验合格分数线的划定质量表现在分数线准确、稳定和在该点的测试精度高三个方面。经典测验理论确定合格分数线的方法总的来说可分为两大类：第一类是实证法，第二类是专家评定法。第一类方法依赖对两类被试特质的准确判断和抽样，第二类方法依赖专家的主观经验，因此都可能存在较大误差。项目反应理论划定合格分数线的方法如下：

① 确定一个题库，所有题目参数已知，题目总数为 N。

② 请专家判断：作为一个合格者，在整个题库上应有的最低的正确作答比例值 λ。

③ 根据公式 14–11 估计与 λ 对应的能力值 θ 满足

$$\frac{1}{N}\sum_{i=1}^{N}P_i(\theta)-\lambda=0 \qquad \text{公式 14–11}$$

估计值通常记为 θ_0。θ_0 是相对于所给题库，专家心目中认定的能力合格分数线。

④ 对于从该题库中抽取的任何 n 道试题组成的试卷，其合格分数为

$$\text{合格分数线}=\sum_{i=1}^{n}P_i(\theta) \qquad \text{公式 14–12}$$

由以上过程可以看出，虽然每一试卷合格分数线的表面分值可能不一样，但是由于它们都是与 θ_0 对应的，因此各试卷间的标准是相同的、稳定的，而 θ_0 是根据专家在全题库基础上确定的合格比例 λ 求得的，因此，标准也是准确的。达到合格分数线测试精度的目标可以使用之前介绍的方法，控制信息函数量使测验在合格分数线上有最小测量误差，即首先设定测验在 θ_0 点所允许的最大测量标准误差，然后从题库中选择在 θ_0 上有最大信息量的题目组卷，最终使试卷在合格分数线上的精度达到预设的要求。

（五）指导计算机化自适应测验编制

为了比较被试，传统测验只能用千人一面的测验。千人一面的测验对每一个被试来说都有浪费的题目，因为只有那些难度与被试水平相匹配的题目才是最有效的题目。理想的测验应是因人而异的，也就是说，在实施测量时，应该依据被试的实际水平选择题目进行施测，以保证最大限度地调动被试的积极性，实现有效测量，使测量误差降到最低。这就是自适应测验的原始思想，也称“量体裁衣”式的测验。

编制自适应测验需要满足一定的条件：首先对被试的能力估计要独立于实际施测

的题目，只有这样才能做到对不同被试施测不同题目，最终评价还是在同一量表上；其次要有一个大型题库作为后备，随时提供测试所需要的题目，题目规格要齐全，参数要统一完备；最后要能在测验中及时估计被试的能力水平，找到匹配的题目施测，并及时评估新的能力水平，估出新的能力水平后又迅速进入下一轮测试。分析以上条件，特别是第一个条件，我们发现，可以在项目反应理论指导下建设规格齐全、参数统一的大型题库，应用计算机的快速运算功能及时估计被试的能力、及时调用难度与能力相匹配的题目施测、及时判断测验精度、控制测验的继续和终止，最终实现这样的测验。事实上，测量学学者已经开发出了很多这样的计算机化自适应测验，在各个领域为人们服务。计算机化自适应测验是项目反应理论的典型应用，是现代测量技术发展的重要方向。

第二节 概化理论简介

概化理论是继经典测验理论之后与项目反应理论几乎同时发展起来的一种新型测验理论。如果说项目反应理论是经典测验理论向微观方向发展，重在研究测验题目作答概率的新型测验理论的话，概化理论就是经典测验理论向宏观方向发展、重在研究测验误差宏观控制、研究测验整体设计的新型测验理论。

在经典测验理论中，测量误差被认为是独立于测验分数的单一结构。然而，导致测量误差的因素有很多，并且各个因素造成的误差占测验总误差的比例也不尽相同。经典测验理论对误差来源的笼统划分大大限制了其实际应用，此外，在误差控制方面，经典测验理论采用标准化技术，旨在对测量的各个环节做到标准化以尽可能地减少测量误差。这种方法不仅费时费力，也很难实施。基于这一背景，20 世纪 70 年代初，克龙巴赫等人提出了概化理论。利用实验设计和方差分析的思路，概化理论对影响测验分数变异的各种来源（如被试水平的差异、题目的难度、评分标准等）分别进行分析和估计，从而有效地控制测量误差，改进和优化测验设计。

一、概化理论的发展

（一）概化理论的发展思路

1．测验分数方差的测量学意义

在测量学中，我们认识到测验分数的方差是分数变化大小的指标，但对它的认识仅停留在这一水平上是不够的。因为引起分数变化的原因是不相同的，不同原因导致分数变化，其形成的方差性质是不相同的。比如，我们要区别一批被试某种能力水平的差异，那么被试真正能力水平间的方差应该越大越好，这是测量所追求的目标。如果我们在鉴定一个人的水平时，对他进行多次测试，求得一个平均数来评价此人，那么这些不同测验分数间的方差就是表示测量误差的指标。我们请多个评分者对某一被试的同一作品进行独立评价，求出平均数作为该被试的水平，这些评定者所评分数间的方差也是误差。可见，测验分数的方差中包括了我们所追求的测量目标方差和我们不希望看到的误差方差这两部分。只有认识到这一点，我们对分数方差的测量学意义的理解才是准确的、全面的。

2．误差来源的多样性与总分方差结构的复杂性

我们刚才说到，误差方差是我们不愿意看到的，却是客观存在的。而且，进一步考查后我们还会发现，造成测量误差的原因是多方面的，因此误差方差的种类也是多样的。我们刚才已说了两种：一种是对同一被试多次施测，其间的方差是不同复本之间的误差，是因测验内容抽样不同造成的误差；另一种是多人评定同一作品间的方差、是不同评分者掌握标准不同造成的误差。除此之外，还有同一测验多次施测间的方差、同一评分者对同一作品多次评定间的方差、同一测验在不同噪声环境下的方差，这些都是误差方差。所以说，测量误差的来源是多样的。但是，不同来源的误差方差又共存于一个实体之中，即存在于同一个总分方差之中。我们知道，总分方差中除有误差方差之外，还有我们所追求的测量目标方差。因此，我们说总分方差结构复杂。

3．经典测验理论处理分数方差的办法

在经典测验理论中，处理分数方差是先假定 $X=T+E$，有 $\sigma_X^2=\sigma_T^2+\sigma_E^2$，然后以 σ_T^2/σ_X^2 为信度来评价测验的质量。在这里，E 是一个非常笼统的量，而且是一个理论上存在但实践中很难获得的量，如此就有了经典测验理论对信度的各种估计方法。根据估计信度时采集数据的方法，我们可以看到，经典测验理论的各种信度估计常常仅是对某种测验误差的评价，或是对某几种测验误差的评价。如再测信度是对测试时距误差的评价，复本信度同时含有对测试时距误差和内容抽样误差的评价，内部一致性信度是对内容抽样误差的评价。经典测验理论中的信度仅是评价测验误差中的某一种或某几种，并无一个总体的评价思路或方法，它无法告诉我们总体上误差由哪些原因造成，各种原因造成的误差各有多大。

4．概化理论的研究目的

概化理论希望探清总分方差的结构，区分形成测量误差的各种原因，明确标示各种误差的大小，并希望在此基础上找到最优的测量设计方案。

（二）概化理论发展的理论与技术基础

概化理论发展的理论与技术基础有两个。一个是经典测验理论。概化理论接受了经典测验理论体系的一些主要概念，如信度、效度等，在此基础上建起了一套更为全面、更为系统的概念体系。但概化理论与经典测验理论之间的不同之处多于相同之处。

概化理论发展的另一个基础是方差分析，或者更准确地说是方差分量分析。依靠方差分量分析，概化理论对总分方差进行分解、定性，然后做出进一步的统计分析。方差分量分析是概化理论统计分析过程中采用的一部分分析手段，概化理论在理论上远比方差分量分析的内容更丰

[考纲链接]“心理学专业基础考试大纲”：方差分量的估计

富，手段更全面。但是，一般研究者还是认为，经典测验理论与方差分量分析是概化理论的理论与技术发展基础，是概化理论的“双亲”。

（三）概化理论发展简史

用方差分量分析方法研究测量误差的历史可以追溯到20世纪60年代，但公认的概化理论正式诞生的标志是1972年克龙巴赫及其合作者著写的《行为测量的可靠性：测验分数和剖面图的概化理论》一书的正式出版。至今，已经有更多的学者致力于概化理论的研究。概化理论的创建为测量理论和实践的发展作出了重要贡献。

二、概化理论的基本框架

（一）概化理论的测验情境关系说

测量误差是采用一种测量方法进行测量所必然产生的，是任何测量都无法避免的。测量工作者的任务是估计和控制测量误差，使误差降到最低。概化理论提出：影响测量结果的误差的来源是多方面的，其对测量结果的影响的角度、方式、程度也是各不相同的，但在计量上又都混杂于一个总分方差之中，因此总分方差表面形式简单而内部结构十分复杂。为了探清测验误差的来源、类型、大小，必须建立一个能完整反映实际测验误差的理论模型。这就是概化理论研究的操作基础。概化理论模型的建立依赖对测验情境关系的详细调查。在概化理论中，测验情境关系是指测量目标与各测量侧面所组成的一种关系结构。

1．测量目标

测量目标是测量者希望通过测量用测量值描绘的实体。在心理测量中，绝大多数的测量目标是个体的心理特质。在一个测验情境中，测量目标通常可以通过问“测谁”和“测什么”而得到确认。“谁”指测量对象，“什么”指对象的心理特质。一般在一次测量中，测量目标只能有一个。在不同的测量任务中，测量目标可能不同，但在研究同一测量问题时，测量目标一经确定是不能改变的。

2．测量侧面

测量侧面指测量的条件，不同的测量侧面是指不同性质的测量条件，一个测量侧面指某一种性质的测量条件。比如在作文测量中，以被试作文水平为测量目标的话，那么，作文的体裁可以形成一个测量侧面，评分者人数可以形成一个测量侧面，评分次数也可以形成一个测量侧面，噪声、采光、时间、指导语等可能影响测量结果和形成误差的各种测量条件，都可以成为测量侧面。

测量侧面作为测量某个方面的条件，还有不同的水平。比如作文测量时，所测作文有记叙文、议论文两种体裁，则称体裁侧面有两个水平；作文的评分者如果最多有三个，则称评分者侧面有三个水平；等等。

测量侧面还有随机侧面与固定侧面之分。如果某测量侧面的各个水平是所有水平的一个随机样本，以后测量中，使用的水平还是随机取自所有水平，则称该测量侧面为随机侧面。如果在分析中所取水平不是随机的，在未来的测量中也继续应用分析时所用的各个水平，则称这个侧面是固定侧面。固定侧面的含义类似于经典测验理论中所说的标准化。

在测量中，使用固定侧面的好处是，会减小测量的误差，相应地提高测量的信度。这就是经典测验理论中测量条件标准化的原因。经典测验理论要求各种测量条件都标准化，也就是固定测量侧面来比较被试的水平，保证精确性和准确性。但是必须指出的是，一个测量侧面一旦被固定，它就成了测量目标的一部分。比如，我们固定作文体裁侧面，那么，测量目标就不是对被试一般作文水平的测量，而是对被试“这类体裁”作文水平的测量。因此，固定了测量侧面，测量结果解释、推广的范围就会被缩小。也就是说，固定测量侧面，减小了测量误差，提高了测量信度，是以缩小结果解释和推广的范围为代价的。在测量实践中，常常需要在无约束条件或约束条件相对较少的情境下比较被试。所以在概化理论中，并不希望过多地固定测量侧面，从而影响测验结果的解释、推广范围。在概化理论研究中，至少应该有一个侧面是随机的。

3．概化理论下的真分数概念

在经典测验理论中，真分数被定义为个体重复测量分数的平均数，因此，个体真分数是一个常量，也就是说，只能有一个真分数。但在概化理论中，测量目标的真分数依赖测量条件，在不同测量条件下会有不同的真分数。比如，在作文测验中，体裁侧面固定情况下被试的真分数，与体裁侧面随机情况下的真分数是不相同的，其真分数方差也是不一样的。而信度估计量与真分数方差是有关的，真分数不同，真分数方差也就不同，从而引起测量信度会有所不同。

我们从概化理论的测验情境关系说可以看出，任何测量都依赖特定的测验情境关系。测验情境关系中的测量目标、测量侧面、测量侧面的水平都是会变化的，它们的变化会引起测验误差的来源、测验误差的大小、真分数的种类和测验信度的变化，同时测验分数的解释范围也会发生变化。

（二）测验设计的模型与种类

为了全面分析在特定测验情境关系下的测验质量，概化理论要求在测验实施之前必须进行测验设计。概化理论认为，测验设计的质量和设计的模型特征，都会影响样本数据的质量和结构，从而影响概化理论一系列的分析和研究。

测验设计的任务有两个。第一个任务是界定测量目标和测量侧面的个数、名称、意义，确定各侧面的水平数。在界定测量目标和测量侧面时，要确定测量侧面是随机侧面还是固定侧面。一般，在测验设计中，均采用随机测量侧面。测量侧面一旦选定为固定形式，则会自动归为测量目标的一部分，因此，并不具备很大的概化分析价值。

测验设计的第二个任务是设计数据采集方法。数据采集方法可以根据测量侧面的多寡来分类，如单侧面设计、双侧面设计、多侧面设计等；也可以根据数据关系结构来分类，如交叉设计、嵌套设计和混合设计。

交叉设计指测量目标在所有测量侧面的各个水平上被测量。如某测验的测量目标为被试（p），作文题为一个侧面（i），每个被试做完所有作文题，每个作文题都被所有被试做，就称为一个单侧面交叉设计，记为 $p \times i$。如果在上例中，又加入评分者侧面（r），每个评分者须评定所有被试所有题目的作文，此时测验使用的是双侧面交叉设计，记为 $p \times i \times r$。

嵌套设计指测量目标在一个或多个侧面的部分水平下被测量。如在某测验中，被试（p）被分为若干个组，每个组的作文只由一个评分者批阅，则称为单侧面嵌套设计，记为 $p : r$。如果评分者分为严厉与温和两种性格（s），则形成双侧面嵌套设计 $p : r : s$。

在一个测验设计中如果既有交叉又有嵌套，则称为混合设计。如某测验有 2 道作文题，60 个被试，3 个评分者。60 个被试每 20 人一组，由一个评分者评定一组被试的作文，即有 $p : r$。但每个被试都做完了所有作文题（2 个），每个作文题又测了所有被试，这是交叉的，因此形成混合设计，记为 $i \times (p : r)$。

数据采集设计的原则是，要保证所采集的数据能充分体现测量目标与各个测量侧面之间、各侧面相互之间的关系。侧面数、水平数的设置要符合客观的测验情境，要保证在所设计方案下最终能获得充分的数据信息，同时还要注意简化模型、节约投入。所以研究者需统筹考虑，选择最佳的测验设计模型。

测验设计完成之后，必须按设计方案开展施测，从中采集实测数据以供统计分析使用。施测当然要严格按照设计进行，施测时同样要控制设计之外的各种无关变量的影响，即控制那些有可能影响测验质量而又未作为测量侧面引进设计的测验条件，以使数据准确可靠，尽量减少不明因素误差。

（三）G 研究

［考纲链接］“心理学专业基础考试大纲”：G 研究与 D 研究

概化理论下的数据分析过程分为两步：前一步称为概化研究（简称 G 研究），后一步称为决策研究（简称 D 研究）。G 研究是在观察领域进行的，旨在定量估计观察领域测量目标方差和各测量侧面的误差方差。测验的观察领域是指研究者设计的测验情境关系和用一定方法采集的测验数据的总和。从这一定义看，测验的观察领域是研究者自行设计的测验情境关系和实际观察及采集到的测量数据，是研究者借以分析测验数据及其关系的基础，是分析工作的最大平台。概化理论数据分析第一步——G 研究的目的，是定量估计观察领域中测量目标方差和各个测量侧面方差，以及相互之间交互作用的方差。从统计角度看，就是要分解观察数据总体方差，估计各因素的期望方差，使用的统计工具往往是方差分量分析。

方差分量分析分为两步进行：第一步是分解总体方差，第二步是应用样本方差估计各种效应的期望均方差。这两步工作与一般的方差分析工作既有相同之处，又有不同之处。其中，第一步与方差分析完全相同，而第二步并不是方差分析的内容。方差分析在分解总体方差之后，第二步做的是检验效应均方差的显著性，而 G 研究的第二步是要估计它的效应期望方差。虽然方差分析中，效应方差显著性检验的基础是效应期望均方差理论，但具体操作目标是不相同的。

依据概化理论，总体方差可分解为三类分量方差：测量目标主效应方差、各测量侧面主效应方差和各种交互效应方差。概化理论将交互效应方差分为各测量侧面与测量目标形成的各级交互效应方差，和只由各测量侧面相互之间形成的各级交互效应方差两种类型。

各种效应的期望均方差估计是一般方差分析不做的，但依据概化理论，为了在D研究中比较不同测量条件下测量误差的大小，必须估计效应期望均方差。所估的测量目标效应期望均方差是测量目标个体差异的描写量；所估的各测量侧面效应期望均方差是各测量侧面不同水平间测量差异的描写量，实质上是各测量侧面各自对测量目标干扰程度的描写量，也就是误差描写量；所估的各交互效应期望均方差是各测量侧面对测量目标的交互干扰程度的描写量，也是一种测量误差。总分方差分解与效应期望均方差估计是根据测验情境关系及设计模型确定的，不同的模型有不同的公式。应用研究人员通常都是直接使用已推导的成套公式或现成的软件（比如GENOVA或mGENOVA软件）进行计算。

（四）D研究

G研究是概化分析的必备步骤，是概化分析的基础工作，却不是概化理论的特色工作。概化理论的特色工作是它的D研究。D研究的目的是在G研究的基础上，在原设计的测验情境关系范围之内，分析比较各种可能的测验方案，由研究者结合实际，优选实施方案。因此，D研究最终提供的是不同测验方案下的测验误差估计量和测验质量指标，以供研究者在各种方案间做出选择决策。

D研究首先是在原有设计基础上对测验情境关系做出调整，以获得新的测验方案。概化理论将这种新的测验方案称为概化领域或拓广领域，是相对于原设计方案所说的观察领域而言的。D研究调整原测验情境关系的方法有三种。第一种方法是固定原测验情境关系中的某一个或某几个侧面，使这些侧面的效应方差成为测量目标效应方差的一部分，从而减小了误差效应方差总量，增大了测量目标效应方差。但这种调整正如前面所说，是以牺牲测验结果的解释、推广范围为代价的。第二种方法是改变原测验情境关系中的一个或几个测量侧面的水平数。增加测量侧面的水平数，意味着增加测量的重复数，因此肯定可以达到提高测量精度的目的，但这是以增加工作量为代价的。第三种方法是改变原测验情境关系中某些测量侧面的结构关系，一般是将交叉设计的结构关系部分或全部地改为嵌套设计。这种调整是为了通过改变结构而减少投入，但必然会引起测量精度的下降。当然可以从中权衡比较，找出精度和投入量都可以接受的方案。

D研究的统计分析可以分为两步：第一步，估计概化领域下各种效应期望方差，第二步估计概化领域下测验误差的总体指标和测验质量指标，以提供比较依据。由于测验情境关系的调整有三种方法，因此而形成的新领域效应期望方差估计方法也有三种。第一种调整方法要将新固定侧面的效应方差并入目标效应方差；第二种调整方法要依据新水平数重新计算各期望均方差大小；第三种调整方法要用合并一些期望均方差的方法估计嵌套设计下的期望均方差。

为比较各种概化领域测验质量，D 研究第二步要估计概化领域下各种测验误差和测验质量指标。概化理论中设计了两个测验误差指标，一个是相对误差方差，另一个是绝对误差方差。相对误差方差记为$\hat{\sigma}^2_{\text{Rel}}$，绝对误差方差记为$\hat{\sigma}^2_{\text{Abs}}$。相对误差方差是所有与测量目标有关的交互效应方差之和，绝对误差方差是除目标主效应方差之外的所有效应方差之和。在两个误差指标基础上，概化理论为测量精度研究给出了两个综合指标：一个称为概化系数，记为 G；一个称为依存系数，记为 Ψ，这两个系数均类似于经典测验理论中的信度系数。G 系数是测量目标效应方差与测量目标效应方差加相对误差方差之和的比。Ψ 系数是测量目标效应方差与测量目标效应方差加绝对误差方差之和的比。G 系数是对常模参照测验分数稳定性程度的度量，Ψ 系数是对目标参照测验分数稳定性和一致性两种性能程度的度量。

D 研究的最后工作就是以各种指标为依据，在各种测验方案之间权衡比较，找出最优测验设计方案。

三、对概化理论的评价

概化理论在经典测验理论中的误差分析方法处于停滞状态的时候，给出了一套全新的测验误差分析方法，而且非常精细，是在经典测验理论基础上的一大进步。

概化理论引进了测验设计的思想和方法，使得测验工作者能按质量指标设计最佳测验和测验情境，为测量学的发展打开了新思路。

概化理论在经典测验理论与方差分量分析的基础上发展，具有严谨的科学理论体系，是测量学宏观研究的新领域。

概化理论本质上还是抽样，在样本上进行的研究本身会有误差。因此，它对测验的指导在宏观上意义较大，而微观上的数据指标却并不一定精确。

在观察领域较为复杂时，概化理论中的计算方法相对复杂且不一定都能处理，这给概化理论的应用带来了一定困难。

第三节　新一代测量理论与认知诊断测验的发展

认知诊断理论可对被试的认知状态、知识结构等潜在因素进行诊断。作为新一代测量理论的核心，认知诊断理论较其他测量理论的优势在于，它能从微观层面刻画被试的某些知识或技能的掌握情况，而非只给出一个宏观的测验总分或能力参数。例如，教师借助认知诊断测验可对学生知识或技能掌握情况进行全面深入的诊断，并根据诊断结果对学生薄弱的地方实施有针对性的教学。那么，这是如何做到的呢？我们怎样才能开发出一个优秀的认知诊断测验呢？相信学习完本节，你将对这两个问题有自己的答案。

一、新一代测量理论的基本特征

整个统计测验理论的发展可以分为两大阶段：标准测验理论阶段和新一代测量理论阶段。经典测验理论、概化理论、项目反应理论属于标准测验理论。标准测验理论在**能力水平研究范式**（ability level paradigm）下产生，将所测的心理特质视为一个心理学意义并不明晰的“统计结构”，目的在于从宏观的层面给个体一个整体的评估，在单维的、线性的、连续的度量系统上，指定一个标示位置的值。有了这个值，我们就可以进行安置、分配、评定等工作。

随着时间推移，我们不满足于在总的能力水平层面上进行的测验实践，而是想深入作答的认知加工过程，揭示不同被试的认知加工特点。这种研究视野被称为**认知水平研究范式**（cognition level paradigm）。认知水平研究是对能力水平研究的深入和拓展，能力水平研究的目的在于能力的定位，而认知水平研究的目的在于认知能力结构和特征的诊断。有研究者提出，在新一代测量理论框架中，应强调宏观和微观、能力水平和认知水平评估并举（刘声涛，戴海琦，等，2006）。

新一代测量理论具有以下主要特征：第一，测量将自觉地以实质心理学为基础，并在此指导下，凸显测验设计，使其具有新的思路、新的面貌和新的地位，同时全面考查反应过程和结果。新一代测量理论并不排斥对个体做出整体水平的评估，而是要深刻地理解它，揭示其心理学意义。同时，要为教育决策和建构心理理论服务，必须加深对内部心理机制与微观过程的研究（漆书青，等，2002）。第二，标准测验理论将测量对象视为“统计结构”，而新一代测量理论试图对这一“统计结构”进行分解，更深入地探测个体内部的心理过程和心理特质。第三，标准测验理论假设不同水平的技能呈连续性的变化，所测量的能力在一个连续性的量尺上变化，测验目的是将所测能力在连续性量尺上定位。而新一代测量理论所测量的特质可能会呈现有或无的离散状态。第四，标准测验理论中技能是单维的或多维的，新一代测量理论中技能的组成部分可以以任何模式联系起来，对不同的被试或在不同的情境下，可用不同的测量策略，技能的组成部分存在时间的或逻辑的相依性。第五，标准测验理论应用项目一致性的几何模型，新一代测量理论则应用项目一致性的离散性特征模型。新一代测量理论所测量的特质之间不仅存在量的差异，而且存在质的差异，因此，需采用离散性特征模型（刘声涛，戴海琦，等，2006）。

二、认知诊断的基本概念和理论基础

（一）认知诊断的基本概念

标准测验理论关注的焦点是测验分数，对测验分数背后所隐藏的心理内部加工过程、加工技能、认知特性等无法提供进一步的信息。这一现象在教育成就测验中表现得更为突出，如学生期中/期末考试、中考、高考等，这些测验主要关注考生所取得的教育成果，测验功能常局限在给考生一个笼统的评价和在此基础上对考生进行筛选，而对于具有相同分数的学生常常具有的不同心理内部加工过程、加工技能、认知特性予以漠视，更无法做出合理的分析与解释，更不能为教师有针对性地对学生进行教学和开展因材施教提供指导。

1．认知诊断模型

要对人的内部心理加工过程进行测量、诊断、评估不是易事，因为我们无法观察到个体头脑中的思考过程，而只能得到他们对于测验题目的解答结果。为此，心理测量学家、认知心理学家等做了大量艰苦并具创造性的尝试和工作，由此诞生了新一代测量理论，而认知诊断理论是新一代测量理论的核心。认知诊断理论充分吸收认知心理学有关人类认知加工过程的内在机制研究所取得的丰富成果及独特研究范式，开发出具有认知诊断功能的心理计量模型——**认知诊断模型**（cognitive diagnosis models, CDM），并将认知心理学研究成果纳入计量模型，从而实现对被试内部心理加工过程的测量、诊断、评估，进而提供认知诊断信息。

2．认知诊断评估

在心理测量学中，我们通常把对个体认知过程、加工技能、认知特性的诊断评估称为认知诊断评估或认知诊断。Leighton 和 Gierl 在其专著中（2007）指出，认知诊断评估可用于测量个体特定的加工技能和知识结构。Yang 和 Embretson（2017）认为，心理或教育领域的认知诊断测验至少应测量三方面的认知特性：一是特定认知领域中较重要的知识或技能，这些知识或技能是更高层次能力构建的基础；二是知识结构，知识结构不仅表明知识或技能的数量，而且表明个体是如何对这些知识或技能进行组织的；三是认知过程。

总之，认知诊断理论建立在标准测验理论基础之上，但前者更强调测验/测量要深入考查被试内部的心理。

（二）认知诊断的理论基础

要真正实现测验的认知诊断功能，离不开以下理论基础：现代认知心理学、心理计量学、现代统计学与计算机科学。

第一，现代认知心理学的发展。现代认知心理学研究人的心理活动和心理加工过程（如学生的解题过程），并将之模型化。它能为测验编制提供心理学理论支持，并直接指导题目开发。认知心理学的分析不仅可以明确被试正确作答所需的知识、技能、解题策略与加工过程，也可以明确题目特征和刺激条件与作答反应之间的关系，从而有力地提高测验编制过程中对难度等性能的预控性。所以，它是心理测验实现认知诊断功能的前提条件。

第二，心理计量学的发展，尤其是以项目反应理论为基础的计量心理学的发展。测验实现认知诊断功能，必须有相应的具有认知诊断功能的心理计量模型，这种心理计量模型要能将认知心理学理论融入心理测量学模型（认知诊断模型），即能把题目所含的认知属性等信息合并到合适的数学模型中，从而能将学生的认知结构数学形式化。这样，也就能定性、定量相结合地来考查学生的认知结构和个体差异，实现对个体认知状况的诊断。

第三，现代统计学与计算机科学的发展。以项目反应理论等计量技术为基础的认知诊断模型，一般都是比较复杂的，而且实现了相当程度的数学形式化。因此，要对数据进行深入分析和对模型中的未知参数进行估计，就必须有相关统计学和计算机科学的支持。否则，认知诊断模型仅有学术理论价值，而不能真正为实际工作服务。

三、认知诊断测验与传统测验的区别

（一）测验目的、功能不同

认知诊断测验更多强调对个体认知优势和认知弱势的细致诊断，对个体当前发展状况进行反馈，提供补救建议和措施，从而有针对性地促进个体认知发展。传统测验则更多强调对个体的整体评价或筛选，较少关注对个体心理内部加工过程、加工技能、认知特性等信息的诊断。

（二）测验编制的理论基础不同

认知诊断测验的编制更多强调心理学理论尤其是认知心理学理论对测验编制的指导作用（Leighton & Gierl, 2007）。

第一，更多的心理实验和理论证据资料被用于指导认知诊断测验的编制，而传统测验编制更多以测验蓝图（或双向细目表）来指导测验编制。认知诊断测验编制前，需构建完成相关任务的认知模型（Leighton, 2004），这个经实验验证的认知模型是在回顾大量理论文献和有关人类信息加工过程的实验研究的基础上开发出来的（Rupp & Mislevy, 2007；Yang & Embretson, 2007），代表了被试在解答这些题目时所使用的知识结构和认知过程。而测验蓝图（或双向细目表）一般由相关学科专家确定，然后再编制相关题目来测查测验蓝图（或双向细目表）中所界定的知识或技能。传统测验的题目即使测量了测验蓝图所界定的内容，也并不意味着被试在实际作答时真正应用了测验蓝图中的知识或技能，更不能说明这些知识或技能就代表了被试在这一领域的心理内部加工过程（Leighton, 2004）。

在该认知模型指导下编制的认知诊断测验，可以通过被试的错误反应来获取关于被试掌握了什么知识、未掌握什么知识的信息，并能解释被试为什么出现错误，因而能比传统测验提供更多的有效信息。尽管有些传统测验根据测验蓝图、通过精心设计可以获取关于被试知识或加工技能水平的信息，但这种评估经常是在缺乏所谓评估素养的情况下开发的，这种设计及其潜在的测量结构仍然缺乏理论基础（Lukin, Bandalos, Eckhout & Mickelson, 2004）。

第二，传统大规模统一测验所测量的内容和技能较广，因此在单个测验中想要较好地测量被试的认知成分将会非常耗时。也就是说，若能开发足够多的题目，传统大规模统一测验在一定程度上还是可以提供一些粗浅的关于被试答错的原因：失误（如被试在其他类同的题目上未答错），对指导语的误解（如被试在类同的指导语下均答错），缺乏特定的知识或技能（如被试在考核类同知识或技能的题目上均答错）。然而，只要题目开发不是基于精心设计用于测量特定的知识结构和加工技能，而只是这两者的简单组合，即使有大量的题目，对被试答错原因的诊断信息也是非常有限的，不能从本质上诊断出被试到底缺乏哪些具体的认知成分（Gorin, 2007）。认知诊断测验是在心理学框架下开发出来的，并且采用相应的认知加工模型来编制测验题目，在测验题目不是很多的情况下仍然可以提供丰富有效的诊断信息，是对传统测验的一大改进和有益补充。

（三）测验题目质量的评价标准不同

认知诊断测验的题目质量不能仅根据心理测量学标准（如难度、区分度等）和考核内容标准（如题目考核内容是否符合测验蓝图或测验双向细目表所界定的内容）来评价，还必须考查题目能否充分测量认知模型中的知识结构和加工技能等。

因此在编制认知诊断测验前，应采用构建相关认知模型的理论与方法，构建适合认知诊断测验的认知模型。“构建认知模型的理论与方法”和“编制认知诊断测验的理论与方法”是两个不同概念，前者强调构建认知模型，后者强调编制认知诊断测验，各自有自己的理论与方法。但在编制认知诊断测验时，需要应用构建认知模型的理论与方法来构建适合诊断的认知模型，从而指导认知诊断测验的编制。

四、认知诊断测验的编制

现以教育考试中的认知诊断测验编制为例，说明认知诊断测验编制的一般过程。

编制认知诊断测验主要是在相关认知理论指导下，确定认知属性和**属性阶层**（attribute hierarchy）关系，具体指导测验编制。认知诊断测验的编制过程主要有以下四个步骤。

（一）确定诊断目标

在教育诊断中，应确定是哪个学科诊断，是该学科的单元诊断还是期末终结性诊断。同时，还应明确需诊断的具体内容，如英语学科的语法诊断、阅读理解诊断、听力理解诊断等。

（二）确定诊断目标所涉及的认知属性和属性阶层关系

对于已确定的诊断目标，需进行一定的认知心理学分析。在认知分析过程中，分析人员应依据认知心理学的基本理论和方法，分析学生在解决这类任务（解答这类问题）时所经历的心路历程，即认知过程，具体确定这一诊断目标所涉及的知识结构和认知技能（均简称为认知属性或属性）。心理学通常把这一步称为认知分析或构建诊断性认知模型。当然，对于所构建的认知模型或认知分析的结果应进行检验，以验证所认定的属性是否为关键属性，属性阶层关系是否合理。

对于属性的确定方法，一般有学科专家确定法、口语报告法、文献回顾法等。属性阶层关系，主要是指属性间的逻辑关系或心理顺序。如数学学科中加法与乘法两个知识点间存在一定的逻辑关系，即学生要掌握乘法需以掌握加法为基础，即加法和乘法间存在阶层关系。属性阶层关系有四种基本类型——线性型、收敛型、分支型和无结构型，且这四种基本类型可组合成更为复杂的网络型（Leighton，Gierl & Hunka, 2004）。图 14-4 为这四种类型的结构示意。图 14-4（a）中，属性 A_1、A_2 和 A_3 是属性 A_4 的先决条件。具体地说，属性 A_1 是属性 A_2 的先决条件，意思是被试除非先掌握属性 A_1，否则无法掌握属性 A_2。在线性层次中，如果没有掌握属性 A_1，其他的属性是不可能掌握的。图 14-4（d）是一种非结构化的层次，呈现了另一种可能存在的极端的层次结构。在图 14-4（d）中，属性 A_1 是属性 A_2 到 A_6 的先决条件，它不像图 14-4（a）中属性 A_2 是 A_3 的先决条件。在图 14-4（d）中，属性 A_2 到 A_6 之间没有次序，呈并列无结构关系。图 14-4（b）呈现了一个有收敛的层次，从 A_1 到 A_6 有两条不同的路径。属性 A_2 是属性 A_3 和 A_4 的先决条件，但属性 A_3 或 A_4 是 A_5 的先决条件，这种层次结束于一点。这种类型的层次可能被用来描述产生单一正确结束状态的认知加工。图 14-4（c）呈现了一个具有分叉分支的层次。这种层次能被用来描述在一个具体领域解决问题时所需要的认知加工的整个次序。图 14-4 中的这些层次结构能结合起来组成越来越复杂的层次网络，其复杂性随认知问题解决任务的变化而变化。

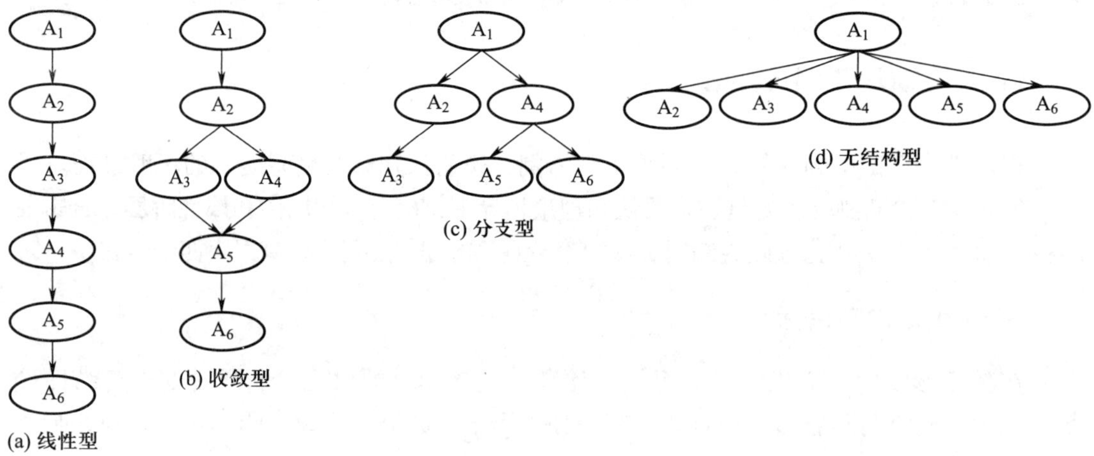

图 14-4 属性阶层关系的四种类型

（三）认知诊断测验的正式编制

这一步是在认知属性和属性阶层关系已经确定的前提下进行的。下面以图 14-5 中的属性阶层关系为例，具体分析正式编制认知诊断测验的基本思路。

图 14-5 是 6 个认知属性的阶层关系，它表明诊断目标下的 6 个具体认知属性 A_1、A_2、A_3、A_4、A_5 和 A_6，以及这 6 个认知属性间的阶层关系。根据此关系，我们可以得

出学生对这些属性的掌握模式只有10种（用“1”表示“掌握”，用“0”表示“未掌握”）。表14-1是这10种掌握模式的具体信息。比如“010000”是不可能模式，因为根据图14-5可知，学生只有掌握了A_1才能掌握A_2，而“110000”才是可能的模式。对于题目考核的属性模式而言，它只有9种可能的考核模式用“1”表示“考核该属性”，用“0”表示“未考核该属性”，即除去表14-1中最后一行“000000”，最后一行的模式是指所有属性都未考核。因此表14-1基本上是认知诊断测验编制的蓝图，即测验中所有题目只有9种可能的考核模式，它可以指导认知诊断测验的编制，通常又把它称为Q矩阵。由此我们可以发现，第二步是为第三步服务的，正因为有了第二步的属性阶层关系，才有了Q矩阵，也才有了认知诊断测验编制的理论基础。

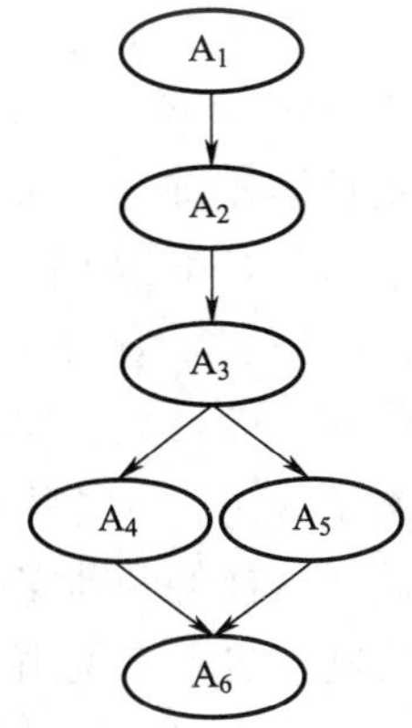

图14-5　6个认知属性的阶层关系

表14-1　6个认知属性的10种掌握模式

掌握模式						
	A_1	A_2	A_3	A_4	A_5	A_6
1	1	0	0	0	0	0
2	1	1	0	0	0	0
3	1	1	1	0	0	0
4	1	1	1	1	0	0
5	1	1	1	1	0	1
6	1	1	1	0	1	0
7	1	1	1	0	1	1
8	1	1	1	1	1	0
9	1	1	1	1	1	1
10	0	0	0	0	0	0

根据Q矩阵，我们可以确定认知诊断测验题目的考核模式，但同时要考虑以下两个基本原则：

第一，测验应能实现对每个认知属性的诊断。假如测验中缺乏表14-1中的第1类题目（即“100000”）而只有其他8种（第2种至第9种），我们可以发现，这样会导致测验无法区分属性A_1和A_2，若学生全部答错，则无法表明是因为未掌握A_1所致还是因为未掌握A_1和A_2所致，因此该测验若要实现对A_1、A_2属性的诊断，则第1类题目在测验中必不可少。同理，若要区分属性A_2、A_3，则第2类题必不可少。从数学角度而言，若所有**理想掌握模式**（ideal master pattern）在测验上的理想作答（无猜测和失误，即若全掌握了题目考核属性则答对，若未全掌握题目考核属性则答错）均不相同，则该测验就能实现对每个认知属性的诊断。根据 Q 矩阵原理，所有理想掌握模式均可由**可达矩阵**（reachability matrix，详见 Tatsuoka, 1995）即 R 阵导出，因此测验题目考核模型包含可达矩阵，是测验实现对每个属性进行诊断的前提条件。

第二，测验应能实现对每个属性的多次观察。设想，若测验只有第 1 类到第 6 类题目，而且只有这么 6 个题目。这种情况满足上述第一条原则，但对属性 A_5 和 A_6 只观察了一次，即意味着我们只能根据学生对属性 A_5 和 A_6 的一次作答情况就判断其是否掌握，这样的判断误差显然较大，因此需要通过多次观察才能对 A_5 和 A_6 的作答情况做出判断，也就是说用于考核属性 A_5 和 A_6 的题目应足够多。

对于 Q 矩阵不是太大（即行数少）的情况，若测验题目均包含了 Q 矩阵的所有行，则测验一般都能满足以上两个原则；但若 Q 矩阵太大（即行数太多），测验要包含 Q 矩阵的所有行不切实际（即题数过多）时，可以仔细分析 Q 矩阵，在满足以上两个原则的基础上，剔除一些考核模式。以表 14–1 为例，若测验没有第 9 种考核模式下的题目，只有第 1 到第 8 种，且 8 种考核模式下的题目都达到一定数量，也能满足以上两个原则。

总之，对于认知诊断测验的编制，一方面我们需要得出测验蓝图或 Q 矩阵，另一方面要把握两个基本原则，最后将两者相结合，共同指导并完成认知诊断测验的编制。

（四）认知诊断结果报告的制作

呈现认知诊断结果应体现定量报告与定性报告相结合的原则，以及为促进个体有效学习和为开展因材施教提供信息的原则。诊断报告可分为个体报告和团体报告。对于个体报告，要报告学生在测验中的总体表现即总体能力水平（定量报告），同时报告学生对测验各认知属性的掌握情况（定性报告）。对于团体报告，也需给出团体的总体水平和对测验认知属性的掌握情况；在报告诊断结果的基础上，还应针对不同学生对认知属性的掌握情况，提出有针对性的教学措施。

本章小结

项目反应理论是经典测验理论向微观项目层面的发展。概化理论是经典测验理论向宏观测验层面的发展。概化理论借助实验设计思想和方差分量分析技术，侦查分析测量误差来源和大小，达到其设计最优测验方案的目的。认知诊断测验将心理测量学与认知心理学相结合，改变了标准测验仅在被试能力层面进行评估的现状，深入被试的心理内部加工过程、加工技能、认知特性层面，对被试进行更精细的评估。继经典测验理论之后，已发展起了多种心理测量理论，项目反应理论与概化理论是其中的佼佼者，另外，认知诊断被誉为新一代测量理论核心技术的趋势。在此基础上，心理测量第二个百年的发展将更为迷人，也更为实用。

复习与思考

1. 项目反应理论有哪些优良性质？
2. 概化理论是如何侦查分析测量误差的来源和大小的？
3. 认知诊断测验的理念和技术有何特殊之处？
4. 我们能够为心理测量的发展做些什么？

推荐阅读

涂冬波.高级认知诊断[M].北京：北京师范大学出版社，2017.

主要参考文献

程乾，张心．测验等值：新一轮高考改革的技术问题［J］．中国考试，2015（4）：18-23.

褚宏启．核心素养的概念与本质［J］．华东师范大学学报（教育科学版），2016，34（1）：1-3.

戴步云．题目难度分布和样本容量对两种 CTT 等值结果的影响［D］．南昌：江西师范大学，2011.

戴海琦，刘启辉．锚题题型与等值估计方法对等值的影响［J］．心理学报，2002，34（4）：367-370.

戴海琦，张锋，陈雪枫．心理与教育测量［M］.4 版．广州：暨南大学出版社，2018.

范晓玲，王思缘，耿博，等.4～5 年级阅读障碍儿童汉语词汇的认知诊断测验［J］．教育测量与评价，2018（3）：14-19.

甘怡群，张妙清，宛小昂，等．用中国人个性量表（CPAI）预测国有企业中高层管理者的绩效［J］．应用心理学，2002，8（3）：35-39，50.

关丹丹，韩宁，章建石．立足“四个评价”、服务“五类主体” 进一步深化高考评价改革［J］．中国考试，2021（3）：1-8.

郭靖，龚耀先．学习能力倾向测验的现状与思考［J］．心理科学，2004，27（5）：1233-1235.

侯杰泰，温忠麟，成子娟．结构方程模型及其应用［M］．北京：教育科学出版社，2004.

黄华林，庞欣婷．基于 Hadoop 的数据资源管理平台设计［J］．计算机应用与软件，2018，35（7）：329-333.

蒋培杰，熊斌．人工智能赋能大规模教育考试五步曲［J］．中国考试，2020（12）：66-70.

雷新勇．关于教育评价改革的若干思考［J］．中国考试，2020（9）：10-14.

李化侠，辛涛．新高考目标的测评路径探析［J］．中国教育学刊，2019（11）：67-71.

梁杨，丁长松，于俊洋．基于 Hadoop 的中医药数据管理策略研究［J］．中国中医药信息杂志，2018，25（5）：96-100.

刘香东，王一波．教育测量专业人才培养刍议：基于美国 5 位教育测量专业知名教授的研讨［J］．中国考试，2021（3）：68-73.

漆书青，戴海琦．情景判断测验的性质、功能与开发编制［J］．

全书参考文献

心理学探新，2003，23（4）：42-46.

任建平，赵春辉，赵美虹，等．题库管理系统的设计与实现［J］．福建电脑，2021，37（2）：103-105.

税靖．基于遗传算法的自动组卷及经典测量理论评价［D］．重庆：重庆师范大学，2018.

苏悦，刘明明，赵楠，等．基于社交媒体数据的心理指标识别建模：机器学习的方法［J］．心理科学进展，2021，29（4）：571-585.

唐倩，毛秀珍，何明霜，等．认知诊断计算机化自适应测验的选题策略［J］．心理科学进展，2020，28（12）：2160-2168.

童辉杰．心理测量学［M］．上海：上海教育出版社，2020.

涂冬波．高级认知诊断［M］．北京：北京师范大学出版社，2017.

王蕾，佟威．赋能教育考试新基建 助力考试战线新发展：国家题库 2.0 创新实践［J］．中国考试，2021（2）：34-39.

魏首柳，柯小玲．基于教考分离的课程试题库建设的探讨与实践[J].高教学刊，2021（3）：100-103.

魏源．价值观的概念、特点及其结构特征［J］．中国临床康复，2006，10（18）：161-163.

魏锐，刘坚，白新文，等．“21 世纪核心素养 5C 模型”研究设计［J］．华东师范大学学报（教育科学版），2020，38（2）：20-28.

武世兴．美国基础教育的教育测量：哈考特评估公司与斯坦福成就测验［J］．基础教育参考，2007（12）：42-44.

吴树芳，朱杰，王梓懿．浅析布鲁姆教育目标分类体系[J].教育现代化，2018，5（46）：22-23.

席畅，钟明天，雷小霞，等．大五人格量表神经质分量表全式与简式的信效度比较［J］．中国临床心理学杂志，2017，25（3）：453-456.

辛涛．“探索增值评价”的几个关键问题［J］．中小学管理，2020，359（10）：1.

辛涛，康春花．我国心理测量学发展的回顾与前瞻［J］．北京师范大学学报（社会科学版），2008（12）：89-93.

姚若松，梁乐瑶．大五人格量表简化版（NEO-FFI）在大学生人群的应用分析［J］．中国临床心理学杂志，2010，18（4）：457-459.

姚树桥，傅文青．心理测验的临床应用[J].中国临床康复，2002（21）：3147-3148.

袁建林，刘红云．过程性测量：教育测量的新范式［J］．中国考试，2020（12）：1-9.

袁建林，刘红云．国际大规模教育评价的经验与趋势：以 PISA 为例［J］．中小学信息技术教育，2016（7）：20-23.

曾松林．编制题目从研究课本例题开始［J］．数学学习与研究，2015（11）：122-

123.

朱宏飞．心理测量对临床心理护理的指导作用［J］.临床医药文献电子杂志，2020，7（53）：80，83.

朱霞，刘练红．军官心理选拔方法研究与应用［J］.心理科学进展，2006，14（2）：184-189.

朱耀文．多源信息融合的心理测量关键技术研究［D］.济南：山东大学，2019.

郑重声明

高等教育出版社依法对本书享有专有出版权。任何未经许可的复制、销售行为均违反《中华人民共和国著作权法》，其行为人将承担相应的民事责任和行政责任；构成犯罪的，将被依法追究刑事责任。为了维护市场秩序，保护读者的合法权益，避免读者误用盗版书造成不良后果，我社将配合行政执法部门和司法机关对违法犯罪的单位和个人进行严厉打击。社会各界人士如发现上述侵权行为，希望及时举报，我社将奖励举报有功人员。

反盗版举报电话　(010)58581999　58582371

反盗版举报邮箱　dd@hep.com.cn

通信地址　北京市西城区德外大街4号

　　　　　高等教育出版社法律事务部

邮政编码　100120

读者意见反馈

为收集对教材的意见建议，进一步完善教材编写并做好服务工作，读者可将对本教材的意见建议通过如下渠道反馈至我社。

咨询电话　400-810-0598

反馈邮箱　gjdzfwb@pub.hep.cn

通信地址　北京市朝阳区惠新东街4号富盛大厦1座

　　　　　高等教育出版社总编辑办公室

邮政编码　100029